新 一 代 人 的 思 想

THiNKr

新思

缤纷的生命

THE DIVERSITY OF LIFE

[美] 爱德华·威尔逊 著

金恒镳 译

EDWARD O.WILSON

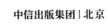

中信出版集团｜北京

图书在版编目（CIP）数据

缤纷的生命 /（美）威尔逊著；金恒镳译. —北京：
中信出版社，2015. 8（2025.4重印）
（爱德华·威尔逊作品）
书名原文：The Diversity of Life
ISBN 978–7–5086–5349–5

I. ① 缤… II. ① 威… ② 金… III. ① 生物多样性 –
生物资源保护 – 研究 IV. ① X176

中国版本图书馆CIP数据核字〔2015〕第166564号

缤纷的生命

著　者：[美]爱德华·威尔逊
译　者：金恒镳
出版发行：中信出版集团股份有限公司
　　　　　（北京市朝阳区东三环北路27号嘉铭中心　邮编　100020）
承印者：北京通州皇家印刷厂

开　本：880mm×1230mm　1/32　　　　印　张：15.25　彩　插：16 字　数：308千字
版　次：2016年5月第1版　　　　　　　印　次：2025年4月第7次印刷
京权图字：01 – 2015 – 0500
书　号：ISBN 978–7–5086–5349–5
定　价：78.00元

献给我的母亲
伊内兹·林奈特·赫德尔斯顿
心怀爱与感激

THE
DIVERSITY
OF LIFE

目　录

样性的大敌。人类可从大型生物体身上，在最短时间内获得重大利益，故多为人类所觊觎。

第十三章 | **未开发的财富** // 345

只要有解决生物多样性的危机的努力，就可享受前所未有的成果。要拯救物种就得详细研究物种，在充分了解它们后，才能有创意地利用其特性。

第十四章 | **解决之道** // 379

如果生物多样性真的濒临高度危机，我们应该采取什么措施呢？解决此事的方法是要靠各自为政已久的各学科专家的合作。

第十五章 | **环境伦理** // 417

一个持久的环境伦理所要保护的，不仅是我们物种的健康与自由，还有接近我们精神所诞生的世界。

如果要给现代生物多样性的研究确定一个开始时间，那就是1986年9月21日，这天美国国家研究理事会和史密森学会在华盛顿特区联合举办了生物多样性国家论坛。会议为期三天，60多名顶级生物学家、经济学家、农业专家、哲学家以及资助机构和领导机构的代表会集于此。两年后，此次会议的成果以《生物多样性》（*BioDiversity*）为题出版了，至少从科学类出版物标准来看，这是一本国际畅销书。作为此书的编辑，我在其他著作中统一采用"生物多样性"一词，此术语由此确立。

《生物多样性》一书涵盖了许多内容，主要侧重于生物学，也满足了广大读者的需求，后来也成了另一本书的主题，它就是于1992年首次出版的《缤纷的生命》。

Biodiversity 是 biological diversity 的简称，生物多样性是特定环境中所有生物体的基因变异的总和。特定环境既可以是一块林地，也可以是一片森林或一个池塘或海洋的生态系统。特定环境还可以是一个政治单位，比如一个州或一个国家。特定环境也可以是整个世界。生物组织系统包括三个层次，一旦选定了环境，研究人员便可以从其中任一个层次或从全部三个层次来研究生物多样性：第一层是生态系统，包括如森林碎块区或池塘等；第二层包括所有的物种，从微生物到树木和巨型动物群等；第三层也是最低的一层，是由规定所有物种性状并进而构成生态系统的基因组成。

在这一点上，可能有人会问，"现代"生物多样性的研究新在哪里？毕竟，根据记载，人类在亚里士多德时期就已经尝试命名了几乎所有的生物种类。采用分类的方式实现这一目标是 18 世纪颇具影响力的科学家林奈（Carl Linnaeus）的强烈愿望。此外，在物种起源上的重大发现要追溯到达尔文时期了。物种并不是随着时间的推移而进化的。1865 年，华莱士（Alfred Russel Wallace）研究了物种进化和繁衍的过程，20 世纪上半叶已经用染色体和基因来详尽证明。同样，19 世纪，华莱士和拉马克（Lamarck）也开启了生物地理学、物种基因图谱以及动植物种类进化史的研究之路。

对生物多样性进行全面深入的研究，有赖于 1980 年代初的两个新发展：第一个发展，重启林奈开启的事业，这是因为人们认识到，尽管经过了两个多世纪的分类，地球上大部分生物的多样性仍然是未知的。第二个发展，为了将生物多样性与其他科学和技术分支相互联系，生物多样性的研究领域拓宽了。

华莱士认为，地球上大部分动植物仍处在未知状态，这毫不夸张。目前（2010 年），地球上新发现的和已判定特征的物种，再加上被科学家命名的物种，已知生物的数量大约有 190 万，而存在于地球上的生物物种的数量，据推测在 500 万到 5000 万之间；如果算上微生物，物种数量会大幅增加，增加到何种程度则完全无法确定。

2006—2007 年，每年都会有大约 1.8 万种待定义的非微生物新物种得到描述。这些物种当中，无脊椎动物约占百分之七十五，脊椎动物占百分之七，植物占百分之十一。如果我们将 1000 万作为全球的物种总数量（大多数生物多样性专家认为这是一个相当保守的数字），那么，以目前发现新物种的速度计算，要再过 500 年，也就是到 27 世纪才能完成对地球生物的普查。

我们不能否认未知的大部分生物群对其他生命体的重要性，也不能否认我们自身的重要性。迄今为止被发现并命名的真菌有 10 万种，但这只是其中一小部分，科学家预计地球上大约有 150 万种真菌。线虫是微小的蠕虫状生物，被公认为地球上种类最丰富的生物。目前已知线虫物种将近 2.5 万种，然而还有将近 50 万种仍未被发现。蚂蚁是物种最丰富的昆虫，也主导着生态环境。已知的蚂蚁物种大约有 1.4 万种，很可能还达不到蚂蚁物种总量的一半。甲虫和蝇类同样如此，比起已知物种种类，尚未发现的物种会占去总存在量的一半或更多的比例。

科学在生物多样性领域的发展仍处于新时代的黎明阶段。很显然，在这个充满未知的星球上，人类需要更加努力奋斗才能继续一路前行。加快人类对生命世界研究步伐的科技已然存在。DNA 测序技术可以在几天甚至几小时内（对于细菌来说）测定出完整基因组的序列图谱。元基因组学（metagenomics）通过直接从环境样品中提取全部微生物的 DNA，人们可以使用快捷工具分析获得该土壤和水环境中微生物的多样性信息。不同物种一旦通过判定特征被分类或被定义，人们就能利用 DNA 条形码（基因组的 DNA 片断信息）快速识别它们了。

随着信息不断积累，DNA 数据已经形成可通过单一命令访问的可用数据库。《生命百科全书》（*Encyclopedia of Life*，http：// www. eol. org）包罗万象，其计划始于 2005 年，旨在录入并能查找各种生物的信息资料，网站中包含已知物种的更新信息和新发现物种的信息。

第一轮的分类学发现和存档仅仅是个开始。对于有机体的已知物种，只有非常少数的物种，大约百分之三，人们对其有过深入研究，从而能评估其保存现状——物种数量是否足够丰富，分布是否足够广泛，能否保持稳定及安全，或物种是否随时可能趋于灭绝。科学家以这种方式评估了迄今发现的 5490 种哺乳类动物和 9998 种鸟类，但是比起人类对植物（28.2 万已知种类的百分之三点九）和无脊椎动物（130 万物种的百分之零点六）的无知，所知依然太少。

地球上每种物种都经历了数千到数百万年的进化，以适应它所生活的环境。任一物种的基因型不同于其他物种。基因所表现的性状是独一无二的，这种不同表现在很多方面，比如生物化学、解剖学、生理学和行为上，与其他物种的交流方式上，栖息的生态系统上等方面。简而言之，每种物种都是一部活的百科全书，展示了不同物种在地球上的存活方式。

在利用生物多样性的知识为人类服务这方面，人类还处在早期阶段。生物多样性的研究已经对医学、生物技术和农业领域产生了巨大的影响，并且将来影响会更深远。随着普通生物学在各个层次的发展，生物多样性研究将担任的角色更加宽泛。未来生物学作为一个整体将基于两大定律，这一事实注定生物多样性具有其重要性。第一个定律是生命的所有进程都最终服从于物理和化学规律。这为分子学、细胞学和发育生物学奠定了基础。第二个定律是所有生命进程都源自自然选择（简称天择）条件下的进化。这一认识是进化生物学与环境生物学的基础，这两者都是致力于研究生物多样性的学科。我相信，总有一天，生物学会发展成为一门在这两个前沿协调发展的学科。

爱德华·威尔逊

2010 年 5 月 20 日

第一部

狂暴的自然
坚强的生命

VIOLENT NATURE, RESILIENT LIFE

第一章

亚马孙河流域的暴雨

THE DIVERSITY
OF LIFE

—

Storm over

the

Amazon

—

我们知道，生物多样性
是维系世界之钥。
当地的生命在暴风雨的袭击下
很快地会恢复生机，
因为机会物种及时进入且占据这一空间。
这些物种驱动着演替，
使生命循环到类似原始环境的状态。

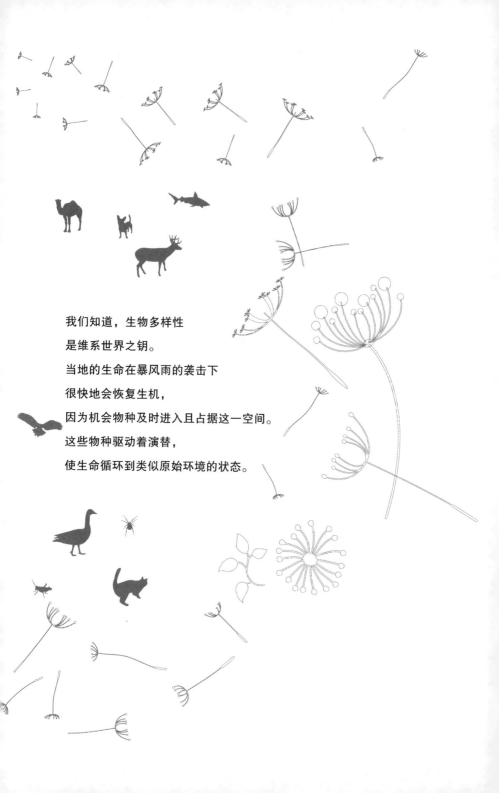

亚马孙河流域最强烈的狂暴,有时只是天际一刹那的闪电挑起的。有一位旁观者静静瞧着,在夜晚穹苍的完美笼罩下,那个从未有人类灯光照耀的彼处,雷雨正昭告着它的预兆信号,这位旁观者知道,雷雨就要开启一趟缓慢的旅程,他的脑海中想的是,这个世界即将要发生改变了。就这样,在巴西的马瑙斯(Manaus)之北的雨林边缘,我独坐在漆黑的夜空下,田野生物学的复杂现象纷至沓来,理不出头绪。然而,远大的志向、疲乏的心身,加上心浮气躁,我已准备好随时可能接踵而至的精神崩溃。

每日晚餐结束时,我便带着一把椅子到附近一处空地上,逃离一群巴西伐木工人共处的喧闹与令人掩鼻的营地。那个营地的所在地为迪莫纳庄园(F. Dimona)。此地以南的雨林大多被砍伐殆尽,林地被焚烧成为牧草地。在白昼的骄阳曝晒下,牛群在黄土反射的酷热中啃着草;夜晚降临之际,森林内的野生动物与精灵来到这片荒地。此地以北是一片地球上所残存的广袤原始雨林野地,向北绵延500公里,然后疏开,缩减成一簇簇小丛林,散布在罗赖马(Roraima)的稀树大草原上。

全然裹在漆黑的夜里,伸手不见五指,我不由自主地神游在雨林间，宛如坐在家里幽暗灯光下的书屋斗室中。人在森林内的黑夜里，大多时候是处在感觉抽离之中，像在洞穴内的半夜——漆黑又死寂。森林内的生命不用想也是丰盛富饶的，丛林充满盎然的生命，已超乎人类所能了解的程度。

雨林中有百分之九十九的动物是靠它们遗留在地面上的化学痕迹辨认方向的方式求生。它们释放的各种气味，或溶到水中，或扩散到空中，化合物从微小看不见的腺体中扩散出来，随空气流向下风处。动物是一群精于化学沟通的大师，而人类却是个中白痴。然而，人类是视听沟通方面的天才，具有此种感觉的，仅限于为数有限的生物（鲸、狮猴和鸟）。因此我们盼望曙光的到来，而它们期待黑夜的降临。因为视觉与听觉是智能型生物进化的先决条件，也只有我们才会对这种情境有这种反应——对着亚马孙的夜晚产生种种感觉。

我靠着额头上的探照灯，一面扫描着地面，一面寻觅着生命的迹象。我发现了——钻石！每隔数米，很规则，闪着强烈的白色光芒，如针尖大小，在我的头灯巡逻中一明一暗。仔细一瞧，原来是狼蛛（Lycosidae，囊蛛科），它们正瞪着眼珠伺机猎虫。我的头灯照到狼蛛的时候，它们便待在原地，我可以恣意伸手过去。我跪着研究，与它们的位置几乎一样低。我能分辨出各种狼蛛：它们在大小、颜色与丛毛上有巨大差异。此际我真惊讶于我们对雨林中这些狼蛛是多么一无所知，如果我能在此花上数月、数年甚至我今后的岁月，直到我知道囊蛛科的所有种名及其生命的细节，我便会心满意足了。从完美地固结在琥珀中的标本，我们知道囊蛛科无脊椎动物早在4000万年前的渐新世就有了，或许年代更久远些呢。在当今世界上，不知道分布了多少不同样貌的这种生物，而眼前的这些狼蛛，虽然不过是其中最微不足道的样本，但是，就在这块黄泥地上，它们正转动着眼珠看着我的时候，对很多博物学家的生平经历而言，蕴含的意义无限。

明月西垂，星光蚀刻着森林的树梢。现在正是旱季的秋天，气温低得正好让空气的湿度显得格外宜人——以热带的标准而言，身心的感觉便是如此。我原想起身步入森林，借着头灯搜寻新宝藏，但是一天工作下来，实在疲倦不堪了。不过我还是强迫自己瘫坐在椅子上，欣然享受划过天际的陨石，还有隐没在附近的灌丛中、偶然会发光的磕头虫发出的求偶信号。甚至欣然地等候着每晚 10 点准时飞越万米高空的喷气式飞机。在雨林的 7 天中，我已将遥远高空中隆隆的飞机声，从让人厌恶的大都市怪物，蜕变为我们人类延续的标志。

风雨夜的思潮

但是，我乐于独处。在黑暗夜幕的包围中，我脑子里鲜活地浮现出了森林中这些真正的微生物到底是个什么样子，又如何行动的画面。我只要合上眼、集中精神于刹那的工夫，它们就会清清晰晰、活生生地出现在我的面前，在枯枝落叶与腐叶里移动。我用这种方式整理我的记忆，希望能意外地产生某些模式，而又不违背教科书里抽象深奥的理论。我会很高兴有"任何"模式自脑海中升起，因为最好的科学并非如教科书所言，由数学模式与各种试验组成。这些请容我后述。它产生于一种更原始的思维模式，在此科学追求者是利用过去的事实、新生的隐喻启示以及近近所见的混乱景象来激发思想。以此再接再厉地推演下去，将纷杂紊乱的思维理出崭新的模式，然后转化成各种模式与试验的设计。这是个知易行难的过程。

我那夜心血来潮，决定参加巴西亚马孙研究之旅，这事实上已演变成一个萦绕难忘的念头，就如所有这类痴迷的想法，都注定是死路 一条。就像一种逼人不断走回头路的难解谜题，正因为它非常棘手而增加了它的趣味性，就如再熟悉不过的旋律那样沁人心脾；只是因为这念头看上了你，并捉住你不放。我希望有些奇特的、引人的新构想，能够助我解决这个令人厌烦的难题。

让我谈一下我心中的这类臆想。我觉得我正走向这个问题的趣味中心。有些植物与动物物种仗着优势的地位，繁衍出许多新种，并且散布到世界许多地方。有些则被迫削减族群规模，甚至濒临灭绝的边缘。是不是有一个公式可应用到所有的生物物种身上，它能计算出造成这类生物地理上的差别的原因？简单地说，这个过程可能是进化上世代更替的一个定律或至少是个原则。

我这辈子绝大部分的岁月都花在了研究社会性昆虫的现象上了，而社会性昆虫是所有生物中最多的生物，其中又以蚁为最大宗。蚁类约有 2 万多种，从北极圈到南美洲最南端都有它们的踪迹。以亚马孙雨林为例，昆虫类的生物量（biomass）便占所有动物生物量的一成。这是说，如果你找上一片森林，将其中所有的动物（从猕猴、鸟到螳螂、蛔虫）全部收集在一起，干透、称重后，至少有百分之十是昆虫。而昆虫的生物量中，蚁就占了一半。还有，百分之七十的昆虫生活在树林的冠层内。至于蚁类在世界其他地区，例如草原、沙漠、温带森林中的生物量，则稍微低一点。

那夜，正如往日夜晚沓杂涌的想法一样，我的脑海中不断涌现出关于这些缤纷生命的想法。蚁的全球性分布可能与它们有先进的群体组织习性有些关联。一个群体就是一个超生物，由一群工蚁紧密地群聚，如织地围绕在蚁后身边，行动之时，合作无间，有如一只动物。一只蜂或其他落单的昆虫，若遇到一只在巢穴附近的工蚁，面对着的可就不只是另一只昆虫了，它面临的除了那只工蚁外，还有那只工蚁的所有姐妹们。工蚁天性便是联合行动，保卫蚁后，控制领土，进一步地扩张其群体。工蚁有如小小的"神风特攻队员"，为了保卫蚁巢或掌握食物来源的控制权，随时准备（甚至是渴望）赴死。它们的死亡对群体而言微不足道，还不如一只独居动物身上掉下来的毛或爪尖。

我们也可以从另一个角度来观察蚁群。一群工蚁在其巢穴边搜寻，这不只是昆虫在找寻食物，也是一个超生物布下的生命之网，随时准备麻痹某个丰美的猎物，或自某个强敌前面撤退回缩。超生物能掌握与支配地面及树顶，能与一般非群居性的动物竞争，这便是蚁类能大群地到处分布的缘由。

我不断听到希腊颂歌中的教诲与告诫声：

> 你怎能证明这便是他们占优势的原因呢？这种想法岂非另一种站不住脚的结论，只因为是两件事同时发生，便说这件事引起那件事呢？或许另有一件完全不同的事件，引发这两件事的发生也说不定。想一想吧——是要有更大的个体战斗力呢，还是要有更敏锐的感觉？甚至另有原因？

这便是进化生物学（evolutionary biology）上的两难推理。我们有许多问题得解决，我有许多清楚的答案——太多清楚的答案了。困难之处便是知道哪个答案才是对的。每种孤立的想法在缓慢地绕着圈子，而能够突破的是少之又少。独自静处适于厘清杂念，而非创造新念。天才就是那种遇到少数事物，就能把脑海中浮现的许多东西做出一个结论的人，这对其他的科学家不太公平。我的心仿佛飘进了无时间观念的汪洋黑夜，找不到下锚的港口。

暴风愈来愈大，一大束闪电划破西边的天际。雷暴云砧直冲上天，仿佛一个踉跄失足的怪兽放慢了动作，向前摔去，吞噬了众星。森林似乎爆发出强烈的生命。闪电在前方切割着，愈来愈接近，左右包抄着，以1万伏特的电压压下来，以每小时800公里的速度形成一条电离的路径，以10倍的速度快速地撞击着汹涌奔腾的天空，刹那间"瞻之在前，忽焉在后"，全程短促得像是一道闪光与一声暴雷。接着，风变得清新了，雨洒在林中。

神秘奇幻，蛊惑人心

在大地混乱中，身边有些事情吸引住了我的目光。闪电不时地频频点亮了雨林的树墙。在闪电之间，我瞥见上下层层的结构：最高的乔木冠层高出地面 30 米，其下是参差不齐的中等高度的树木，最下层是零散的灌木与小树。有几个瞬间，整个森林在这戏剧般的场景中被定格了。眼前的画面变得亦真亦幻，被投射到了人类想象力那无边无际的荒野之中。时光倒流到 1 万年前，就在身边的某处，我意识到叶口蝠（spear-nosed bats），穿越林间，寻觅果子，掌蝰（palm vipers）盘绕在兰花根部，伺机出击，美洲虎在河岸边漫步；在这些动物的四周有 800 种乔木挺立着，比北美洲所有的特有种还多；还有上千种的蝴蝶，这个占全世界整个动物群百分之六的生物等待黎明。

对这里的兰花，我们所知有限。对蝇与甲虫几乎不识，对真菌不识，对大部分生物种类都不识。小如针尖般的一撮泥土中，可能就有 5000 种细菌，而对这些微生物我们全然不识。这有如 16 世纪的野地，在内陆深处未曾有人探访过的地方，充满奇异、神秘的植物与动物。来到这么一个地方，虔诚的博物学家会寄一封长长的带有敬意的信函给皇室，细说新大陆的奇观，作为上帝荣耀的见证。我的想法是：带着这种心态去看这片雨林，现在仍然不算晚。

雨林说不出的神秘之处，乃在于其变幻莫测与无限蛊惑人心的魔力。雨林就像古老地图上，空白海域中隐藏的无名岛屿，像从海面远观逐渐沉入深处的暗礁浮映出的黑影。雨林吸引着我们前去，让人产生奇异的疑惧。这对科学家的想象力，有如待揭发的神秘及威力无与伦比的毒品，勾引起只想品尝一口的无边渴望。在我们的心中，我们希冀不会揭发所有事情的真相。我们冀求我现在所在的这么一个黑暗雨林世界，永远存在。

富饶的雨林，永远是地球上最后的一个宝库。

这便是我 40 年前第一次踏进雨林后，不断地再度回来的理由。那时我还是一位研究生，飞抵古巴，带着"巨大"热带的念头，能随心所欲地寻找一些未曾发现的东西。如吉卜林（Rudyard Kipling，1865—1936，出生于印度的英国作家及诗人，1907 年诺贝尔文学奖得主）催促的那样，寻找那些遗失在丛林山脉后面的宝藏。发现新物种或新现象的概率很高，事实上在你抵达后数天之内必有所斩获，或者你更努力一点，不消数小时也会有新发现。搜寻的对象也包括了那早已发现但事实上对它仍一无所知的罕见生物物种——那些摆在博物馆抽屉中已有 50 年或 100 年之久的一两个标本，在一张手写的便签上只记载了地点与栖息地，如"巴西的圣塔伦（Santarém），在沼泽森林的树枝上筑巢……"打开一张硬的泛黄的卡片，上面写有作古已久的生物学家的话："我到过那里，发现这标本，你现在也知道了。好了，继续看下一个。"

寻觅灵光乍现的新思维

富饶的生物仍有很多待研究。整体而言，这是科学探险的"小宇宙"，将亲身经验折射到一个更高的抽象层面上。我们在围绕一个主题搜索一个概念，一个模式，为的是使其有序。就像我们为一个未记载描绘的地域，寻找一种言语上的表示法，或许只是一个名字或一个词组，以便引起我们对这个新地域的关心。我们希冀能成为第一位联系者。我们的目的是捉住并标示出某一个过程，或许是一个会驱使某生态变化的化学反应，或行为模式，或一种分类能量流的新方法，或者捕食动物的某种关系，包含了前述两者，也可以说包括了任何东西。我们欣然接受一个好问题，因为那会促使人们开始思考与讨论：为什么会有这么多物种？为什么哺乳类的进化速度比爬行类的快些？

鸟为什么破晓时啁啾?

　　这些在心中轻轻飘荡的想法只能感触到,却难以目睹。偶尔它们沙沙地弄响枝叶,留下一个淹水的兽迹以及一丝气味,激起我们一刹那的兴奋,而后便消匿无踪。大部分的想法是白日梦,会消退成一个情绪化的残痕。一流的科学家终其一生,冀望能攫获与表现数种概念。没有人能"学习"到如何去发现任何一贯成功的科学数学公式与名言(术语),没有人攫获科学研究的超定则。科学的大发现总是在灵光一闪下形成的艺术。我们从外部与自内心猎寻知识;心智一侧的知识源泉的价值,是与他侧的知识源泉相等的。由于这种双重特质,化学家贝采里乌斯(Jons Jacob Berzelius)于 1818 年写道:

　　　　我们所有的理论,只不过是把各种现象的诸多内部过程,锲而不舍地去概念化。当该理论能演绎出所有科学上已知的事实时,才称得上成立与恰当。这种概念化模式同样是错误的,不幸的是,假设之引用太趋频繁。即使如此,在科学发展的某段时期,某理论能够符合其目的,有如真理论般行得通。然而经验更丰富之时,却发现与诸事实似有差距,逼得我们重新探索新的概念化模式,务使那些事实能纳入理论中;以这种方式,毫无疑问,随经验的增加,概念化模式也会随时间而变,但是完备的真理可能永远不可期。

摧　毁

　　暴风雨降临了,自森林的边缘奔来,在一阵疾风下,将骤雨的水滴吹成一帘雨布。我不得不回到那四面不遮风雨的有着铁皮波纹板屋顶的住处。我静坐着，等待不知何时会有昙花一现的现象发生。那些工人脱去衣服，走到空地上，抹上肥皂，在暴雨中洗澡，还一面大笑，一面高歌。在奇怪的旋律配合下，附近的林地上细趾蟾（leptodactylid frog）高声发出单调不变的蛙鸣。它们到处散布，我们周围全是。我奇怪它们整个白天都躲到哪里去了。在骄阳高照的白天，我穿过植物丛与腐朽落叶时，就在它们喜爱的栖息地，居然从未碰到一只。

在一两公里之外，一群红吼猴（red howler monkey）也加入了进来。它们的合唱声是自然界最奇特的声响，像座头鲸遨游海中时的醉人歌声。雄红吼猴张口深深哀诉，愈来愈急，逐渐变成长长的吼叫，此际雌红吼猴也加入阵容，发出更尖厉的呼唤。这叫声可传到极远的地方，在密林中缓缓穿越，合唱到最鼎盛之时，有若机器声：深沉、单调，发出金属般的声音。

下雨时的这种呼叫，往往是对领地的宣示，是动物用来寻求活动空间、掌握足够土地，以取得足够的食物与繁殖的机会。在我心中，这是对森林的生命力之赞颂："真是高兴啊！自然的力量都在我们的领土内，暴风雨只是我们生物学的一部分。"

那是不属于人类世界的呈现方式，是物理环境的最强力量，猛烈冲击了相当具有弹性的生命世界，事情就是这样。在远古，大约1.5亿年前，雨林内的物种进化成能精确地承受这种方式和强度的暴力。它们将可预期发生的自然暴雨，铸在基因的编码内。动物与植物在其生命循环上，已经能随时利用倾盆大雨与洪水，制定出各种事件的发生顺序。它们威吓天敌与异性，猎取其他生物，在新淹的水塘、雨水弄软的土中，掘穴居住。

从宏观上来看，暴风雨驱使森林的整体结构发生改变。自然的活力靠着局部的摧毁与新生，引发了生命的多样性。

一条平伸的树枝，被上面覆盖着的茂密兰花类、菠萝科植物及其他长在树上的植物，弄得虚弱、易受伤。雨水积满附生植物的腋鞘围成的凹坑里，雨水浸润着腐化的枯枝败叶，黏聚着附生植物根群外面的尘土。经过数年的成长，重量已大得树枝承受不了。一阵疾风刮来，或闪电击中树干，那条树枝被折断了，笔直地坠地，使得地面上空出一条裂口。在另一处，一株巨树高高地矗立着，远比其他树木高耸，因此在雨水浸润的土壤上招风摇晃。浅薄的土壤固定不了树木，整株树干仆倒在地。

树干与树冠倒伏，有如一把粗钝的大斧，砍除了旁边的小树，埋盖了森林底层的灌丛与禾草。缠绕树木的粗藤本植物，像是用来系绑泊船的绳索，这绳索又扯下更多的植物。庞大的根系被拔起，马上形成了一丘裸露的土堆。而在其他地方，河岸附近上涨的河水，正切割着悬空的土堤，土堤岌岌乎勉强抵抗着地心引力，不久，一条20米长的土堤垮塌了。土堤后面一小片的林地也崩坏了，推倒了树木，掩埋了低矮的植被。

雨林再生

这种小小的自然暴力，在森林内形成裂口。林地又见着了天空，阳光又照耀了林地。林地表面的温度上升了，湿度却下降了。土壤与地面堆积的落地枝叶变得干燥了，温度也更高了，为动物、真菌与微生物开创了新的环境，这与幽暗森林内部的环境有极大差别。其后的数个月，先锋植物物种生根播种。这些植物与老龄林内生活的幼小、耐阴的小树与下层的灌丛，相当不同。这些先驱植物生长快速，树形较小，寿命较短，形成一个单一的树木冠层，在较老龄林下成熟。它们的植体组织较软，易受到食草类动物的啃噬。

一种掌状叶的西哥罗佩（Cecropia，一种分布在热带的桑科植物的属名）属乔木，是中南美洲填补林冠裂口的特化植物之一，树干上中空的节间，住的正是一种恶毒的蚁类，在科学上称为"Azteca"，相当名副其实。此类蚁与寄主西哥罗佩进行共生，可以保护此树不受所有（除了树懒与少数专吃西哥罗佩的动物外）猎食动物的伤害。而此共生体生活周遭的生物群与成熟林中的物种截然不同。

在所有次生植物群内，倒伏的树木、腐朽与崩离的枝条，给许多生物提供了居所与食物。这些动物有担子菌、黏菌、猛蚁、棘胫小蠹甲虫、树虱、螳螂、足丝蚁、缺翅虫、长角弹尾虫、铗尾双尾虫、蛛形纲动物、伪蝎子、真蝎子，以及其他大部分栖息此地或仅栖息此地的动物。这些动物有数千种，使得这片原始林更富多样性。

爬进倒伏纠缠的植物群内，撕开一片腐朽的树皮，或滚动一节木段，你便可以看到这类动物，它们无处不在。当先驱植物长得更密，森林的荫蔽与沥滤的潮湿，会再度适合老龄林生长，并且萌生小树并发育。不到100年的光景，填补林冠裂口的特化植物就竞争不到阳光了，已届功成身退之龄，矗立的复层森林已完全关闭了。

在演替过程中，先驱种是短跑健将，而老龄种则是长跑选手。风雨肆虐造成的变迁与空间的清除，让所有物种同在一条起跑线上。短跑健将疾冲在前，但是长跑竞赛的奖杯终是属于马拉松选手的。这两类专业选手在森林内共同创建了一个复杂镶嵌的森林植被类型。此森林在有规律的乔木倾倒与崩塌中，永不止息地变迁着。

如果以数十年的时间绘制数平方公里的空间，这类镶嵌状会变成缤纷的万花筒。其内的花样产生、消失，又产生。森林的某处一直有新的马拉松起跑选手。各个演替的植被类型各占有一定的百分比，因此差不多呈现一种稳定状态，也就是从最早期的先驱种，经过先驱种的各种组合、深处的森林，直到最成熟的林相。随便找一天，漫步入林，前行一两公里，你便会走过许多这类演替期的森林，深深体会生命的多样性是靠暴风雨的穿越与森林巨树的倾倒造成的。

这是从土栖昆虫的位置看到的景象。巴西雨林的暴风雨后，裂开的空地上有一株桑科西哥罗佩属的幼苗向上生长。[蓝德瑞（Sarah Landry）绘]

我们知道，生物多样性
是维系世界之钥。
当地的生命在暴风雨的袭击下
很快地会恢复生机，
因为机会物种及时进入且占据这一空间。
这些物种驱动着演替，
使生命循环到类似原始环境的状态。

坚韧的生命

多样性是靠生命建构并充满雨林而形成，而且多样性将生命载运到更遥远的地方，长驱直入地球上最艰困的环境。在最寒冷的南极海洋浅浅的海湾栖息地，许多动物麇集着，组成动物群落。似鲈鱼的南极腾群聚遨游于几近冰点的海洋，水温之低足以凝结我们身上的血液，但是南极腾体内组织会制造各种糖肤（glycopeptides），其功能有如抗冻剂，故可在其他鱼类不能存活的海域生存着。在它们的附近，遨游着活跃的海蛇尾（一种棘皮动物）、磷虾以及其他无脊椎动物，每一种动物各有其保护设计。

在另一个截然不同的环境里，那是地球上深邃无光的洞穴地带，盲目的白弹尾虫、螨、甲虫的食物来源，是附生在腐烂植物体上又被冲刷到地下水里的真菌与细菌。而它们又是盲目的白甲虫与蜘蛛的食物。白甲虫因为适应终年漆黑的生活而特化了。

世界上某些环境最恶劣的沙漠地区是昆虫、蜥蜴、开花植物等独特群体的家园。在非洲西南部的纳米布（Namib）沙漠，甲虫用它扩大如桨的沙地鞋的腿，行动迅速地滑下沙丘，寻找干枯的植物。另外有堪称昆虫界飞毛腿的动物，利用它们高跷般怪异的腿，跑过烫人的沙漠地表。

古细菌（archaebacteria）是单细胞微生物，和一般细菌非常不同，因而专家考虑将它归为一个独立的生物"界"，它栖息于滚烫的泉水里与深海的火山口。这些新近发现的热菌属（Methanopyrus）的物种，分布在地中海海底水温110摄氏度的沸腾火山口。

许多生命非常适应生物化学无法解释的物理环境，而且极其多样，连狂风暴雨及其他一般变幻无常的自然力，都无法摧毁它们。但是多样性（没有了这个特性，生物便不可能具有弹性）难以抗拒比自然扰乱还巨大的打击。如果异常逆压不解除，多样性会一点一滴地被侵蚀，终至无法挽回。

这种经不起干扰而受伤害的原因，是这些群聚的许多物种，只分布于局限的地理范围内。从巴西的雨林到南极海湾，再到热火山口，每一个栖息地都庇护着独特、群聚的动植物。栖息在那里的每一种植物与动物，只与食物网上一小部分的其他物种紧密相连。消除了一种物种，另一种物种便会大量繁殖，取代其位置。消除大量的物种，则其生态系统会开始显著衰退。随着养分循环通道的断裂，生产力便下降。当死亡植物增加时，新陈代谢作用会变慢，泥土发生缺氧，那么生物量不再增长，或者根本冲失了。当最能适应传粉的蜂、蛾、鸟、蝙蝠及其他特化物种消失时，便只能靠能力较差的传粉动物了。于是落到地上的种子便更少，萌芽的幼苗也相应减少。食草动物的数量衰减之际，掠食它们的动物也紧接着愈来愈少。

受到侵蚀的生态系统里生命还存在，外观上也可能看不出来。总有若干笨拙的物种，设法重新拓殖贫瘠的地区，利用那些再生的资源。如果不受时间的限制，一个新物种组成的群落会重新进入这个栖息地，用较高效率传递能量与物质。它们所制造的环境及所滋养的土壤组成，都与那些存在于世界其他地区的类似栖息地雷同——都是这些活力物种适应了栖息地、逐步穿透与恢复了那退化的系统所致。这些物种便靠这类方式，获得更多的能量与物质，并留下更多的子嗣。但是世界之动物群与植物群的复原力，是靠存有足够的物种，才能担负起那种特殊的功能。它们也可能不知不觉地陷入濒危物种的红色警示地带。

生物多样性是维持世界原貌的关键。即使受到短暂暴风雨袭击的栖息地，因为多样性仍然存在，其内的生物便会很快地恢复原状。在进化上特别适应这种场合的机会物种，会立即填补这个空间。它们适时进入这个演替，于是环境又回到最初的状态。

这是历经10亿年才进化出来的生命大聚集。生命战胜了狂风暴雨，并将环境因素纳入它的基因内，创造出这个孕育人类的世界。生命使世界维持稳定的状态。第二天当我在黎明起床时，迪莫纳庄园一如往昔。森林的边缘是同样高大的乔木群，一如城堡般矗立着；众鸟类与昆虫依照自己准确的时间表，在树冠与下层林木间觅食。眼前的一切，似乎是永恒不变的，而它强大的特质，让我不禁要问：到底要多少力量，才能打破进化的坚固城池？

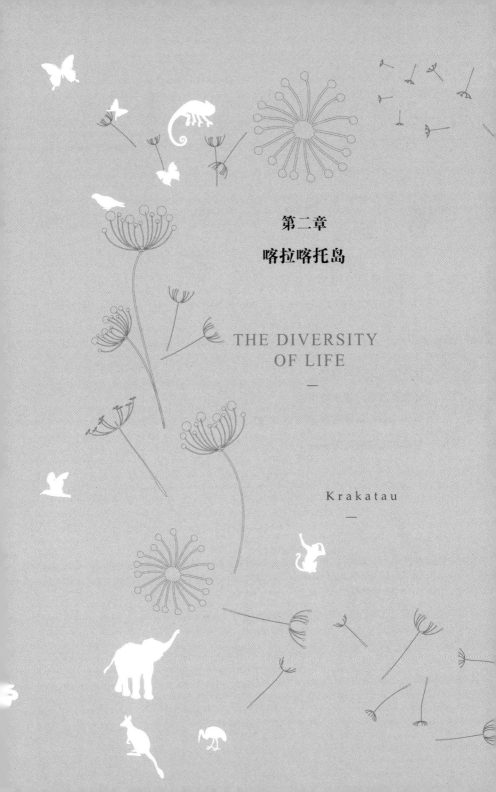

第二章

喀拉喀托岛

THE DIVERSITY
OF LIFE

—

Krakatau

—

物种的出现极其偶然，
有些物种毫无缘由地灭绝，
另外一些物种眼看就要消失灭绝，
反而却又欣欣向荣起来。

喀拉喀托岛（Krakatau），以前被错拼成了"喀拉喀陶岛"（Krakatoa），它位于苏门答腊和爪哇之间的巽他海峡（Sunda Strait），面积大约有美国纽约市的曼哈顿区那么大。1883年8月27日星期一的早上，这个岛屿在连续火山大爆发中分崩离析了。最强的一次爆发发生于早上10点02分，喷出物直冲云霄，如一颗大核弹爆炸一般，威力相当于1亿到1.5亿吨的TNT（三硝基甲苯）火药。

产生的爆炸声以声速传达到世界各个角落，抵达了地球另一端的哥伦比亚首都波哥大（Bogotá）。19小时后，回到喀拉喀托岛。记录显示，声波就这样绕着地球表面，往返两地达7次，隆隆之声，听起来仿佛远处一艘陷入困境的战舰所发出的隆轰炮声。爆炸声往南传去，穿越澳洲大陆抵达其西南部的珀斯港（Perth）。往北则传到新加坡。往西横跨4600公里，抵达印度洋上的罗德里格兹岛（Rodriguez Island）。这可能是有史以来在空中传播最远的声音了。

当整个岛屿塌陷到火山爆发形成的空洞时，海水便一涌而入，灌满刚刚形成的大火山口。直冲云霄达5公里的岩浆、岩石、灰烬，如一个大天柱般坠落下来。所引发的海啸激起的海水有40米高。巨大的波浪有如海面上的黑色山丘，排山倒海般地冲向爪哇和苏门答腊海岸，席卷所有的城镇并夺走 4 万条生命。一波波的海浪横扫过一道道海峡，在抵达大海时仍然波澜壮阔地传送着。

波浪拍上斯里兰卡海岸时，波高仍有 1 米，淹死了 1 人，这是这场浩劫的最后一位罹难者。火山爆发后的 32 小时，大浪冲到法国的勒阿弗尔（Le Havre）时，只剩下几厘米高的小浪了。

那次的火山爆发，冲入空中的岩石等物质至少有 18 立方公里。大部分的火山碎石有如骤雨般落下，但是残留的硫酸气状溶胶物和烟尘往上卷起，高至 50 公里，然后在地球的同温层内扩散数年，创造出灿烂殷红的落日余晖以及太阳外圈的乳白光晕，有人把这个现象称为 "主教的指环"（Bishop's rings）。

毁灭的一瞬间

把景象拉回到喀拉喀托岛火山，目睹火山爆发的人都觉得，整个白昼变得如世界末日般黑暗。在 10 点 02 分喷发最激烈的时刻，一艘美国三桅帆船 "贝西号"（W. H. Besse），正在喀拉喀托岛的东北 84 公里处的海上，驶往海峡，船上第一个目击的船务员，匆匆地在他的航海日志 "可怕的报道" 栏记录如下：

> 一团浓黑的云正由喀拉喀陶岛那边蹿起，气压计急降 1 英寸，突然又升又降 1 英寸，呼叫所有水手，安全地卷起船帆，这是只有在暴风雨来袭之前才会做的事；松开港锚和所有锁具，暴风已演变成飓风了；抛出右舷锚，早上 9 点以后，天色逐渐转为阴霾，等到了飓风袭上身来，天色就已变黑了，而且比我一生中看过的最黑暗的夜晚还要黑；这是日正当中的暴风挟带烟尘，如骤雨一般随着飓风打过来，空气稠密难以呼吸，

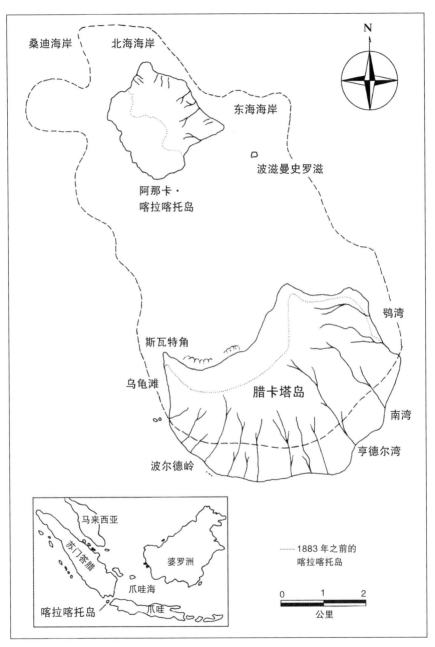

1883 年，火山爆发摧毁了喀拉喀托岛，只留下南端一个没有生命的腊卡塔岛。1930 年阿那卡·喀拉喀托岛从海底隆升为一个火山锥。

还有一阵浓烈的硫黄味，人人都觉得快要窒息了；火山传来可怕的声响，天空满布爪子般的闪电，从四面八方罩下来，晦暗的天空更加漆黑；狂风怒号，打过索具，呈现无法想象的最狂野恐怖的景象，那是一场船上所有人的心中永远抹不掉的惨剧；大家都以为世界末日到了。到了下午4点，海水正以每小时12英里的速度流向火山。风缓和下来，爆发几乎已经停止，落下的烟尘不再那么浓密了，所以我们上甲板看看，发现船体盖上了数吨重细细的火山灰，船已像极了一块火山浮石，这些火山灰像黏胶般粘在船帆、索具、船桅上。

以后的几个星期，巽他海峡恢复旧观，但是地理景观改变了。喀拉喀托岛的中央，已成为一个7公里长、270米深的海面下火山口，只有残留的南端仍然突出海面，称为腊卡塔（Rakata）岛。岛上盖着一层黑曜石镶边的浮石，厚40米，温度介于300—850摄氏度之间，高热之处足以熔化铅。所有生命迹象，当然都销毁了。

腊卡塔岛成为喀拉喀托岛遗迹的一个盖满火山灰的山，是劫后幸存的无生命之岛，然而生命很快再度围绕着它。可以说，生物史的碟片突然停转，然后倒转到一开始，生命又开始回到腊卡塔岛上。生物学家马上抓住这个千载难逢的机会：从真正的起点开始，仔细观察一个热带生态系统的形成。新来的生物群会与旧有的生物群不同吗？这个海岛还会演替成一个雨林岛屿吗？

御风而来的怪客

在1884年5月，也就是火山爆发后9个月，首先登上腊卡塔岛找寻生命的是法国的探险队。他们观察到，一个大悬崖很快就被侵蚀掉了，岩石仍然不断地沿着崖边滚下来，发出阵阵响声，就像远处步兵射击的枪声。远望过去是雾蒙蒙的一片，凑近一看，落石滚滚，卷起漫天的尘土。船员和探险队员终于找到一个安全的登陆地点，上岸后向四面散开尽情研究。在全力找寻之后，船上的博物学者写道："尽管我做了所有的搜索，还是没有看到动物生命的任何迹象，我只发现了一只非常微小的蜘蛛——就这么一只，这个新到的奇怪开路先锋，正忙着结网。"

一只小蜘蛛？一只小小的、没有翅膀的东西怎么能这么快地来到这个光秃之岛？蜘蛛专家都知道，大多数种类的蜘蛛，在生命周期的某个时刻，会如"气球般"地飘浮在空中：蜘蛛站在叶缘或其他没有遮掩的地点，从腹部尾端的丝囊中抽出丝线，当丝线抽长时，会御风而起，往下风处延伸，像风筝的线一般。蜘蛛抽的丝愈来愈长，等到丝线拉不动它的身体为止。然后它就会松开，向上飘浮。不仅是针头般丁点大的小蜘蛛，就是大蜘蛛偶尔也会浮上数千米的高空，飘行数百公里之遥，然后落地开始新生活，不然就会落到海中丧命。这些蜘蛛无法决定自己的降落点。

"御风飘荡的蜘蛛"是生态学者所称的空中浮游生物之一。这个称呼可能是出自希腊或拉丁语的偶得佳句。一般而言，浮游生物（plankton）指的是一大群藻类和小动物随水漂流，毫无自主行动的能力。空浮的生物几乎全都会长距离散播。你或许会在某一个寂静的夏日午后，在草皮与小灌丛上看到它们。蚜虫也靠它们无力的翅膀，飞到足以御风的高度以便随风飘荡。飘浮的细菌、真菌孢子、细小种子、昆虫、蜘蛛以及其他小动物，如细雨般密集地落在全球的地面上。这些浮游生物，不论何时看起来都是稀稀落落的，几乎察觉不到它们的存在，但是日积月累后为数便很可观了。它们就是这样来到焦枯与浓烟漫布的喀拉喀托岛的，这也是稀落的浮游生物拓殖的过程。

浮游生物拓殖的潜力，已由 1980 年代到过喀拉喀托岛地区的桑顿（Ian Thornton，澳洲拉特罗布大学动物学教授）及澳洲与印度尼西亚的生物学家组成的探险队记载过。他们研究腊卡塔岛之余，还走访阿那卡·喀拉喀托岛（Anak Krakatau，"喀拉喀托岛之子"之意）。阿那卡·喀拉喀托岛是一个小岛，于 1930 年的火山活动时才冒出海面，那原是沉入海中的老喀拉喀托岛火山口的边缘。这一队人马在火山灰覆盖着的熔岩上面，设置了装着海水的白色塑料采集器。阿那卡·喀拉喀托岛在 1960 到 1981 年间还有局部的火山活动，而且几乎没有任何生命。像较大的腊卡塔岛的环境一样，在大岛猛烈的火山爆发后，生命完全绝迹。10 天的采集器采样期间，居然收集到令人咋舌的御风节肢动物。当样本采集、分筛与鉴定后，发现有 72 种生物，其中包括蜘蛛、弹尾虫、蟋蟀、螳螂、树虱、半翅目昆虫、蛾、蝇、甲虫与蜂。

渡海而来的移民

生物要从附近的岛屿、爪哇和苏门答腊的海岸跨越水域到达腊卡塔，还有其他方式，像大型的半水栖的巨蜥（Varanus salvator）就可能会游上岸，它在 1899 年前就已经出现，尽情享受着在海岸边爬的蟹类。另一个长途泳将是网斑蟒，那是一种可长达 8 米的大蟒蛇。所有的鸟可能都是靠强而有力的翅膀飞过来的。但爪哇和苏门答腊的物种中，只有一小部分会飞过来。事实上这是因为很多在森林中的物种，即使可以清楚地看到邻近的整个岛屿，也不愿跨越水道。那少部分越海而来的物种有蝙蝠。蝙蝠迷了路，登上腊卡塔岛。大一点的有翅昆虫，尤其是蝴蝶和蜻蜓，可能自行飞来。有同样情况的佛罗里达群岛，我曾经目睹过这类昆虫毫无困难地从一个岛飞到另一个岛，有如飞在草原上，而不是在海面上。

乘筏漂流虽不常见，筏却还算是重要的交通工具。木头、树枝，有时整棵乔木都会掉进河里或海湾里，然后漂流入海。木筏启程时乘载的生物可真不少，包括生活在上面的微生物、昆虫、蛇、蛙，偶尔也有啮齿类动物及其他小型哺乳类动物。老火山岛喷发出来的大块浮石，里面封闭着充气的空间，足以使它浮出水面，也未尝不可当浮筏来用。

偶尔发生的强风暴雨，把大一点的动物（例如蜥蜴或蛙）从它们的栖息地带起，送进含沙带石的暴风里，载送到远方的彼岸。海上的龙卷风卷起鱼类，活生生地送到邻近的湖泊和溪流。

移民潮扩大后，生物会携带其他生物迁移。大多数动物都是载满寄生生物的小方舟。这些生物还会意外地运送来自土壤的"便车客"——这些都是黏附在皮肤上的生物，包括种类繁多的细菌类与原生动物、真菌孢子、线虫、节肢动物、螨与羽虱。某些草本植物和乔木的种子，会活生生地通过鸟的肠子，寄放在粪便内；等到萌发时便有现成的肥料了。有些节肢动物实行生物学家所说的"传送"（phoresy）——特意搭乘若干大型动物的便车。伪蝎子（一种真蝎子的小号翻版，但没有蜇针），用龙虾般的螯钳住蜻蜓或其他大型昆虫，然后坐上这些魔毯长途旅行。

这些移民从四面八方不断地蜂拥进腊卡塔岛，即使在全岛架起高100米的电网，也阻止不了它们。御风而来的生物仍然会从天而降，造就一个富饶的生态系统，但是植物和动物回到腊卡塔岛，纯属巧合的拓殖，并不是像教科书里所写的那般理所当然地顺利。书上是这么说的：随着植物生长蔚然成林，接着草食类动物繁衍拓殖，最后肉食类动物群起猎食。

然而，事实上，先在腊卡塔岛、后来在阿那卡·喀拉喀托岛上所做的调查发现，物种出现极其偶然，有些物种毫无缘由地灭绝，另外一些物种眼看就要消失灭绝，反而却又欣欣向荣起来。蜘蛛与不会飞的肉食性蟋蟀，几近奇迹般地在光秃的浮石上生存着，它们依赖随风坠落的微量昆虫生存。大蜥蜴和一些鸟靠着海滩上的蟹过活，蟹又靠冲上岸来的海洋植物和动物尸体维生，因此，动物的多样性并非完全依赖植物。部分植物长在一块儿，有时蔓延，有时消退，在整个岛上形成不规则的镶嵌图形。

重建家园

如果说植物群与动物群都是随意到来的，它们也是来得很快。1884 年秋，火山爆发后一年多，生态学家发现岛上有几丛禾草，可能是白茅（Imperata）或甘蔗（Saccharum）之类。到了 1886 年，就有 15 种禾草和灌木，1897 年增加到 49 种，1928 年几近 300 种；蔬菜以番薯（Ipomoea）居冠，沿着海岸生长，同时草地上疏生着木麻黄（Casuarina），这些植物是为其他先驱树林和灌丛铺路的。

1919 年，荷兰的伯伊藤若格植物园（Botanical Gardens at Buitenzorg）的范·莱文（W. M. Docters van Leeuwen），发现一丛丛的树林，长在一片草地的中央。10 年后，他看到的是相反的景象：此时树林已经长满全岛，正在挤占最后几块草地。今天腊卡塔岛的外观已完全是典型的亚洲热带雨林了。然而拓殖的过程离完成还有一段距离。爪哇和苏门答腊特有的浓密原始森林内的乔木，没有一种长出来。或许可能需要再加 100 年或更久的时间，才能孕育出一个足以和成熟、未被干扰的印度尼西亚群岛的森林相提并论的林相。

除了若干昆虫、蜘蛛与脊椎动物之外，最早迁徙来的多数动物，上岸后便葬身在腊卡塔岛上。但是，随着植物群扩张，森林成熟，愈来愈多的物种便能生存下来。当桑顿探险队，于 1984—1985 年间登岛的时候，岛上已有 30 种陆鸟、9 种蝙蝠、2 种哺乳类动物（蒂奥曼鼠与满地的黑老鼠）、9 种爬行类动物（包括 2 种壁虎与巨蜥）。1933 年曾经记录过的网斑蟒，1984—1985 年间就消失了。岛上无脊椎动物种群极多，全部加起来超过 600 种，包括陆地上的扁虫、线虫、蜗牛、蝎子、蜘蛛、伪蝎子、蜈蚣、蟑螂、白蚁、树虱、蝉、蚂蚁、甲虫、蛾与蝴蝶。另外还有微小的轮虫与节肢动物及多样的细菌。

初看腊卡塔岛上新组成的植物和动物群类，也就是浩劫百年之后的喀拉喀托岛的生命，活像印度尼西亚其他典型的小岛一样。然而，其物种群落仍然停留在一种高度流动的状态。留鸟物种的数目可能已达到平衡，自 1919 年以来物种的数目接近 30 种，而且几乎不再增加。印度尼西亚其他同样大小的岛屿上留鸟的种数，也大约是 30 种。同时，鸟种的组成较不稳定。许多新种不停地迁入，而许多早到的也不断地灭绝。

例如，1919 年以后，鸮与鹟抵达该岛，而其他几种早到的原有留鸟，如白喉红臀鹎（Pycnonotus aurigaster）与棕背伯劳（Lanius schach），却消失了。爬行类动物似乎已是或正趋于一个类似动态的平衡。蟑螂、蛱蝶类以及蜻蜓类也是如此。不能飞的哺乳类（岛上只有两种，都是鼠类）显然尚未达到平衡。植物、蚂蚁与蜗牛也未达到平衡。对其他无脊椎动物的调查大多不够充分，尚需要很长的时间才能推断其情况。然而，一般而言，物种总数似乎还在增加之中。

1883 年的火山爆发波及了腊卡塔岛、潘姜岛（Panjang）和塞尔通岛（Sertung），还有喀拉喀托群岛中的其他岛屿。这些岛屿上都覆盖了一层浮石。过了一个世纪，这些岛屿重新形成类似昔日的外观，而生物多样性也已几近恢复。问题是，那些在 1883 年之前群岛上的特有物种，是否因火山爆发而被摧毁掉了？我们永远无法确知，因为之前鲜有博物学家登上这些岛屿调查。一直到 1883 年火山爆发，喀拉喀托岛在一夕之间受到全球瞩目。我们可以断定这些岛屿没有特有种。因为这些岛屿太小，物种的自然更替速度太快，即便没有火山爆发事件，进化也无法走上创造新物种的路途。

事实上，这个群岛每隔数百年就会受到一次大干扰，摧毁或严重伤害群岛上面的动植物群。根据爪哇的传说，異他海峡的卡皮（Kapi）火山在公元 416 年曾大爆发过："卡皮火山在大爆发中炸成碎片，沉入地球最深的海渊，海水飞溅淹没了陆地。"在 1680—1681 年间，一系列较小规模的火山爆发，至少焚毁了部分森林。

今天，你可以恣意驶近这些岛屿，然而，除非阿那卡·喀拉喀托岛还在冒着烟，否则你根本猜不到曾有过那段火山爆发的历史。茂密的绿色森林佐证了生命的智慧与恢复力。即使是火山爆发也无法击破这盛有生命的坩埚。

第三章

五起大灭绝事件

THE DIVERSITY
OF LIFE

—

The

Great

Extinctions

—

每走一次下坡路，

生命多样性都至少会回到原来的程度。

然而大灾变后，

到底要历经多久的进化，

丧失的物种才能复原？

生命史上生命遭受的最大打击是什么？不是 1883 年的喀拉喀托火山爆发，这甚至连人类有文字记载以来最严重的一次都称不上。

　　位于喀拉喀托岛以东 1400 公里处，印度尼西亚群岛南部松巴哇岛（Sumbawa）上的坦博拉（Tambora）火山，曾经在 1815 年发生过一次大爆发，喷发出的岩块和火山灰是喀拉喀托岛火山的 5 倍。它造成更大的环境破坏，并致使几十万人丧命。大约 7.5 万年前，北苏门答腊的中央，还发生过一次更大的火山爆发。它喷出了罕见的 1000 立方公里的物质，形成了一个 65 公里长的椭圆形陷坑，其内蓄积的淡水，形成了至今犹然可见的多巴湖（Lake Toba）。那时候有些旧石器时代的人就已住在这个岛上。那些人遭受了一个比喀拉喀托厉害百倍的火山爆发，现今我们只能凭想象和文化传承的神话与启示，来体会他们当时的感受了。

　　火山大爆发在漫长的地质历史上，可能会一再发生。只需做个简易的统计推理，就可得出这个结论。全球火山爆发强度的频率曲线（诸如许多概率现象），在强度曲线最低处，频率最高；随着强度增加，频率平缓地减少。换句话说，大多数的爆发相当温和，顶多在此处喷出若干气体，他处外溢一些岩浆。至于喷发岩浆和巨大石流的情形并不多见，不过在世界某处，每年总会有一次。像喀拉喀托这么大的火山爆发事件，一两个世纪会发生一次或两次。像多巴火山那么大的火山爆发更不多见，然而，数百万年总会发生一次。

相同的统计学推理也可应用在陨石坠落上。各类大小的陨石（有的细如尘埃，有的小如卵石）终年不断，以每秒 15 公里到 75 公里的速度疾落地面。像篮球或是足球般大小的陨石就比较少见了。科学家指出，到目前为止能被人目睹进入地球并且徒步寻找得到的陨石，也不过 30 个左右。大陨石数量极少，美国所见的最大陨石重 5000 公斤，于 1984 年 2 月 18 日落在堪萨斯州的诺顿郡（Norton County）。数百万年来，只有少数几个真正巨大的陨石落到地球的表面。有个直径 1250 米的陨石，在亚利桑那州砸出一个代阿布洛峡谷（Canyon Diablo）。另一块巨大的陨石，直径 3200 米，在魁北克的昂加瓦（Ungava）地区，砸出一个查布洼地（Chubb Depression）。

陨石撞击说

顺着往破坏的程度再推估，大到足以撼动地球、剧烈改变大气的火山大爆发或陨石大撞击，每千万年或每亿年才有一次，其结果灭绝了当时相当多的生物物种。这样的事情可能发生于中生代的晚期，也就是 6600 万年前，那时候的恐龙与其他若干强势的动物，深受被摧毁或被灭种的威胁。加利福尼亚州大学伯克利分校的阿尔瓦雷茨（Luis Alvarez，1911—1988，1968 年诺贝尔物理奖得主）及另外三位物理学家，在晚中生代末期和早新生代初期之交界的薄薄地质物内，发现了异常高浓度的铱（铂系元素）。精确地说，这层地质物区隔了白垩纪和第三纪，于是这四位物理学家于 1979 年提出以下的结论。

这层薄的交界，叫作 K–T 界（这两个字母分别代表白垩纪与第三纪），其间的化石从以恐龙和一些小型哺乳类动物为主，变成没有恐龙却大多是哺乳类动物的现象。铱与铁之间有强烈的亲和性；结果是当地球形成期间，铱都被吸引到地球含铁的地核中。铱为何出现在极近地表的 K-T 界，委实是个谜。

阿尔瓦雷茨等人发现，若干陨石内也含有高浓度的铱。此一反常现象，加上几个数学模型，促使他们推演出以下情景：6600 万年前，一个直径 10 公里、时速 7.2 万公里的陨石撞击了地球，冲击力超过全世界所有核武器同时点燃的爆炸力。地球因而有如铜铃般地颤抖，地表野火处处，巨大海啸袭击海岸，卷起漫天尘土，笼罩全球，遮挡了阳光，降低了气温，或者像温室的吸热现象，升高了气温。总之，随着尘埃落定，就在地表堆积了一层约 1 厘米厚的细泥，内含铱元素，随后受酸雨经年累月地冲刷。根据阿尔瓦雷茨的推论，若把这些所有的效应加起来，就灭绝了恐龙及其他极多种类的植物和动物。

如果某个地方真的曾经发生过这般剧烈的撞击，除了地表有丰富的铱含量外，还应有其他证据留下。自从阿尔瓦雷茨的推论发表之后，热烈的讨论和研究就紧跟着出现。其中一个重要的证据出现了。地质化学家都知道，当岩石受到极大的撞击，例如陨石撞击地区的石英会受到"震荡"，石英的晶格结构会瓦解，以至于在显微镜的正交偏光滤镜下的石英薄片，会呈现不规则面。这种不规则面在部分 K-T 界的石英粒子里也有。走笔至此，陨石说看起来理由充分。

科学史上的首要规则是：凡是提供了一个重大的、崭新的、可信的观念后，立刻会招来蜂拥的批判者，把这一观念批评得体无完肤。不过，这里的炮火虽然凶猛，但还是谨守文明的论证举动，这也正是科学家的态度：学说提倡者会固守他的学说，并且努力提高其说服力。但是科学家也是人，大多数的反应也会符合心理学上的"确信原理"（即当双方都有有利和不利的证据时，造成双方对自身的信心不但不会削减，反而会提高）。1980 年代，数百位专家出版了 2000

多篇论文，或支持或反对这个陨石学说。科学会议内情势紧张。《科学》（*Science*）杂志中澎湃着各种辩护与驳斥。在以研究为主的大学实验室和会议室内，学者的工作更加勤奋起来。

　　科学史上的第二条规则：这个新观念也会像大地之母一般，倍承若干重大的撞击。观念如果够好，就能留存，虽然可能历经修正。观念如果不够好，就被淘汰——这常在最先提出理论者过世或退休的时候发生。正像美国经济学家萨缪尔森（Paul Samuelson，1970 年诺贝尔经济学奖得主）曾经说过的关于经济学的名言："葬礼一个接着一个，理论也一步跟着一步地前进了。"

火山灭绝论

　　在这个陨石撞击说的例子里，反驳者有一个强有力、足以抗衡的理论。他们说每隔数千万年，就会有火山大爆发，不是像喀拉喀托那样一次性地巨爆，而是万山齐爆，两者都可能产生那种在 K–T 界观察到的效应。当今的许多火山爆发产生的火山灰，就含有高浓度的铱。其冲击之大，可能震荡石英矿物。尽管田野实验已付诸行动，唯在我执笔时，仍尚未解决这个问题。

　　火山学者以及其他批评者，提出另一个更难对付的证据来推翻陨石撞击说：不错，很多灭绝的确发生在白垩纪的末期，但非一次就完成。各类物种灭绝的时间长达数百万年之久，发生在 K–T 界的上下时期。比如恐龙在白垩纪结束的最后 1000 万年里明显地减少。美国的蒙大拿州与加拿大的南艾伯塔省，在距白垩纪结束前 1000 万年前，大概有 30 种物种，紧接着在白垩纪结束之前逐渐减少到 13 种，最后的物种以三角龙（Triceratops）最多。同样的现象也发生在菊石类（ammonoid）身上，此乃一种长着多室甲壳的软体动物，与现代珍珠鹦鹉螺类似；这种现象还见于一种在它们自己的壳上建礁石的双瓣软体动物叠瓦蛤双壳类（inoceramid pelecypod）上。很多原生动物有孔虫类（foraminiferan）在100万年间逐步退出生命的舞台。有些物种在白垩纪结束前就消失了，其他的则在稍后不同的时期消失了，这些动物全部在几十万年间被新物种所取代。

　　昆虫越过K-T界，受害较少。所有的昆虫分类目，也就是分类学上最高的分类群都活下来了，它们包括鞘翅目（Coleoptera，如甲虫）、双翅目（Diptera，如蝇类）、膜翅目（Hymenoptera，如蜜蜂、蜂、蚁），以及鳞翅目（Lepidoptera，如蛾与蝶）。大部分次高的分类群也都幸存下来了，包括蚁科（Formicidae，如蚂蚁）、象甲科（Curculionidae，如象鼻虫）和水虻科（Stratiomyidae，如兵虻）。由于白垩纪时代的化石记录仍然太少，没有办法估计有多少物种灭绝。

　　为了调停对K-T界内各物种间彼此交错灭绝时间表的争议，有些古生物学家构想出，接近白垩纪尾声的数百万年间，有一连串火山大爆发事件，且每隔一段时间便会有全球尘罩、野火、酸雨与气温变冷的现象出现。这些天灾事件减损了各种生物的族群数目，并且将它们逼到仅分布在几个小地理区域内。其中有些动物受害最严重，诸如恐龙、菊石类与有孔虫类。昆虫和植物几乎都撑过来了，未遭戕害，这或许是它们本来就有能力生存在长期低劣的生理状况下的缘故。

　　支持陨石说的有些科学家，深受灭绝的新证据影响，也抛弃了单一大灾变的学说，而调整自己的设计模式。他们假设有一系列较小规模的陨石撞击，经历数百万年。他们认为，诸如此类事件，可能延长了物种灭绝的时间，跨及K-T界的上下段时间。

　　并非所有的古生物学家都已准备扬弃喀拉喀托大事件，以及单一撞击学说，他们再次加倍努力去寻找靠近K-T界的化石，解决大灭绝发生的确切时间。现在的结果又像是比较倾向于单一事件的学说。掌握的化石愈多，恐龙和菊石类的灭绝是因陨石撞击或喀拉喀托火山大爆发造成的说法愈可靠。至于原生动物有孔虫类的资料仍然不甚清楚，争议也颇多。植物方面的资料亦有较清晰的单一大灾变证据。植物的化石较丰富，诠释上困难较少，尤其是那些年复一年沉积于湖底、混入底泥的花粉粒，就是个好例子。

北美洲西部的 K-T 界内的化石记录，开花植物的花粉粒突然锐减，而接着蕨类植物的孢子突然增多，紧接着开花植物的花粉又回扬，那个时期呈现了另一类型的物种聚集体。开花植物暂时减少，蕨类植物增加，正好符合 K-T 界事件的寒冻现象，那是空中尘云与灰烟持续一两年形成地球变暗与气温下降的寒季。有些植物物种，特别是常绿阔叶树种，如木兰科（Magnolias）及杜鹃花科（Rhododendron）植物，灭绝了。有的植物经过一些时候，靠着零星散布的幸存后代，逐渐恢复，但是复原后的植被，就像晚中生代混生植物群的一部分。此际，南半球的植物所遭受的影响较小。

现在，多数古生物学家谨慎地倾向于中生代是因某突发的大灾变而结束的。同时，研究者专注于追寻所有科学旅程中最令人垂涎的证明：一个简明易懂、指明单一主要原因的大发现，又可同时推翻其他说法的可能性。

最明显的就是去发现一个大陨石撞击地球的确凿证据，亦即去找出这个超级大的撞击陨石坑，并且能准确地测定它是发生在 K-T 界的时代。然而，地球表面有三分之二是海洋，这个陨石坑遗迹很可能就藏在海底。1990 年，有人根据受震荡的石英矿物分布，以及可接触到的特异地质层，提出两个陨石坑的所在：一个在海地西南方的加勒比海，另一个就在西古巴之南，离第一个地点 1350 公里远。这两处的证据还不够确凿，尚无法采纳。其地质的结构与组成正在研究中，对于其他的海盆也在持续搜寻中。

有种折中的想法正在酝酿着，也就是陨石和火山的诠释可能都正确。两桩事件可能曾经同时发生，因为一个半径 10 公里、时速数千公里的陨石撞击到地面，不仅撼动地面、天空为之变色，还会引爆全球火山爆发。另一种说法是，某未被引发的火山活动也许是个关键，因受陨石出乎意料的致命一击，狠狠地终结了恐龙与最敏感的海洋动物的生命，时间则是在我们所说的 K-T 界时代。

接续的研究说明一个重要的事实，那就是白垩纪的灭绝事件，只是5亿年间5次大灾变中的一桩，何况也不是其中最严重的。再说，早期的灾变似乎也与陨石撞击或异常的火山大爆发有关。这5次大灭绝事件，若根据地质年代及过去发生的时间，顺序为：奥陶纪，4.4亿年；泥盆纪，3.66亿年；二叠纪，2.43亿年；三叠纪，2.1亿年；白垩纪，6600万年。其间还有许多较轻微或更轻微的轮替出现，然而这5次是发生在灾难事件频率曲线上的最尾端，而且十分醒目。它们相较于其他事件，有如大巫见小巫。

最能清楚显现灭绝速度的生物是海洋动物，从软体动物、节肢动物到鱼类都是。原因很简单，因为尸体很快就会沉到海底，还来不及腐解就被泥沙掩埋，变成化石。而研究时的分类单元，以科为佳，因当时存活的生物在死时才会沉积下来，而且也不是所有生物都会成为化石，要碰上适当环境和机会。所以，只有同一科相关物种的海洋动物数量才够大；若只依赖单一物种，其中有许多可能是罕见或零散地分布着，这会导致统计学上严重的误差。

全球气候变化是致命杀手

接下来要引用由芝加哥大学古生物学家塞布科斯基（John Sepkoski）、劳普（David Raup）和其他研究单位所收集与分析的大量海洋动物的资料。所有大灭绝丧失的科，除二叠纪为百分之五十四外，其余皆相当接近，约为百分之十二。现已有统计方法可援用，能算出多少科灭绝，以及判断出各科内失去的物种。二叠纪大灭绝事件估计一共造成海洋动物物种的百分之七十七至百分之九十六绝种。劳普曾说："如果这些估计合理、无误，全球的生物（至少是较高等的物种）遭到一次极大的清除，几乎全部毁灭。"

节肢动物三叶虫（trilobite）与盾皮鱼（placoderm fish），在早期分属两个非常独特的、占主导地位的族群，真正地绝种了。陆地上类似哺乳类的爬行类动物（人类远古的祖先）几乎被摧毁殆尽，只有极少数逃过窄门。昆虫和植物较少被波及；它们具有若干无形的防御物，庇护它们躲过后来的几起事件。

前四起大灭绝时代的沉积物里不含铱元素，所以，显然那时并无大陨石的撞击也可造成最严重的灭种大灾变。约在三叠纪灭绝期，西伯利亚的中部经常发生大规模的火山爆发，也许足以改变全球的气候，但是与物种衰减之间的关联未获得证明。所以到底发生了什么事呢？史坦利（Steven Stanley，约翰霍普金斯大学古生物学教授）与其他几位古生物学家认为，最主要的杀手乃是长期的气候变化。这个推论颇具说服力。这包括热带生物普遍撤退到赤道地带，尤其在危机发生时达到顶峰。制造礁岩的生物（包括海藻和石灰质的海绵）特别容易受害。地球上的这类生物大量消失过。礁岩的无生命骨骼或者为浪潮侵蚀，或者为淤泥掩埋。（有一个化石礁岩，于3.5亿年前在澳洲西部形成，由于某种原因，未被侵蚀，并且仍然是地理景观上的一个重要特色。）在危机时期，幸存的各类热带生物，被挤往赤道。冰川作用的面积更为广泛。

在前四起危机期间，地球的温度似乎变得相当冷，弭除了很多物种，并迫使其余物种迁移到较小的活动范围，因而更容易受到别的原因影响而灭绝。

我曾经问：最终的原因是什么？如果地球变冷是致命的事件，又是什么造成冷化呢？地质学家推测，最可能的答案是，当大陆板块漂移之际，造成大陆板块与缘海的移动。在最初的几个大灭绝灾变期（奥陶纪、泥盆纪与二叠纪），所有陆地整合成一个超级大陆叫作"盘古大陆"（Pangaea）。它南边的大陆板块叫作"冈瓦纳古陆"（Gondwanaland），在奥陶纪晚期和泥盆纪时期，盘古大陆位于南极边缘，因受大规模的冰川作用，生物危机约在此时发生。在二叠纪时期，盘古大陆往北移动以及冰川向南北两端延伸。随着冰的形成，海平面下降，大大缩减了暖和的内海面积，这些内海正是大多数海洋生物的栖息地。

当中生代即将结束时，大陆漂移运动似乎不是地球变冷的一个原因，因此我们的重心理当放在陨石和火山上。今天，地球上陆地的配置方式，倾向于高度多样性：几个大陆相距甚远，并且有绵长的海岸线与平铺着大面积的热带浅水域，其间还点缀着许多岛屿。过去 6500 万年来，并无足以改变世界的超级陨石雨或火山大爆发证据——至少没有大到足以摧毁生物多样性。

第六次大灭绝的启动

总而言之，生命在 5 起灭绝事件里一再变得贫乏，而在世界各地，有其他无数较小的事件此起彼伏地发生。每走一次下坡路，生命多样性都至少会回到原来的程度。然而大灾变后，到底要历经多久的进化，丧失的物种才能复原？海洋动物的科数量是个很可靠的分析基准，因为我们已经能从手中的化石中得到证明。

一般而言，500 万年才足以有个好的开始，想要恢复 5 起大灭绝中的任何一起，都需要数千万年的时间，尤其是奥陶纪需要 2500 万年，泥盆纪需要 3000 万年，二叠纪和三叠纪（因为所发生的时间非常相近，所以算在一起）需要 1 亿年，而白垩纪需要 2000 万年。这些数字应该会打断那些认为凡是智人所摧毁的、大自然都会弥补过来的人的念头。也许事实的确如此，但是所需时间的长度，对于当今人类文明而言，着实不再具有任何意义了。

　　在以下各章节，我会依目前对生态学的了解（并做仔细的审查），描述生物多样性的形成。我会提出证明，证明人类文明已经启动了第六次大灭绝，并在仅仅一代之内，就急急地把与我们相伴的其他物种逼入永远的灭绝之境。最后，我认为每一零碎的生物多样性都是无价之宝，它是用来学习和珍爱的，绝不要未经奋斗就放弃。

第二部

生物多样性的形成

BIODIVERSITY RISING

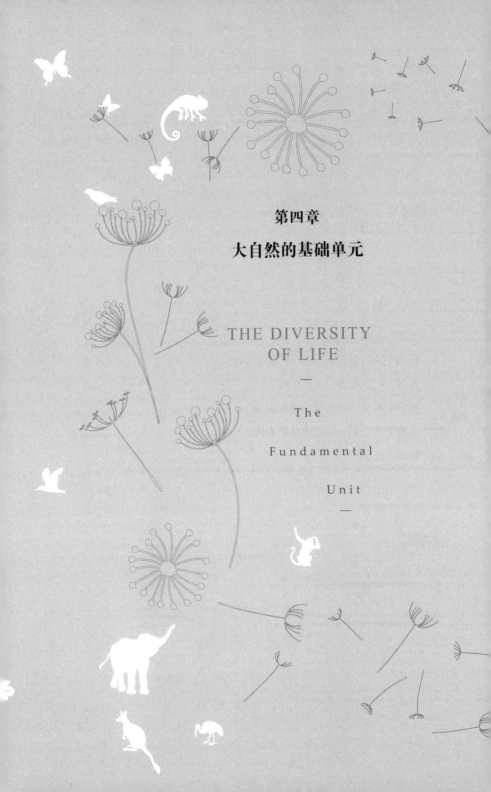

第四章

大自然的基础单元

THE DIVERSITY
OF LIFE

—

The

Fundamental

Unit

—

在同一物种之间，

任何个体和它们的后代不可能相差太大，

因为它们必须进行有性繁殖，

把它们的基因和其他族群的相混，

几代下来，同一生物物种的族群

就维系在了一起。

生命最神奇之处，可能就是以极少的物质创造出丰饶的多样性。所有生物组成的生物圈，只有整个地球总质量的百亿分之一。这些生物分布在由土壤、水和空气组成的 1 公里高、面积大约有 5 亿平方公里的空间中。假设把世界看成书桌上一个普通的地球仪那么大，我们的肉眼是看不到生物圈内丝毫痕迹的。然而，生命却分化成数百万个基本单元——物种，每一物种在整个生物圈内皆有独特的功能，并彼此齿唇相依。

换个角度来看细微的生命，你想象一下，自己以从容的速度，由地心向上行。头 12 个星期，你经过焚化炉般灼热的岩石和岩浆，其间没有一丁点儿生命。再经过 3 分钟就会冒出地面，而你还有 500 米的路要走时，你碰到了第一个生物，那是依赖从地面流渗到深层地下含水层内营养而活的细菌。而后你冲出地面，花 10 秒钟的时间匆匆一瞥，在平展的视线内是目不暇给的多样生命，数百万的物种，有微生物、植物及动物。过了半分钟，眼前美景都消失了。2 小时之后，只有隐隐约约的残影，那不过是坐在飞机内身上充满大肠杆菌的人类。

生命的标志就是：生命挣扎奋斗于数不尽的生物之间，追求着随时会消逝、空虚若无的稀微能量。生命只能利用照射到地球表面的太阳能量的百分之十，这百分之十就是绿色植物利用光合作用捕捉到的部分。这部分的自由能，在经过食物网由一个生命传到另一个生命之时，便急剧地下降。由光合作用捕捉到的自由能约有百分之十，传递给毛虫和其他吃植物和细菌的草食动物，再传递给蜘蛛及其他低级肉食动物之时，此自由能又再打个一折，亦即只剩下原来的百分之一了。此百分之一留给了刺嘴莺类，以及其他中级的肉食动物，这些中级肉食动物是以低级肉食动物为食。如此一直往上推到顶级的肉食动物，顶级动物只被寄生生物与食腐动物耗用，顶级肉食动物包括鹰、虎与大白鲨等。自然界食物网的顶级生物，总是体型庞大而数量稀少，它们仰赖生命可用能源中的极小部分，因此永远位于灭绝的边缘。当生态系统环境恶化时，它们便是首当其冲的受害者。

能量与生物量金字塔

只要观察食物网里物种的两个层阶，我们便可以很快地从生物多样性中学习到许多东西。第一个是能量金字塔。正如我们所知道的，这是明显的能量流递减律，也就是太阳照射到地面的部分能量，为金字塔底层的植物利用，然后能量传递到金字塔顶端的大型肉食动物身上时，已所剩无几了。第二个金字塔是由生物量（也就是生物的重量）所组成。现今生物世界的重量，最大部分是植物量，第二大的则是食腐动物及其他进行分解的生物体。这些分解生物（包括细菌、蕈类与白蚁）用尽生物的遗体内储藏能量的最后一点一滴，并在食物链的交换过程中，将之分解成营养化学物，送回给植物。比植物高的每个层阶，其生物量会依次递减，这种现象止于食物网顶层的肉食动物。肉食动物极为罕见，只要能在野地看上一眼，都让人终生难忘。让我再强调这一点，没有人会对一只麻雀或松鼠多看一眼，至于蒲公英，连正眼瞧的兴致都没有，但是若碰上一只游隼或一只美洲狮，都是千载难逢的经历。这不只是因为它们体型硕大或生性凶残，还因为它们确实是难得一见的生物。

海洋的生物量金字塔，乍看之下很紊乱，其实是个倒金字塔。光合作用的生物虽然捕捉了几乎所有进入海洋的能量，而这些能量每换一层阶都会失去百分之九十，但是它们的总生物量仍然比吃它们的动物少，怎么可能会有这种相反现象发生呢？答案是光合作用的海洋生物与传统陆地植物不同。它们是浮游植物，那是一些像微生物那么小的单细胞藻类，随海水载沉载浮着。由浮游藻类所固定的太阳能与制造的原生质，比陆地植物多得多，而且浮游植物的成长、分裂和死亡的速度极其快。

洋流中的小型动物（或叫作浮游动物），尤其是桡足类动物（copepod）以及其他甲壳类小动物，都以藻类为生。它们捕食极大量的浮游植物，却不会耗尽海中进行光合作用的藻类。浮游动物依次为体型较大的无脊椎动物类和鱼类所捕食，这较大型生物又为更大的鱼类与海洋哺乳类动物（例如海狗和海豚）所捕食，接下去是被虎鲸与大白鲨这类金字塔顶端的肉食动物所捕食。就是因为这倒立的生物量金字塔的关系，使得汪洋大海的水域这么清澈，你还可以穿透海域的水望见游鱼，却看不到绿色的植物（藻类）。

追寻生命的圣杯

读到这里，令人最感兴趣的问题来了。地球上较大体型的生物建立了能量与生物量金字塔的超级结构（superstructure），应归功于生物的多样性。而生物多样性又由什么组成的呢？老一派的生物学家早就急于想要有一种极小的单位，能将多样性拆散、描述、量度并将之重新组合。让我尽可能地强调这个议题，这就好像西方科学是靠努力不辍与成功地追寻原子的单位而建立的一样。以原子为单位，才能导出理论和原理。科学知识是靠"原子"、"次原子粒子"、"分子"、"生物"、"生态系统"及其他许多单元（包括物种）等词来表达的。将所有单位维系在一起的高度抽象概念，就是体系，这是设想有各层阶的组织。原子与原子合成分子，分子组合出细胞核、线粒体及其他细胞器，细胞器又聚合成细胞，再成为组织的一部分。依此层阶往上组成器官、生物体、群落、族群以及生态系统。相反的程序则是分解，把生态系统打散成族群，族群之下是群落和生物体，依次向下类推。

科学的理论与实验分析乃是以假设为基础，相信繁复的系统能分成更简单的系统。所以追寻自然的单元，就有如阿瑟王找寻圣杯一般，令科学家孜孜矻矻持续努力着，直到找到答案、拥有毕生的愉悦为止。那些找到破绽并发现组成大自然的较小单元的人，则享有科学盛名。

所以物种的概念对生物多样性的研究异常重要，它是系统生物学的终极目标（圣杯）。少掉自然单元，例如物种，生物学大部分的内容就会像自由落体般，无法掌控地从生态系统一直跌到生物体。这就等于承认"各个实体是无规则的变化及无规范限制"的概念。例如美国榆树（Ulmus americana）、白粉蝶（Pieris rapae）、智人，都是明显的实体。少掉自然的物种，生态系统只能以最概略的词汇来加以分析，只能用粗略与暧昧的言词来描述生态系统中的那些生物体。生物学家也会发现难以比较某两个研究的结果。例如，有关果蝇的研究是现代遗传学的主要基础，但如果没有人分辨出果蝇的种类，我们如何能评估数千篇研究果蝇的论文？

"生物物种概念"的精义是："在自然条件下，某族群内的物种具有自由交配的繁殖力。"这个定义的概念容易陈述，但是有无数的例外和问题。所有难解之题，充分说明了进化生物学本身的复杂性。我的观点是，虽然这只圣杯有点刮伤与褪色，但仍然为我们所拥有，圣杯正好端端地摆在架子上。

我必须立刻附上一句话，并不是所有生物学家都能接受这个生物物种的概念，而认为此概念只是生物多样性所依据的基准单元。他们依赖基因或生态系统，扮演生物多样性的功能角色，或者只满足于一般性无规章的概念。我认为这些科学家的想法不对，但是无论如何，我会很快地回到有关生物物种概念所面临的困境，并说明他们的诸般疑虑。

狮、虎的疆域

暂且让我继续谈谈广义的生物物种概念。这个广义概念，至少目前为大多数的进化生物学家所接受。我们先要注意定义中的先决条件："在自然条件下"，也就是说，从两种虏获的动物，或庭院中栽培的两种植物，培育出来的杂交物种，不能归类成某单一物种的个体。虎狮（tiglon）就是一个有名的例子。动物园的管理人让虎与狮交配已行之有年，虎狮的父亲是虎而母亲是狮［狮虎（liger）的父亲是狮，母亲是虎］，然而这除了说明狮和虎的遗传性，比起其他大型猫科间比较接近之外，其他的意义就有限了。留下的问题是，在自然环境下，狮和虎相遇时会不会交配？

今天，这两种物种在野地自然环境下并未相遇，它们已经被膨胀的人口逼迫到旧大陆的各个不同小地域内。狮生活在非洲撒哈拉的南部，有一小部分分布在印度西北部的吉拉森林（Gir Forest）区。虎是为数不多、濒临灭绝的物种，分布地区从苏门答腊北部、印度到西伯利亚东南部一带。印度吉拉森林区没有发现过虎的踪迹。乍看之

在自然的环境下
狮与虎相遇时，
会不会在自由意志下交配?

（蓝德瑞绘）

下，我们似乎无法验证，该生物物种在自然界里是否会自由交配的概念。但是不然，因为历史上这两种大型猫科动物的栖息地，涵盖大部分的中东与印度一带。我们若能了解历史上发生过的事，或许能找到答案。

在罗马帝国鼎盛时期，北非是肥沃的稀树大草原。那时，北非的迦太基人可能就在树的遮阴下，旅行到亚历山大城；带大网、持长矛的士兵，也可能就是沿着稀树树荫，从迦太基到亚历山大城的长途旅程中，猎捕狮子返朝，供动物园参观及竞技场角斗之用。几世纪之前，狮子依然很多，踪迹遍布欧洲东南部和中东地区。它们在阿提卡（Attica）的森林吃人，同时也成了亚述国王的猎物。狮子往南分布到印度，在 19 世纪英国统治印度时，为数仍然众多。

虎的分布，则从伊朗北部，东跨印度，往北到朝鲜半岛和西伯利亚，南及巴厘岛。根据记载，在这两种大型猫科动物共同的栖息地内，尚无虎狮或狮虎存在的记录。尤其在印度可以看到反证，英国统治印度，有 100 多年的捕获猎物的记录。

虽然在历史上这两种大型猫科动物分布地域相近，但我们对在自然环境里狮和虎无法交配繁殖的现象，已有很好的解释。首先，它们偏好不同的栖息地，狮子大多栖息在开阔的稀树大草原和禾草原，而虎则留在森林中。当然，这种二分法并不很周全。其次，两者的择偶行为一直都相当不同。狮子是仅有的社会性群居的猫科动物，其生活的中心是形影不离的母狮和小狮。小雄狮成熟时，则离开群居出生地，通常和其他狮兄或狮弟成对，加入其他狮群。成长的雄狮和母狮一同猎食，并由母狮扮演领导的角色。而虎与其他猫科动物（除了狮子外）相似，喜欢独处。雄虎排放的尿味和狮子的不同，可用来标记其领地与接近他虎；而且雄虎只有在交配季节才和母虎暂处。简而言之，虎狮之间似乎没有相遇及较久相处的机会，因此没能生出下一代。

任何生物物种都是一个封闭的基因池，是个体生物的群聚体，不会和其他物种交换基因。这种隔离就进化出显示特征的遗传性状，该物种会占据特定的地理区域。在同一物种之间，任何个体和它们的后代不能相差太大，因为它们必须进行有性繁殖，把它们的基因和其他家族的相混，几代下来，同一生物物种的家就维系在一起。祖先和其后嗣相连，如一条链子，一齐朝着一致的大方向进化着。

分类野鸟

生物物种概念若应用到一段短暂时间的某个地域，例如某州或某郡或某一小岛，最为适合。我们可以随便指定任一地域、任一时间的任何生物群来说明。就以得克萨斯州哈里斯郡（Harris County）的鹰为例吧。

穿过休斯敦近郊，是一片自然野地，仔细找寻雀鹰、鹞、鸮与游隼，你可以找到16种猛禽。有些猛禽像赤肩鵟（Buteo lineatus）和美洲隼（Falco sparverius）相当普遍。其他如哈氏鵟（Buteo harlani）和草原隼（Falco mexicanus）就较为罕见。最后，到田野、松林与林泽之处，你胪列的名单就和其他资深观鸟者的一样了，而你对鸟类的特征描述也和彼得森（Roger Tory Peterson）著的《得克萨斯州及邻近诸州野鸟指南》（*Field Guide to the Birds of Texas and Adjacent States*）里所载一致。每一种鹰都有独特的结构特征、鸣叫、偏好的猎物、飞行方式及地理分布范围等综合特质。其中就某些特质（例如择偶行为），都可以看出这16种猛禽有其繁殖的区隔性，根据所知，大自然里的杂交是不存在的。

你可能马上会想到，在各种不同种的鹰之间所找到的共同点，只是一种人为的产物，是解剖学及科学命名等约定俗成的认可，此与习惯上认定的自发性进化的发生如出一辙，是传统的、凭直觉与过去的经验造成的，即取决于谁是第一个用羽色分类，谁是第一个采用拉丁文命名某些可辨认的形态，如此等到某种分类系统出现，并有足够多的人对此感到满意。最后，彼得森将之出版。如果你这样认为，那你就错了。因为有一种测验可以区别是人为产物还是自然单位：比较相互孤立的人类社会所发展的各种分类方法。

在 1928 年，杰出的年轻鸟类学家迈尔（Ernst Mayr，1904—2005，哈佛大学名誉教授，新达尔文学说与生物物种概念的创立者），到偏远的新几内亚阿法克（Arfak）山区，从事有史以来最彻底的鸟类标本收集工作，包括鹰在内。他在出发之前，去看过数座欧洲博物馆收藏的主要鸟类标本，并研究从新几内亚西部收集到的标本，他估计阿法克山有过 100 多种鸟。

迈尔的物种概念是来自欧洲学者观察死鸟的结果，欧洲学者根据解剖学把成堆的标本分类，就像一个银行出纳员堆起一叠一叠的五分、一角及两角半的钱币。经过漫长、玩命似的长途旅程，他扎下营，迈尔请了当地的猎人帮他收集那一带所有的鸟。每当猎人带来一个标本，他便记下当地的分类名称。

最后，迈尔发现阿法克人认得 136 种鸟，不多也不少，刚好与欧洲博物馆里的知名生物学家的分类种数相吻合。唯一的例外是有一对很相似的物种，训练有素的科学家迈尔能够区分开来，但是阿法克山区里的人，虽然是有经验的猎人，仍然把它们混为一种。

几年之后，我 25 岁时，大约和迈尔到阿法克探险时的年龄相仿，我也做了一次漫长的旅行，一路穿越新几内亚东北部的萨鲁瓦格特（Saruwaget）山区，采集蚂蚁，我反复做交叉文化测验，并发现萨鲁瓦格特人不能分辨不同种的蚂蚁。他们认为蚂蚁就是蚂蚁，怎么看，蚂蚁还是蚂蚁。这应该不足为奇，并不是萨鲁瓦格特的蚂蚁和当地人没通过测验，只是蚂蚁对巴布亚人来说没有实用上的需要。阿法克人是猎人，靠鸟类多样性的知识谋生，正如欧洲的鸟类学者一般，靠鸟类学谋生。在迈尔的那个时期，至少，野鸟还是当地居民主要的肉食来源。

同样，亚马孙以及奥里诺科（Orinoco）盆地的美洲印第安人，熟知雨林里的植物。好几位巫师和族里的长老，都可以叫出上千种植物的名字。不仅欧洲和北美的植物学者同意这些植物具有的特征，而且还从同行的美洲印第安人那儿，了解到了关于适宜栖息地、开花季节及不同植物的实际用途等好多知识。

有一件值得注意的事是，唯一被发达国家广泛食用的作物——澳洲坚果，澳洲居民已不知道这作物原产于澳洲。很不幸，随着欧洲文明不断入侵，许多原住民的知识逐渐在消失，并且热带国家中残存的尚无文字的原住民文化，正日渐衰退与消失，我们将永远失去那些真正的科学知识。

"正名"才能解决问题

在所有文化里，命名分类本身便是谋生之道与智慧的开端，诚如中国人所说，就是"必也正名乎"。继 1895 年发现疟疾是人被疟蚊（Anopheles）叮咬后感染的，各国政府便开始捕杀这些带有病原的昆虫媒介，当时是靠排干湿地的积水与用杀虫剂喷洒疫区。欧洲的疟疾病原为疟虫属（Plasmodium）的原生动物，是寄生于血液里的生物，昆虫媒介则为五斑疟蚊，乍看之下二者好像并不一致，而且不知如何准确地去抑制它们。在某些地点，疟蚊数量虽然很多，却很少或完全没有疟疾。但是另一些地区，情况则相反。

这个问题到了 1934 年才获解决。昆虫学家发现五斑疟蚊其实并非只是一种，而是许多种，至少有七种。从外表看来，成蚊几乎一模一样，但事实上它们有许多不同的生物特性，有些特性还会妨碍它们

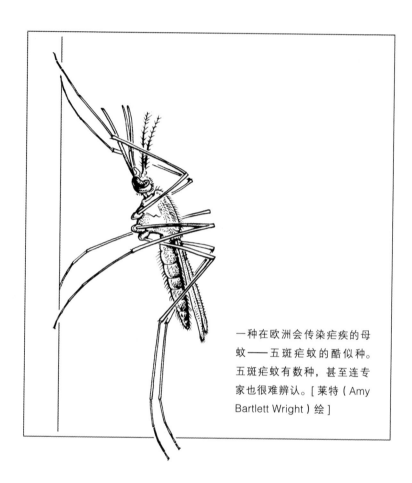

一种在欧洲会传染疟疾的母蚊——五斑疟蚊的酷似种。五斑疟蚊有数种，甚至连专家也很难辨认。[莱特（Amy Bartlett Wright）绘]

之间发生交配。

　　首先发现的"特性"是，水面上雌蚊产下的卵筏大小和形状，其中有两种的卵并非成堆，而是个个分开的。昆虫学家注意到这种现象后，其他疑虑也很快有了答案。再佐以更多的特性，例如卵色、染色体整体结构、冬眠与冬季连续的繁殖行为与地理分布。最重要的发现是从某些特性中可分辨出何种吸人血，并且是会携带疟疾寄生生物的媒介昆虫。一旦鉴定出来，就可锁定五斑疟蚊之类的凶手，而加以扑杀。事实上现在欧洲疟疾已经销声匿迹了。

系统分类学家经常用"两似种"（sibling species，又译姊妹种）的特性再细分该物种的方式，解决许多生物上的问题。相反，他们也时常把已被认定的两似种归在一类，看作只是一类可自由交配的个体。只要做得正确，两似种的分开和混合，可以为妥善诠释所解剖之生物开启另一扇窗。

然而，生物物种概念还有个长久以来的大问题。该概念在 20 世纪清晰地形成以来，就受害于许多例外与歧义。根本原因在于每一个被定义为可繁殖的独立族群或数个族群体的物种都处在进化的某一阶段，这就使得该物种和其他物种区分开来。物种并不像一个氢原子或者苯分子一样仅仅是许多相同单元群中的一个单元，物种更是一个独立的个体。

这个使物种有别于物理或化学的定性概念，在物理或化学上的概括性之词，可用测量值来表示。例如一个电子是一个假设的单位，带有 4.8×10^{-10} 单位的电荷与 9.1×10^{-28} 的质量。当然，没有人真的看见过电子，但是物理学家深信其存在，因为它们的特质可以精确解释阴极射线、电场、光电效应、电力与化学键。物理学和化学依赖精确的显像，例如在电子离开原子和分子时，会产生正离子及自由电子。套用物理学语言，那显像的效应是虚像的，但它们无疑是有形的物体。1930 年代，剑桥大学的卢瑟福（Ernest Rutherford，1871—1937，英国实验物理学家，1908 年诺贝尔化学奖得主）与他的研究小组，在卡文迪什（Cavendish）年度晚餐会上，以《我亲爱的克莱门汀》（*My Darling Clementine*）旋律，高唱这些看不见的实体：

意气焕发的原子，电离后又结合。
哦! 我的宝贝，哦! 我的宝贝，
哦! 我的宝贝，离子是我的。

但是某特定种类的所有成员都是一模一样的，并且这一种类是永远不会改变的。

如果一个电子真的是一个电子，一个离子就是一个离子，那么同类的所有成员都可以互相交换。而一种物种则只有少数的若干特性能与其他大部分的物种共享。生物物种一直进行着进化，也就是某物种对其他物种而言，是经常变动的。有时候两似种大略相似，只有生化试验或交配实验才能区分它们，这令实验生物学家十分失望，因为他们急需进行分类。

美国东部的中学的生物学课，常用学生所熟悉的草履虫属（Paramecium）小原生动物来分成常见的三个"种"，即双小核草履虫（P. aurelia）、绿草履虫（P. bursaria）与尾草履虫（P. caudatum），这是根据低倍显微镜分辨其结构的差异来分类的。然而若仔细研究，通过它们交配行为与独立进化的族群来分类，发现至少有20种。虽然想忽视生物的复杂性，就停留在这三个旧有易辨的种类，但是疟疾的例子提醒了我们问题的所在。生物学家心里明白，在这节骨眼上，事情可能毫无妥协的余地，他们必须继续努力，定义出所有真正的闭合基因池（即不与其他种生物杂交，互换基因）。就像所有原子单位内的每一原子，都必须给予命名。

两似种不过是技术问题，没有危及生物学理论。比较大的概念问题是"半种"（semispecies），也就是族群内发生部分杂交（指不足以构成一个大的自由杂交的基因池，但在自然条件下，又能繁衍出很多可繁殖的杂交物种）。很多植物有这个大问题，特别是那些借风媒传播花粉的植物，花粉四处飞扬，经常落到异种花上。北美洲太平洋沿岸地区，大约有三分之一的栎（Quercus）和松，它们实际上多是半种植物。然而不知何故，这些半种在繁殖系统上是分开的。半种在野地是可以分辨的独立体，甚至偶尔利用杂交来交换基因。由叶和花的解剖及适宜的栖息地类型，都可以分辨出其差异。怀特摩尔（Alan

Whittemore）与沙尔（Barbara Schaal）在研究美国东部的特有种白
栎的 DNA 差异时，做了以下的结论：

> 栎是有名的一属，因为属内的各物种间有不稔性障碍发
> 育不全。栎属的物种在很多组合下都可互交受孕。即使配对
> 的物种在形态或生理方面相差甚远，也可产生自然杂交物种。
> 虽然某些互交可孕种的配对有强烈的生态分离性，但是有更
> 多互交的可孕种配对，有大幅度的重叠性。

然而，白栎的情况却不同。白栎种间的杂交现象远低于种内的
繁殖，结果基因池呈现半闭合状。

在杂交物种繁多及其难以预料的状态下，半种的维持并不是一
种全球各地植物都有的现象。热带物种间的交换基因，似乎不如温带
物种广泛。换句话说，热带植物“行为”比较像动物，亦即在物种多
样性的保持上，有一个比较严谨的模式。由于大多数的植物种类分布
于热带地区，这样的进化保守性和栎树呈现的杂交强度相比，可以证
明这是一种较为普遍的植物特性。一个有名的例外是树形很大的刺桐
属（Erythrina）植物，该属的种间经常发生杂交。但是有关热带植物
的杂交及物种形成的遗传研究未见开始，因此慎言为好。

从物种形成的本质（见下一章）来看，某物种分化成两物种
（暂且称之为甲与乙）时，甲物种内的某些个体，可能会比较接近乙
物种内的个体，而不那么接近其他同种的个体，反之亦然。这些甲和
乙的亲缘虽然有共同的祖先，但是两种之间有一个或数个重大的差
异，阻止了它们互换基因；这有点像分居于不同国家且无法跨越国界
的姐妹。

有些生物学家认为，这样的个体应该同属一种物种，成为单一
的“系统发育种”（phylogenetic species），尽管它们无法交配。其他

生物学家（包括我）坚决反对，这个"系统发育种"的概念很有趣而且有用，但不能构成对生物学物种的致命挑战。要寻求族群内或族群间族谱系统的信息，并不需要扬弃繁殖隔离。这个繁殖隔离是在族群这一层次上多样化最突出的一个过程。虽然姐妹关系很重要，但是国与国之间的关系更重要。

我们现在必须面对一个生物学物种概念上更大的概念困境。对于少数专性雌雄同体（具有卵巢和睾丸且同体交配），或孤雌生殖（由非受精卵产生后代）的生物体而言，闭合基因池的概念不具什么意义。各种微生物、真菌、植物、螨、缓步类、甲壳类、昆虫甚至蜥蜴，干脆放弃此麻烦与冒险刺激的有性繁殖，只采用无性或自体受精繁殖方式。

如何解决这种物种概念上的难题呢？无性及自体受精的方式，都倾向于保持高度的完整性。其他多数物种，虽然不受进化上不同性别间兼容性限制的束缚，但也不会胡乱往各方向变异，更不会制造广泛连续性的大差异，以至于混淆分类上的命名。生物的基因组合倾向于群状活动，使得分类学家易于归类大部分的物种。一般相信，群状现象乃是变异无常的居中型存活率和生殖率都较低的缘故。只有那些结构和行为接近标准型的生物才能生存下去。另外，有许多无性物种（asexual species）才刚从有性生殖的祖先进化而来，还没有足够的时间分化或扩散。最后，生物学家分类物种的界限，必定会过于武断。

闭合基因池的概念也无法用在"时间物种"（chronospecies）身上。所谓"时间物种"是指同一物种随着时间推移而进化的各阶段。想想我们自己这个智人种（Homo sapiens），是大约100万年前分布在非洲和欧亚大陆板块的直立人（H. eretus）同系进化来的。显然，我们不知道智人与直立人在自然环境共处下交配会不会有问题。当我们抽离事情背景以后，这个问题便很空泛了。这是科学界的公案，相当于单手拍掌，或是长长线索中的一小段。然而，古生物学家受到实际需求的驱使，继续区分并为时间物种命名。他们这么做是对的，因为如果把智人和直立人叫成同种，这样是很不负责任的。如果把居于两者之间的能人（H. habilis）以及更早的原始南方猿人都算进去，就更不负责任了。

追寻全能的自然单位

生物学家不断地回到生物物种的概念上来，希望找到一个位置定下来，并愿意接受折中方案，用以寻找生物体大多能共通的历程。尽管困难重重，若不顾这个概念永远不能用一个抽象的实体，像电子一般来看待，是无法进行精确计算的。但是，这一概念可能还会继续成为舞台上的主角。理由很简单，在大多数生物研究里，这一概念运作得还蛮好。

实际上大多数物种是有性繁殖的生物，同时也是闭合基因池的生物，生物物种概念非常适于用在地方性的动植物群的研究。例如得克萨斯州的鹰、欧洲的蚊子及旧大陆的灵长类（包括人类），而且尤其适用于岛屿上界缘分明的生物群落，以及各种孤立的栖息地区块与环境。总之，可以应用在真实世界的大部分地方。

几年来，我深受生物学物种研讨会和沟通会的辩论之苦，广泛地听取了意见，并目睹这一概念在进化生物学家心中交替地受宠与被冷落，核心问题似乎是科学的民主程序，可以说这个概念所拥有的选民很少，大多时候选民并不需要它。系统分类学家进行分类时，大多是根据博物馆内的标本间的差异。如果问他们，这些差异是否缘于繁殖隔离，他们的回答是"有可能"，但是他们不会追根究底，他们很满意解剖学上存在的差距，把这个问题的成因留给族群生物学家。

族群生物学家自己也迷惑于物种分化的动态进化，尤其在物种分化的早期阶段，许多问题抛给了尴尬的生物物种概念。很多人会问：有段时间为什么出现失序，甚至混乱？为什么不采用数种物种概念，每一个构思可以适合某特定的环境？族群生物学家沉醉于参加赛跑的兴奋中，也满足于沿途零落的掌声，没有人看得见做最后冲刺出线的好处。

族群生物学家与系统分类学家不同，前者不需要分类上百万种物种。族群生物学家忘了：在创造生物多样性时，两个繁殖族群间的繁殖隔离现象一旦发生便不能走回头路。在分化的最早期，两种物种间的差异可能小于各物种内的差异，加上杂交物种突然增加，可能会消除其间的障碍，以至于整个现象弄得更为扑朔迷离。但是在多数的情况下，这两种物种已经踏上一个没有终点的旅程，并愈行分隔愈远。两种物种之间的差别，到时候会远远超过各物种自己繁殖种内个体之间的任何差异。在现实的世界里，很高的生物多样性是靠物种的分化产生的，而这一分化会在生物物种概念中所表达的明确步骤下产生。

有一天，生物学家可能会提出一个单一概念，综合有性物种、无性物种及时间物种成为一个单一的在理论上有权威的自然单位。不过我怀疑其可能性。进化过程的动态性及物种个体的特性，都使得一个全然通用的物种定义永远也不会形成，反而会继续认定一个以上的概念，分别最适用于某些环境，有如物理学的波动说与粒子说一样。

以上种种，生物物种可能还是全球多样性的阐释中心。然而，无论结局如何，此一概念不够完满之处及分类系统的类似缺点，反映出生物多样性特质的精髓。这甚至赋予更多的理由去珍惜每一种物种，就仿佛它自身就是一个世界，值得我们终生研究。

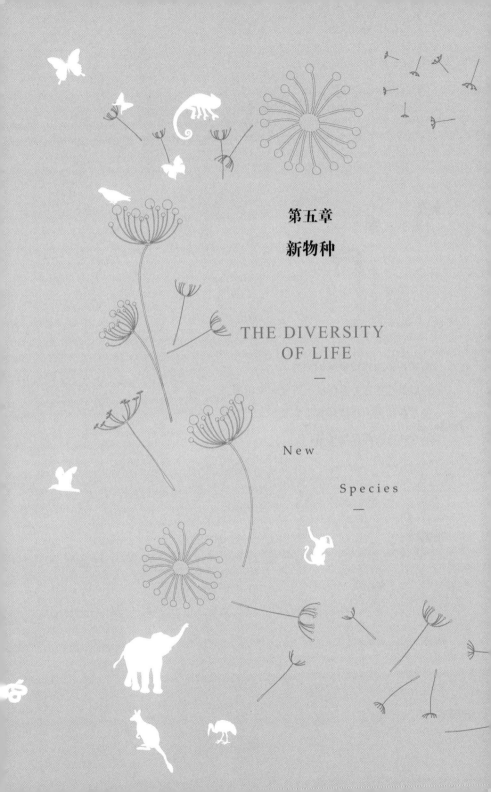

第五章

新物种

THE DIVERSITY
OF LIFE

—

New

Species

—

新物种多为代价低廉的物种。

许多新物种在外表特征上可能非常不同,

但是在基因上仍然和其祖先

及其共存的两似种相似。

生物多样性的起源何来？这个深奥而重要的问题，可用最快捷的方式予以解答。只要了解进化在所历经的时空里，会创造出两种进化形式，便可理解。

　　这么说吧，试想一种蓝翅蝴蝶进化成紫翅的物种。进化是发生了，但结果还是一种蝴蝶。现在再想另一种，也是蓝翅蝴蝶，但在其进化过程中，该物种分化为三种物种，即紫、红与黄三种翅色的蝴蝶。这两种进化的模式包括了原族群的纵向改变及族群分化成多种族或多物种。第一类蓝翅蝴蝶历经完全的纵向改变，并未发生"分种过程"（Speciation）。第二类蓝翅蝴蝶历经完全的纵向变异外，还加上了分种过程。分种过程必须有纵向进化，而纵向进化未必要有分种过程。也就是说，大部分生物多样性的起源，是进化的副产品。

　　纵向进化是达尔文（Charles Darwin，1809—1882）出版他那本1859年巨著时，心中所想的事。那本书的全称是《通过自然选择的物种起源，或在生存竞争中优势种类的保存》（*On the Origin Species by Means of Natural Selection, or the Perservation of Favoured Races in the Struggle for Life*）。简言之，达尔文说：某物种（为优势种类）拥有的若干基因型，能牺牲他者（不适应环境者）而存活。为达此存活的目的，整个物种的基因组成在数代中改变了。达尔文也说，某物种可以彻底地在天择压力下变成另一物种。然而，不管历经多少岁月，也不计较改变的程度有多大，结果仍然可以只是一种物种。所以为了创造多样性，除了在竞争者之中要发生变异外，该物种在纵向进化过程中，必须要分化成至少两种物种。

达尔文大体上明白纵向进化与物种分化两者间的不同，但他缺乏一个基于繁殖隔离的生物物种概念。因此，他并没有发现增殖过程的发生。达尔文对多样性的看法尚不明确。从这个意义上而言，《物种起源》这个短标题是存在误导性的。

承南方古猿阿法种而来

进化的两种模式间的差别，可借由人类进化这个翔实具体的例子来表明。从化石记录得悉，最早的人科动物是人猿，即南方古猿阿法种（Australopithecus afarensis）。科学术语所谓的人科，包括了现代的智人、较早的人及类人物种。当南方古猿阿法种生活在非洲的稀树大草原之时，是500万到300万年前的事，证据显示，它是地球上南方古猿属唯一有过的物种。

从有限的零散化石记录认定，南方古猿阿法种是双脚行走的动物，大致与智人类似。人类用双脚行走的姿势，在哺乳类动物中一直是独一无二的。南方古猿阿法种也能用双手与双臂拿东西了，它们或其后代能携带婴儿，具有远距离传递工具与食物的能力。或许它们已露天定居（虽然尚缺追溯远古的这项证据），这种习惯进化成分工生活，留在家中的照顾营地，外出者觅食。从脑容量来看，南方古猿阿法种并未有明显的增大，其脑容量也不比现代黑猩猩的大，大约是400毫升，但是已进入向人类进化的过程中。

在进化过程中，大约在 200 万年以前，类人猿族群一方面进化，另一方面分化，至少产生了三种迥异的物种。其中有两种是进化的人猿种，分别称为南方古猿鲍氏种（A. boisei）与南方古猿粗壮种（A. robustus）。两者身高约 1.5 米，脑壳中线上长有一条如大猩猩脑壳上的骨质头冠，并附着巨大的颚肌。两者大概是食植物的物种，具有长达 2 厘米的臼齿，用来咬碎种实与磨碎粗硬植物，与现代的大猩猩相似。第三种是从原始人猿类进化而来，称为能人。以今日的概念，它更接近真正的人类，人类学家认为能人足以从南方古猿属中分离出来，是属于人种的物种。能人身高不到 1.5 米，体重约为 45 公斤。体型与现代智人没有什么大的不同，但是有一个极大的差异，便是脑容量介于 600 到 800 毫升之间，虽然只有现代智人的一半，却远比黑猩猩的大得多。

接下来的 100 万年间，类人猿物种虽然消失了，也带走了最多样的人科动物，但其中能人留存下来了，继续在体型与脑容量方面进化下去。进化的速度初始时并不快，后来才加快进化的步伐，并蜕变成中间型物种。此物种已达到生物学家称为的"进化类级"（evolutionary grade）的直立人，这个过程约发生在 150 万年前。在直立人出现早期的某段时间，分布范围已从非洲扩展到欧洲与亚洲地区了。

进入石器时代

在中国北京近郊的周口店发现的化石，见证了 25 万多年来人类的进化。脑容量稳定地从 915 毫升，进化到 1140 毫升，北京人已有石器工具，设计也日趋精巧。分布广阔的旧大陆直立人族群，其脑容量与齿列不断地进化，在 50 万年前终于与现代人相差不多了。悠久的智人物种，或这个现代人种是由远古的消失物种纵向进化而来。智人的分类学特征是非凡的，其脑容量是体型与人类相仿的猿类的脑容量的 3.2 倍，包容在一个晃动的球形脑壳内；颚与齿退化；身体骨架建在加长的后肢上；除了需要保暖的头部与招引异性的生殖部位外，全身无毛；体内器官由骨盆托住；大拇指远比一般灵长类长，手掌特化成握物的设计；靠着位于顶叶皮质的精致复杂的语言控制中枢，用符号语言与语义记忆塑造成心智。

现在综合人类进化的诸要点，来说明进化的两类模式：一是在人猿时代的早期，人科动物历经缓慢的进化，其后除了短时间内急速进化成单种的人属动物外，其他人属的物种都灭绝了。二是远古的南方古猿阿法种可能是杂食性的物种，继其后出现的人科物种，在纵向进化及繁殖隔离下，强制形成了完全的物种。此物种向外扩散，分布到各种不同的生态区位，有如典型的成功动物群进行扩散分布一般。

人猿类的南方古猿鲍氏种和南方古猿粗壮种，逐渐变成食草性的物种。另外，分化大到足以自成分类属的能人，借着狩猎和食腐尸，在食性中便增加了食肉类这一项。同时，有证据指出它们也食用相当多的植物，以维持现在所谓的均衡饮食。然后，人猿类消失了，可能被能人或其后代所灭绝。剩下的便是单一物种的进化，历经能人、直立人而至智人。

繁殖隔离

多数植物和动物物种（包括智人），靠着不与其他物种交配以保有其原种。首先，这种隔离是如何发生的呢？我们想要了解的这种过程，其实是非常之简单。任何一种进化上的改变，即使这改变会降低产生有繁殖力的杂交物种的机会，也能衍生新物种。理由是，要生出有繁殖力的杂交物种是一个复杂且精细的程序。这有点像要把一艘宇宙飞船送进轨道，众多的零件必须能正常地运转，而操作的时机也必须几近于完美，否则任何差错都会导致全军覆没。

想想如果雄性的某物种甲和雌性的另一物种乙，试着创造有繁殖力的杂交后代。因为两者的基因彼此不同，事情可能就会出差错。例如这两个个体可能要选择在不同的地方交配，它们可能想在不同的季节或不同的时辰繁殖，它们可能无法沟通彼此的求偶信息；甚至如果两物种真能交配，它们的后代可能无法长大，或者无法发育成熟，结果就无法孕育。奇怪的不是杂交失败，而是根本行不通。因此物种的起源只是出现了若干差异（甚至是任何差异）的进化，这些差异会阻止各族群间在自然环境下，产生有繁殖力的杂交后代。

生物学家太过于把一切失败的事情强调成"内在隔离机制"（intrinsic isolating mechanism）。所谓"内在"，就是遗传的天性，换言之，就是对不同族群基因传达出的指令上的差异。生物学家并不是指外在的因素，如隔离族群甲与乙的一条河或一座山脉。在逐步繁殖过程中，如果两族群仍然维持其原种，就没有内在隔离机制的介入了。但如果在逐步繁殖过程中，有任何一项内在隔离机制出现，此两族群将分化成截然不同的两个新种。所谓截然不同，就是一般你所接受的生物物种概念——事实上你也必须接受，只要我们避开讨论某些易混淆的进化问题。

无论如何，我们都得避免混淆发生。试以原已栖息在同一地理区域的任何一组具有性繁殖力的物种为例，借由它们本身的隔离机制，在繁殖上彼此相互孤立。譬如那些栖在树枝上或电线上、不时冲出去捕捉飞虫的霸鹟属（Empidonax），美国北方就分布有五种。这些小型鸟类仍然保持其基因特异性，部分原因是它们有其偏好的栖息地。例如：

极小纹霸鹟（*E. minimus*），*喜好空旷的稀树草原及农田。*

在某特定的性气味引导下，雄性天蚕蛾径自飞往同种的雌性天蚕蛾，而不去理会其他种的天蚕蛾。（蓝德瑞绘）

物种的起源只是若干差异（甚至是任何差异）的进化，
这些差异会阻止各族群间在天然环境下
产生有繁殖力的杂交后代。

赤杨纹霸鹟（E. alnorum），喜好赤杨林泽及湿丛林。
黄腹纹霸鹟（E. flaviventris），喜好针叶林及冷沼泽。

此外，每种物种都有其繁殖季节的求偶声，这些极其特殊的叫声，加上选择的栖息地，以使交配不会出错，也不会产生杂交物种。

出错的可能性无穷，内在隔离机制的类别也是无止境的。田野研究人员绞尽脑汁举出的实例，不只是要说明学院派生物学出现的错误。他们也诠释了大量谜底，否则真正的博物学就永沉海底。试举数例说明：

◆北美天蚕蛾科（Saturniidae）的蛾类，就在傍晚和竟夜的不同时段飞出交配。雌蛾身体末端内折的液囊会弹出外翻，释放一种强烈的化学气味，把释放出的引诱物质扩散到空中，送往下风地区，吸引数公里外的雄蛾。雄蛾只要侦测到数个分子，就会立即热烈地响应这个性吸引物质。随即动身逆风飞行，一路被引往雌蛾附近。每一种天蚕蛾，只有在每个白昼的有限时段里，具有性繁殖力，其情形如下：

雌性普罗米锡天蚕蛾（Callosamia promethea）求偶时间，约从下午4点到6点。
雌性波吕斐摩斯天蚕蛾（Antheraea polyphemus）求偶时间，约从晚上10点到次日凌晨4点。
雌性刻克罗普斯天蚕蛾（Hyalophora cecropia）求偶时间，约从凌晨3点到4点。

据我们到目前为止所知，北美69种天蚕蛾，每一种都有它自己的发情时间。雄蛾在飞行时受到煽动，选择同种类的雌蛾，这不只是受到求偶时段的影响，也受到化学物质的控制。由于时段和气味的综合作用，出错几乎不会发生，因此就不会有杂交物种了。

◆雄性跳蛛科（Salticidae）用视觉辨认同种的雌跳蛛。当求偶的雄跳蛛面对着雌跳蛛时，雄跳蛛色彩鲜明的容貌，能被眼尖的雌跳蛛（与人类观察者一样）一看就能辨识出来。新英格兰的森林与田野，有着一种红眉、白脸与黑牙的跳蛛；另一种跳蛛为灰眉、红脸、白牙；还有一种跳蛛是黑眉、黑脸和用如貂毛的白毛裹住黑牙；再有一种跳蛛在头后有几撮长髭，有如长着黑斑的小仙子的翅膀。雄的会在雌的面前摆出各种姿态，翩翩起舞。另外还有一种雄的为了强调它牙的黄和黑色的垂直线条，便把黄色前腿的黑色末端举过头顶，做出类似乞降的动作。其他的或者点着头，向两边打转，把肚子上弯到头顶或扭到一侧；或者抬起一双前腿，往两边摇晃，酷似打旗语。当生物学家给雌的一个机会选择雄性时，这个跳蛛就凭颜色和动作，选择同种的雄跳蛛。

◆蝎尾蕉科（Heliconiaceae）多是靠蜂鸟授粉的美洲热带植物。这些植物用巨大的花状结构苞片与丰盛的蜜汁吸引蜂鸟。而蜂鸟对这顿丰盛的慷慨之情，报以迅速、有效地传递蝎尾蕉花粉。它们虽然不辱使命，不过却有一个问题：蜂鸟喜欢造访多种蝎尾蕉，故有制造杂交物种的风险。蝎尾蕉的解决之道是，花进化出各种不同长度的部位。每一种蝎尾蕉会把花粉黏在蜂鸟身上的某特定部位。蜂鸟接着只把花粉放在同样长度的柱头上。换句话说，只放在同物种的花上。

依循生物学家所知的进化程序，物种可能就可以避免杂交发生，并且很少在细微方面完全一样。内在隔离机制是自然界许多最精致及美丽的展示，从鲜艳的色彩到引诱的气味及悦耳的叫声都是。

也许你会觉得我是以似是而非的方式解释物种的起源，但是等等，让我解释一下。依生物学的传统说法，"机制"含有"功能"的意思。然而，这些却代表不要出"错"而非一定要做"对"。换句话说，美丽是由错误而来，这个矛盾的观念，怎么可能会是正确的呢？根据有关许多野外生物族群的研究，答案是这样的："物种之间的差异，通常源自它们的遗传特征，必须适应环境，并非源自繁殖隔离机制。"这种适应也可以具有内在隔离机制的功用，但这种结果的存在是意外的收获，是很偶然的。物种形成是纵向进化的副产品。

冰川屏障

要明白为什么这个奇怪的关系会成立，可思考一下特别而普遍的多样化模式——地理物种形成（geographic speciation）。假如某种鸟（以霸鹟科为例）的族群，因北美洲的上一个冰川的产生而分隔开来。几千年后的今天，这些分布在美国西南部的族群，适应了开阔的稀树大草原，而在美国东南部的其他族群，则适应林泽的环境。这两地的差异是分别独立产生的，并且是具有功能的。这相异的环境都能让这些鸟的族群生存下来，并能在冰川以南所提供的栖息地中繁衍得更旺盛。当冰川消融，这两个族群的鸟扩张它们的分布范围，终于在北部各州相遇而杂居。现在的情形是一族群在开阔的稀树栖息地繁衍，另一族群在林泽栖息地繁衍，它们所偏好的不同栖息地环境，是遗传特征使然，而此为地理分隔期间被迫形成的，如此使得这两个新进化的族群之鸟，在繁殖季节无法相处亲近并进行交配。对栖息地的适应不同，因而意外地成为一个隔离机制。

在地理区隔期间，这两个族群的鸟类之间，也可能分化出其他的遗传特征，包括雄鸟吸引雌鸟的叫声以及在林中筑巢的地点。任何这些遗传差异，都可能减少树林和林泽内生活的成鸟配对的机会。

如果真的发生交配，杂交物种就会出现两个新进化种的中间型遗传特征，既不太适应开阔的稀树大草原，也不很适应沼泽地，所以生存的机会就大为减小。任何一种足够强的阻隔，从栖息地环境的差异到适应不良的杂交物种，都会成为内在隔离机制。由于天然环境使之繁殖隔离，造成了此两族群进化成两相异的物种。在冰川期之前的单一祖先物种，纵向进化成两物种，是原族群受到地理阻隔，意外得来的产物。

霸鹟科的分化是个简化的真实例子，出现在北美洲的上次冰川南进期间，这类事件持续数百到数千年，也在世界很多地方、很多动植物物种间重复发生。这一过程是受到地理阻隔的出现与消失引发的，并且促使一组随机遗传的隔离机制之发生，造成新形成的物种相处时，不至于发生相互交配。进化生物学家已发现极多不同的地理阻隔的例子：

◆亚马孙河流域在干旱季节，大面积连绵的森林被切割成零星散生的林区，其中有些被隔离的植物和动物族群开始分离。河流数度改道，不时地连接与中断两林区间的甬道，因而隔离分散了其他族群。

◆沿着新几内亚的海岸，当海平面上升时，大陆架会部分地没入海中，岩架最高的部位仍然露出水面，有若岛屿地形，其上的族群开始受到隔离。

◆夏威夷群岛，在海风的不经意间带来各种生物，例如鸟、蟋蟀、蜂、蜻蜓、甲虫、蜗牛、开花植物以及其他物种。初到的拓殖生物物种，在岛上繁殖与散布，在特殊的岛屿环境下适应着，并与在北美和亚洲大陆的祖先族群隔离而进化着。这些物种在诸岛间、岛屿内陆的河谷间、岭线间分散定居，在所到之处衍生出新的被隔离与孤立的族群。夏威夷拓殖的某单一物种，10万年间即轻易地进化出数百种物种，每一物种各自局限在某岛屿、山谷或山脊，成为目前的特有种了。

当某些族群在长期地理阻碍下被区隔分离时，该物种会进化出数种物种。例如此处为经过合成的真实例子。亲代种原是分布在大面积的禾草原（上），当该禾草原的气候变得比较潮湿时，有条河流将该物种区隔为两种栖息地，造成一群生活在草地上，而另一群则生活在林地上（下）。

假以时日，这两族群就分别进化，终于进化成两个新物种（上），当区隔它们的河流消失时，这两族群能共处，但不会相互交配（下）。（莱特绘）

羽翅下的进化秘密

我强调以一种物种为自然单位，有其缺点。其缺点乃起因于特殊历史造成的无法规避的后果。动物的每一类群皆处于高度的变动状态，尽其可能地增殖。若有可能开疆拓土，逮住机会便往新方向进化。在其进化过程中，新的机遇在指引其进化的轨迹上有极大的分量。

试想某生物多样性的环境 [例如美国夏威夷考爱岛（Kauai）上的森林之谷、非洲维多利亚湖之滨的浅水陆架，或美国北佛罗里达州的柏树林泽]，其中若干不迁徙的物种，分别特化成适应于偏窄的生态区位，分布局限于地理小区域。它们的扩散力差，甚少或没有近缘物种，纵向进化很慢，物种分化又停滞不前。它们没有地理上区隔的种族，繁殖旺盛之前途不乐观。但是另有极端不同的物种，也具有不挑剔的食性，是优秀的扩散物种。它们容易产生许多新族群，能进化适应于新的生态区位，从食物、栖息地到活动季节，都极具弹性。这些物种的多样性潜力大，在相同的地区重复进行扩散与侵占，以繁衍其族群。

面对这类进化活跃的族群，依时下流行的理论诠释，它们呈现的是地理上分化现象的各个阶段。在最早阶段，该族群不断地扩散到整个分布范围内，族群内之生物体自由地交配繁殖。同时在分布范围内的两极端边缘之物种，几乎少有差异。到下一个阶段，该族群仍然继续分布于其范围内，只是已经分化成许多亚种（subspecies）。这些亚种若相遇，仍然可以自由交配繁殖。

例如美国得克萨斯州的某亚种羽翅上有大斑点的蝶类，密西西比州的另一亚种为羽翅无斑点的蝶类。若此两亚种在路易斯安纳州相遇并进行交配，其后代为羽翅上有中等大小的斑点的蝶类。那些分布于得克萨斯州附近的蝴蝶的羽翅斑点较大，接近得克萨斯州蝴蝶的羽翅斑点大小；而分布接近密西西比州的蝴蝶的羽翅斑点极小，进入该州后淡化成没有斑点的了。

时间久了，进化又更进一步，各亚种若再相遇，虽然仍可交配繁殖，但各自进化出许多遗传上的特质。虽为相同族群的蝶类，其间之羽纹、身躯大小、偏好之取食植物、若虫发育速度及遗传变异上的数百种特性的组合，都呈现出差异了。加上有物理阻隔（例如大河流或干旱草原）将两族群分隔开来，并限制其基因互相流动，那么亚种分歧的速度便会加快。

最后，此两族群分歧太大，以至于它们再相遇时，已无法进行交配繁殖了，此时它们已经完全是两种生物物种了。这两种蝶目前同时分布在路易斯安纳州，却因繁殖季节、求偶行为或其他内在隔离机制等，其中一项或诸项组合下，现在即使在这两种蝶分布的重叠地区，也极少有小斑点杂交物种。

这个地理物种形成模式，虽然简单易懂，内涵也很对，但是真正的进化过程紊乱得多。事实上，进化现象的紊乱难以理清，足以使一桩忠实叙述的真实案例，由科学变成博物学。在博物学里，对奇特细节描述之重要性，不亚于所引用的诠释原理。

族群和亚种

现在回到亚种的问题上。这个分类单元好像是亚里士多德的进化论中必须经过的从没有亚种进化到有亚种，再进化到种的中间分类单元。那么亚种到底该如何定义？教科书上的定义是，亚种是某地理上的"种系"（race），其具有特有的遗传性，并分布在该物种分布的地域内。

那么"族群"（population）又是什么呢？问题就在这里。族群是一看就知道的，族群是由占有一定活动领域的某物种所组成。遗传学家为了数学上的清晰性（却非绝对必要性），在族群定义上加了一句：族群是一个"同类群"（deme），其内个体间的相互交配是随机的，即族群内的任何个体与其他个体的交配机会是均等的，此机会与该族群的分布地域位置无关。

这种从观察得到的族群定义，在自然界并不多见。教科书里所援用的例子，大多数指的是"濒危物种"（endangered species）。因为残存的个体数少到连族群的界限都不成问题了。古巴东部的某山地林区，分布着最后仅存的象牙喙啄木鸟（ivory-billed woodpecker），就是这样的一个特例。魔洞鳉（Devil's Hole pupfish）也是一例，它在内华达州的阿什梅多斯（Ash Meadows）保护区内的一小片沙漠泉水中勉强地生活着。你若站在魔穴的洞口处观看，深约15米之处，水花溅在一个有阳光照耀的岩壁上，全部的鱼像小鱼缸里的金鱼般悠游着。

北美蝾螈分类的困扰

大多数物种的定义，并非如此严谨，这虽有利于物种保护，却不适用于教科书的理论。就以北美洲分布最广、数量最多的灰红背无肺螈（Plethodon cinereus）为例。该物种从北起加拿大东部的新斯科舍省（Nova Scotia）与安大略省（Ontario），南抵美国南部的佐治亚州与路易斯安那州，皆有分布。这个范围北边的四分之三区域，灰红背无肺螈几乎无处不在。分类学家试图把整个北部的族群视作一个大族群。蝾螈分类学家就是这样做的，并命名为灰红背无肺螈指名亚种（P. cinereus cinereus，命名学正式的规则：设亚种时，加上第三个名字）。

然而灰红背无肺螈的分布不是连续的，大多只分布在潮湿的低坦森林。这种栖息地不连续分布，使得分布在此的灰红背无肺螈指名

北美洲东部的灰红背无肺螈，分布广泛且是血统变异不易理清的物种，它们的亚种特征定义只靠主观的标准来鉴定。（莱特绘）

亚种，却也分成数个群集，每个群集几度历经缓慢地增大、缩小，数代之后便自成新貌。在当地的森林山谷及稀树草原的"同类群"之间的杂交速度，因无研究而缺乏了解。总之，若是有更多的数据，生物学家也许可以就这个分布广泛的灰红背无肺螈指名亚种，细分为数千个族群。动物分类学家可以堂而皇之地将这些已成立的亚种，再细分成极多小地域的亚种。

美国南部的北佐治亚州与亚拉巴马州山区，另有明显的亚种，称为"灰红背无肺螈亚种"（P. cinereus polycentratus）。此亚种分布在和灰红背无肺螈指名亚种相距 80 公里的地域上，其间并无红背无肺螈的分布。第三个亚种是"灰红背无肺螈锯状亚种"（P. cinereus serratus），分布在数处相距很远的地区，如阿肯色州、俄克拉荷马州与路易斯安纳州的丘陵地区。这两个亚种的分类与主要的北方亚种同样令人困扰。这三个命名只是为了便于速记，也是一个粗略事实的陈述。将此全部物种细分成地理上的亚种之类的工作，我们认为是有欠精确的，而且过于轻率。根据所引用的分类准则，可能只有一个灰红背无肺螈，否则的话便可分成数百个亚种。

命名亚种的一个更基本的困难，就是缺乏一致的遗传特征。假设我们可暂时搁置族群的问题，专注于容易定义族群的理想化物种（为便于讨论，我就将前述的蝾螈简称为红背螈）。红背螈分布在北美洲，包括了数千个小族群。分布在南半部（佐治亚州到弗吉尼亚州）的个体，全身多有条纹，分布在北半部（马里兰州到加拿大）的没有条纹，据此特征就可以分成地理上的两个亚种：有纹南红背螈与无纹北红背螈。然而我们也发现西部的红背螈体型较大。据此，条纹和体型这两个特征显然并不一致，便可依不同的地理区分成不同的血统，据此定义成四个亚种：分布在西南部的有纹大红背螈、东南部的有纹小红背螈、东北部的无纹小红背螈与西北部的无纹大红背螈。接着我们又发现分布在大湖区到佐治亚州一带的西南侧幼螈呈琥珀色，而西北侧的幼螈呈黄色，据此，又可增加两个亚种了，一共变成六个亚种，我们再仔细地观察，又可发现……

这是一种玩几何图形的游戏，是因为物种在地理分布上的特征不一致的结果。其在分布地域有不同的变异方向，分类学家依据所认定的特征来命名亚种。因此，特征差异愈多，亚种也就愈多。

亚种引发争议多

族群差别限制的不确定性，加上遗传特征不一致，亚种便成为分类上任意的单元。这种不确定性也体现在人种分类的紊乱程度上。过去这么多年来，人类学家想定义人种皆徒劳无功。1950年代，研究者认为人种数有60多种。人种数会有这么多，实在是因为智人是一个典型的进化中的物种。

　　人类学家一如生物学家，现在大都已经放弃正式的亚种观念。他们宁愿采用一个方便的简称，再用一两个特征认定某一部分的人种。譬如，他们说，"北亚人有明显的内眦褶"，明知其也有地理分布与血型上的不同。这样差异又缘于平均身高、乳糖耐受性、泰—萨综合征（Tay-Sachs syndrome）、眼球的颜色、毛发结构、婴儿钝态性（infant passivity）等不同，以及其他数百项或多或少不一致的遗传特征。而这些不一致的遗传特征，是分散在46个染色体（chromosome）内的约20万个人类基因内。人类学和生物学的研究重点，已经从亚种的描述转到分离遗传特征的地理学分析及这些遗传特征，单独地或集体地对生存与繁殖做出贡献。

　　采用亚种较低分类学等级时，宜避免太偏激。族群是真正有的，不过不易定义。遗传基因特性还是有差异的。将美国南部灰红背无肺螈分类成亚种，虽然说是一种人为方式，但是它们的确有许多基因特性上的相异之处，并且由独特的基因库组成。还有若干分布广泛的动物和植物族群，若隔离得足够远，且遗传上也有差异，而能真正客观地分类成亚种，这甚至符合理论教科书上的概念。

　　将这族群正式分成亚种也有其用处，例如奥布莱恩（Stephen O'Brien）和迈尔为供保护生物学家及政策制定者所需，提出了使用亚种的指南。他们建议亚种之定义为，凡是某物种占有特殊的地理面积，其基因和博物学有别于其他亚种之个体，就可以分类成亚种。不同亚种间之个体是可以自由交配繁殖的。它们可以是某族群为适应当地环境而产生，或者是其他亚种的杂交物种。

　　当美国需制定重大的濒危物种法案或相关法案时，便会引起亚种界定困难的争议。我再次强调，进化是个紊乱的程序。佛罗里达州的美洲狮（Felis concolor）就是一个例子。美洲狮过去曾遍布于整个美国南部，现在只剩 50 只，局限在佛罗里达州的南部，叫作美洲狮亚种（F. concolor coryi）。生化实验指出，此小族群源自两种血统：原分布在佛罗里达州的北美狮原生种的最后幸存个体，与 7 只北美、南美的美洲狮杂交后，于 1957—1967 年放归到埃弗格里兹（Everglades）之杂交物种。所以现在的族群是杂交物种，但是其遗传上具有部分北美种基因特有的组成，故是值得保护的特有种动物。

随意把亚种当作分类单元，在进化论上会造成一个进退两难的困境。我们提过一个理想化的顺序：起先，受地理阻隔的族群与同物种的其他族群并无差异；然后该族群进化成亚种（如果该亚种能突破地理阻隔的限制，在领域交界处相遇之际，还能和其他族群的个体交配生育）；最后，该亚种进化成一个完全的物种（也就是说，如果它遇到其他族群，就无法自由地和它们交配）。此时的困难之处是：如果亚种多未固定成形，并且无法以单一的客观标准来定义，这样随意的分类单元如何能进化成物种？物种是有严谨与客观定义的。

这个难题的答案说明了多样化之起源。为了升级成为一种物种，该群有繁殖力的个体，只要在它们的生物学里具有某一特有的不同遗传特征。此一不同的遗传特征乃是天生的隔离机制，使其无法与其他群体的个体自由交配生育。至于族群整体之界限明不明显，并不重要。就算是该族群分离出来的物种，它所有的特性极其相异也无妨。重要的是，在整个分布领域内，某地区的个体群进化出相异的性吸引、交配仪式、繁殖季节，或任何其他无法使其与其他族群自由交配的遗传特征。当这个情况发生时，就诞生了一个新物种。

真正的客观分类单元是后代有封闭的基因池，是一群个体生物具有隔离的遗传特征。只需单一的隔离特性就可以定义为新物种，其他因地域缘故发生变化的特性（无论是毛发、颜色、耐寒性），表现出任何地域变化之样式，无论其与隔离特性一致或完全不同，都不会是定义下之物种。一旦这样分类了，这种物种便只会与其他物种进化得愈来愈远。随着时间的流逝，更稳定地加大该遗传特征的迥异之处。

这个具有决定性的隔离变化，可能只是源自基因上或染色体方面的轻微变化。卷叶蛾科（Tortricidae）的若干卷叶蛾物种，只因相当微小的雌性费洛蒙的小差异，就可分类为异种。这种物种间的变异，往往只是一个基因的突变所产生的。这个隔离事实上是相当自然的。若干卷叶蛾物种就是靠几近于无、少到不能再少的微量化学分子来区分物种。有时不只是靠吸引异性物质的有机结构的差异，而是在于物质成分的浓度比例，例如卷叶蛾的多种醋酸盐类的混合物浓度比例。每种雌蛾有其自身的微妙气味，雄蛾会根据该气味信息，决定追寻或远离。至少在理论上，卷叶蛾可能靠基因的化学性，或性吸引物的浓度等微小变异，进化出许多新种。

多倍体创造多样性

地理物种的形成，又会因自然界中其他许多物种形成的方式而得到补充。目前最好的资料是多倍体（polyploid），也就是染色体数目增多。更精确地说，一个多倍体个体细胞里的染色体，是其祖先一般个体细胞之两倍、三倍、四倍，或其他任何整数倍。多倍体的效果几乎是即现性的，只要一代就可将这个群体与其祖先分隔开来。这个即刻的隔离，乃是靠着多倍体个体及非多倍体个体之间在正常情况下无法杂交，或者即使能杂交并完全发育，也无法繁殖后代。此即大约有半数现存的开花植物及少数动物物种，皆是多倍体的缘故。

多倍体物种之形成，是所有有性繁殖物种必然会经历的两部分的生命循环过程。在单倍体（haploid）期的生命循环，每个细胞内只有一组染色体。然后是双倍体（diploid）期，每个细胞内有两组染色体。双倍体期结束时，是靠染色体减半成一组，生物体便回到单倍体期，如此循环下去。单倍体期包括精子和卵子，每一个都是带一组染色体的小生物。比较高等的植物和动物，精子和卵子包办了这个为期甚短的单倍体期；当一个精子和一个卵子结合，染色体数目倍增，并展开双倍体期的生命。两个小生物变成另一个小生物，这个小生物可以发育成一个硕大的生物，内含数十亿双倍体细胞。

人体内（即每一个性细胞里）的单倍体染色体数是 23；受精后，在胎胚成长的组织内，双倍体染色体数是 46。如果基数变成三倍，就会变成一个三倍体的生物体（例如，一个三倍体数的人，便有 69 个染色体），这个生物体就注定有问题了。例如唐氏综合征（Down's Syndrome），便是其有三套第 21 号染色体（号数是生物学家给 23 个染色体分别标上的编号，以兹识别用）所致。

当三倍体开始制造性细胞时，问题就来了。正常的双倍体植物或动物的两组染色体会进行"减数分裂"（meiosis），使每一个细胞减成只含一组染色体。减数分裂时，染色体会先复制，同源染色体再配对联合（例如人体的所有染色体会形成 23 对），然后细胞开始分裂两次，最后每个细胞都有单倍染色体数目。一个三倍体内的三个染色体，在配对过程和分裂时，会乱成一团，这时要么就是中途停顿，不然就会创造很多异常的性细胞。

三倍体在由多倍体造成的物种隔离过程中，具有关键性的功能，因为多倍体生物欲与其双倍体近亲繁殖时，创造出来的是无用物。由多倍体进行的物种形成过程如下：

◆当双倍体植物族群刚刚产生一个多倍体植物时，通常是一个四倍体——在胚胎发育初期，一般的双倍体染色体在无意间增加一倍，变成了四倍体。因此每一个普通细胞具有四组染色体，而不是一般的两组染色体。结果这个四倍体植物成为一个新物种，其每个性细胞具有两组染色体，而不是平常的一组。

◆假设该祖先物种之植物，每一个普通细胞里有 5 对（10 个）染色体，其每一个性细胞有 5 个染色体。则此四倍体植物的普通细胞与性细胞，分别有 20 和 10 个染色体。祖先物种的双倍体植物可以相互繁殖，而多倍体植物可以和其他多倍体植物相互繁殖。

◆有些多倍体和双倍体植物可以杂交产生杂交物种。当一个普通的性细胞（有 5 个染色体）和一个多倍体性细胞（10 个染色体）融合，其杂交物种是三倍体（15 个染色体）。结果该杂交植物在发育上可能会有问题。即使该植物能发育为成熟的个体，也无法制造出正常的性细胞，而成为不孕性。双倍体亲代和多倍体子代，便在繁殖上隔离了；此时的多倍体子代是一个新物种，只靠一个世代就创造出来了。

萝卜甘蓝

另外一个更具创意的方式，是靠着多倍体创造新物种，即靠已经存在的两种物种之杂交物种，以增加染色体数目。很多植物的杂交物种，一般多为不孕性（即使杂交物种染色体的数目与双亲染色体数目相同，并且顺利成长到开花时期）。不孕的原因是性细胞形成期间，双亲的染色体不相容。让我们假设有两物种甲与乙进行杂交繁殖。产生的杂交物种在产生性细胞期间，物种甲的一个染色体必须要和物种乙的染色体配对时，会因为甲与乙的染色体彼此差异太大，无法配对成功，以至于无法完成这个程序。

解决这一困境的方法，便是杂交物种里染色体数目加倍。在其性细胞生产期间，每一个甲染色体可以与一个相同的甲染色体配对，而每一个乙染色体可以和一个相同的乙染色体配对。此时的杂交物种的多倍体物种具有繁殖力，可以与其他同型的多倍体杂交物种交配繁殖，但无法与其亲系的双倍体中任何一个交配繁殖。这类倍增的杂交现象，在自然界里随时会自发地发生。

在实验室和庭院里，可以利用把旧物种结合起来的怪异方式，创造出新物种。其中最有名的例子便是萝卜（Raphanus sativus）和甘蓝（Brassica oleracea）之多倍体杂交物种。这两种植物的遗传特征类似，均是十字花科（Brassicaceae），但也是繁殖隔离的两种物种。萝卜属和甘蓝属的植物，其性细胞里都含有 9 个染色体，其双倍体组织里有18 个染色体。萝卜与甘蓝的杂交物种可借由异花受粉，很容易产生。该杂交物种的双倍体组织里也有 18 个染色体，其亲系各提供 9 个。但是这两组 9 个染色体无法彼此配对，并且在减数分裂期间无法形成性细胞，造成不孕性的杂交缺陷种。当杂交物种之染色体数目倍增、把双倍体染色体数变成 36 时，植物就能繁殖了。此时每一个萝卜染色体和每一个甘蓝染色体各有一个完全一样的配对染色体，能够正常地发育出性细胞。此时萝卜甘蓝（或甘蓝萝卜）已成为一种靠自己繁殖的物种了。但它无法反交回去，变回亲系中的任何一种。

昆虫同域种形成

尽管植物多样性起源的重要性是不言而喻的，然而整体来讲，多倍体现象也许并非生物体最盛行、最迅速的过程，也许较普遍的模式是非多倍体"同域种形成"（sympatric speciation）。同域种形成指的是一个新物种之起源和双亲种之分布地域相同。这和另一种来自不同地域的"异域种形成"（allopatric speciation）不同，异域种形成是受到物理阻碍的隔离而产生的新物种。

通过多倍体的物种形成是同域的。因为新多倍体是在一个世代从少数双倍体植物中繁殖出来的。非多倍体同域物种的形成，只是另一种方式的同域起源。同域物种形成例子中，最有说服力的科学记载与范例是吃植物的寄主昆虫。近年来，布什（Guy L. Bush，密歇根州立大学的昆虫学家、进化生物学家）及其他学者对此理论进行了发展与试验，同域物种形成主要步骤为：

◆ 同一亲系的昆虫就在某一类植物上生活与交配。专吃某类植物的现象，在昆虫中是相当普遍的。世界上可能有百万种吃植物的与寄生性的昆虫及其他小型生物体，几乎终生都只吃一种植物。

◆ 某些特定的生活在一种植物上的昆虫物种之个体，会转移到另一种植物上，开始取食和交配。这一个新寄主植物就长在旧寄主植物的旁边，因为长得很近，以至于两种植物可能彼此混生。昆虫迁居到另一种植物上，靠遗传变化产生偏好新植物的种类，以增加生存的机会。后来，这些进化出来的昆虫便寻觅新植物寄主，进行迁移并散布其族群。

◆ 新昆虫种系的进化持续下去，直到生活固定在适应的寄主，但又与旧种系间尚未形成繁殖隔离的阶段，这被定义为"寄主族"（host race）。当寄主族继续进化分化，终于形成足以阻止互相交配之差异时，就变成一个完全的物种。

寄主族可以在几代之内产生，并进化到物种之层阶。有些实蝇属（Rhagoletis）的果蝇，似乎就可以有这么短的进化过程。在北美洲，那些以山楂为寄主的果蝇，有时也会寄生到栽培的果树上。寄生繁殖的果蝇会变成寄主族，是因为它们只有在寄主植物有果实时才进行交配繁殖，而不同的树种有其不同的生长季节与结实时令。在1864年，一种寄住在特有种山楂树上的苹果实蝇（R. pomonella）蔓延到哈得孙河河谷的苹果园，并且随后又蔓延到北美大部分的苹果园区。另一个苹果实蝇的寄主族，于 1860 年代中期，在威斯康星州之多尔郡（Door County）的樱桃树上繁殖。这三种种族形成部分繁殖隔离的原因，大部分是靠寄主物果实成熟季节而隔离，其隔离时段从春天到夏天依次为樱桃、苹果与山楂。

同域物种形成的方式，所需的时间不超过地质时光之一眨眼的工夫，可能就已轻易地创造出极多、皆以专一的植物物种为寄主的昆虫和其他无脊椎动物物种。这对终生（或一生中大部分时间）生活在某寄主动物的寄生性物种而言，可能会太低估计物种数目。这个同域物种形成理论似乎不错，但是我们只能猜测若干真实性。因为早期的进化难以侦测，有关无脊椎动物的这方面研究又极少，以至于无法确知真相。而对果蝇之所以有较多的研究，乃鉴于其造成的经济损失。

总而言之，物种可以在短时间内创造出来，而且物种多样性可以因此急剧地增加，我们对进化的知识虽不够完整，但至少知道生命为什么有多样化的潜力。只要有适当的环境条件，一个新物种的确可以在一到数世代间出现。

亿万年的成就

多样性起源的这种见解，产生了一个带有伦理意味的棘手问题：如果进化会这么快地发生，并且物种数目即刻地恢复，人类为何还要担心物种灭绝？

答案是新物种多为代价低廉的物种。许多新物种在外表特征上可能非常不同，但是在基因上仍然和其祖先及其共存的两似种相似。假如它们占领了一个新的生态区位，其使用方式可能相当没效率，它们未经浩繁突变的洗礼及天择的筛选，而这些正是能让它们出生后，可牢固地进入所生存的生物社会的必要过程。一对对新造出来的两似种，通常在食性、筑巢位置、特殊疾病之罹患及其他生物遗传特征方面相当类似，故难以共存。这些每一项都会在竞争下相互倾轧挤迫。接着它们盘踞不同的领域，以至于当地群落并未因两新种之出现，而变得更丰饶。

高度的生物多样性仍需历经漫长的地质时间，并累积巨大的特有基因存库。最丰饶的生态系统，需历经数百万年的费时旷日的努力始能造就。更真确的是，只有少数新物种有机会进入新适应区域，创造若干生命奇迹，并拓展生物多样性。一只熊猫或一棵红杉代表了某种罕见的雄伟进化的成就，这需要靠幸运的机会与漫长彻底地探索未知的环境、长期地试验、不断遭遇失败，始能创造而成。这些物种的创造，是悠久历史的一部分，而这个地球并没有方法回到从前，重新来过，而我们也没有时间重见进化之进行。

第六章

进化驱动力

THE DIVERSITY
OF LIFE

—

The

Forces of

Evolution

—

一个基因可能会改变头颅的形状，

延长寿命，

重构翅膀的花色与形态，

或创造出一个体型硕大的族群。

进化是靠什么力量来驱动的？达尔文曾经回答过这个问题的本质，而20世纪的生物学家将之综合精炼成"新达尔文主义"（neo-Darwinism）。但想要用现代词语回答这个问题，便得从构成物种及亚种的基因和染色体的层面上来解说，也就是进入生物多样性的源头去探索答案。

　　进化的基本模式就是族群内的基因与染色体的组态，其出现频率发生了变化。例如某蝴蝶族群在一段时间内，蓝翅个体的比例由百分之四十增加到百分之六十，而且蓝翅是一种遗传性状，那么这一族群就发生了某种简单的进化。许多这类统计学上的变化加总起来，就会造成较大的进化变化。但有时基因发生的变化，并不会呈现在翅膀的颜色或其他身体的外显特征上。不过，无论变化的本质是强是弱、程度是大是小，进化过程中的变化总是可以用族群内或族群间个体所占的百分比来表示。进化绝对是族群的现象，个体及其直接亲代是不会进化的。族群的进化就是不同基因之携带者的比例随时间而变化的现象。以族群为单元的进化观离不开天择的观念，而此正是达尔文主义的核心思想。驱动进化的原因很多，然而天择却是最重要的一项。

　　我们今天所了解的由天择驱动的进化，是一个不会止息的循环现象，唯有在整个族群消亡后才停止。起始点就始自各种突变产生的变异，这些突变是基因的化学组成、染色体上基因位置与染色体本身数目的随机改变。基因是脱氧核糖核酸（DNA）的一部分，就是靠DNA呈现了生物外在的遗传特征（例如简单的羽翅颜色与复杂的飞行能力）。基因由数千核苷酸对（nucleotide pairs）组成，每对相当于基因的"字母"。连成一排的三个核苷酸对对应着一个特定的氨基酸。许多氨基酸组成蛋白质；蛋白质是建构细胞的基本单位，而细胞是建构生物体的基本单位。

一个较大型生物体（如人类）的基因数约为10万个。染色体上至少有5个基因位置的改变，才能表现出影响生物体的定量遗传特征（例如植物开花期、果实的大小、鱼眼睛之直径与人类之肤色）的差异。要综合100种基因的运作，才能制定出复杂的遗传特征（如耳朵之结构或皮肤质地之粗细）。

需要极多的分子作用步骤，才能把核苷酸编码转译成某物种的特有性质之组合。依照精确的行进顺序，由DNA合成传信核糖核酸（messenger RNA），并依传信RNA上的碱基序列，接受自转送核糖核酸（transfer RNA）运来的氨基酸；这许多氨基酸结合成蛋白质；有些蛋白质组成细胞结构，其他的则称为酶，用以催化建立细胞结构本身和加速新陈代谢作用；最后构成整个生物体呈现的结构上、生理上以及行为上的特质。借由这些特质，生物体产生生存、死亡、繁衍或不孕等生命现象。

镰形细胞与恶性疟疾

最普遍、最基本的一种突变是基因化学之改变，特别是某核苷酸对被另一对取代掉的情况。人类的镰形细胞贫血症（sickle-cell anemia）

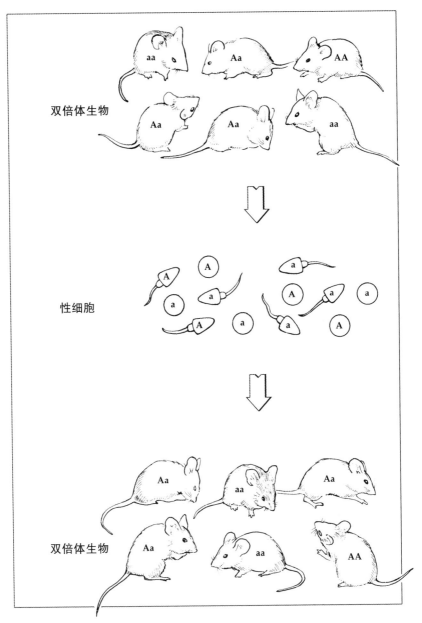

生命周期与基因池。双倍体生物的每一个细胞内含两套基因，其制造的性细胞则各含一套基因。性细胞包括精子与卵子，是属于生命周期的单倍体世代。精子与卵子结合成下一代的双倍体生物体。某族群内的基因（总体称为基因池）重复地分裂与结合，在自然择汰下创造出新的变异。图中动物为盐沼禾鼠，是美国加利福尼亚州湿地的濒危物种。（莱特绘）

便是 DNA 分子层阶的进化问题，也是这类问题中研究得最透彻的例子之一。镰形细胞的单一基因改变病例，每代中也许十万人里才有一人。细胞中对于每个基因性状的控制基因，通常都是成对的，一个来自父方染色体，另一个来自母方染色体。如果这一对镰形细胞基因都发生突变，就会患上严重的贫血症。当细胞中带有一个正常基因、一个镰形细胞基因时，此镰形细胞基因改变了血红素分子的化学性质。当血液里的溶氧量下降时，便使该血红素分子变成长条状。红细胞正常时呈中央较薄的圆盘状，内富含血红素。当携带镰形细胞的变形血红素分子变成长条形时，红细胞被拉长成镰刀状。这类外形改变的红细胞，会阻塞最细微血管之流通，使其后血液的循环缓慢，因而引起局部贫血症。虽然这一影响效果并不太严重，但是若干人类族群中，已有很多这类突变的镰形细胞基因广泛散布了。生物学家从基因化学到生态学研究，将这微小的人类进化全程，组合成下列的说法。

镰形细胞基因突变的发生，是由于人类 46 条染色体上面的 10 亿个核苷酸，其中一对核苷酸（一个基因字母）发生了随机代换，由其他的核苷酸取代而造成的。

每个血红素分子是由 574 个氨基酸组成的，其中有两个是谷氨酸（glutamic acid）。这一基因字母的改变，使得缬氨酸（valine）取代了其中一个谷氨酸。

由于红细胞上的缬氨酸取代了谷氨酸，这使得当红细胞附近环境缺氧时，各个血红素分子便做长纺锤体状线形排列。这个排列方式将红细胞扭变成镰刀状。

带有两个这样的基因，会把三分之一的红细胞变成镰刀状，并引起严重的贫血症。若只有一个镰形细胞基因，只会把百分之一的红细胞变成镰刀状，至多造成轻度的贫血。但是，带有一个或两个镰形细胞基因的人，可免于罹患恶性疟疾，故镰形细胞有其重要性。这种恶疾是由像变形虫的恶性疟原虫（Plasmodium falciparum）引起的，它们进入血管，寄生于红细胞中。镰形血红素较能抵抗疟原虫造成的伤害。

由于镰形血红素的这种抗力，在恶性疟疾常发地区，细胞中带有一个镰形细胞基因自有其益处。晚近的历史时期，有恶性疟疾的疫区包括热带非洲、地中海东部、阿拉伯半岛及印度，这些地区的天择有利于镰形细胞基因的存在。莫桑比克、坦桑尼亚与乌干达的少数地区，镰形细胞基因发生率多达百分之五以上，甚至高至百分之二十，天择呈平衡状态。当这种基因变得普遍时，有较多的人身上会得到两个镰形细胞基因，故死于遗传性贫血症的人较多。当它变得罕见时，就有较多的人死于恶性疟疾。几个世纪以来，非洲和其他地区出现的这类基因百分比，依据他们罹患恶性疟疾的频率多寡而升降。

人口族群里的每一世代基因突变和染色体重新配置，有很多极其微弱，不会影响到人类的生存和繁衍。同时，影响量化遗传特征（如身高和寿命）的增减亦难察觉。效果大到足以察觉的基因改变，通常都会造成伤害。根据定义，这种基因改变，在天择下会消失，因而极少出现。人类的这类基因遗传缺陷，称为遗传疾病，包括唐氏综合征、泰—萨氏综合征、纤维化囊肿、血友病和镰形细胞贫血症及其他数千种异常的病症。另一方面，当一个新突变或前所未有的罕见"等位基因"（allele，坐落在同源染色体上控制同一个性状的一对染色体之一）之新组合，优于"正常"的遗传等位基因时，就会扩散到族群之内，传承数代，就变成新的基因型。如果人类迁至一个全是（并非部分是）适合镰形细胞血红素运作的新环境，那么达尔文的"择优"，就是选择具有镰形细胞血红素的人，时间一久，这个镰形细胞就成为遗传特征与标准型。

镰形细胞的遗传特征稍稍歪曲了道德上的推理，值得稍做省思。它提醒我们，天择在道德上是中立的，鉴于疟原虫特殊的生存方式，遗传性贫血可以抗衡疟疾性贫血，死于疟疾的人是恶劣环境的牺牲者。死于两个镰形细胞基因的是达尔文所说的被淘汰的人，就像抛弃意外突变的偶发副产品。遗传造成丧命的不幸事件，不断地一再大量发生，因为在这种状态下的天择刚好达到平衡，而朝一定的方向进行着。这并非神的旨意，也不是来自道德的规范。镰形细胞基因之所以刚好分布在世界的某些地方，是因为血红素分子靠着一个现成的突变型媒介，击败当地地域性寄生生物，唯其手法相当拙劣。

天择的进化过程可以概述如下。基因内核苷酸的随机取代现象，改变相对的生命结构、生理或行为。这个过程在族群里播下许多用这种方式制造出来的多种基因。遗传的改变也会因染色体上基因位置的更动，或染色体数目（且因此也是基因数目）的增减而发生，即生物学上的基因型（genotype）会因某种突变型或其他方式而改变，结果产生了一个不同的表现型（phenotype）。新的表现型就是改变生物体的结构、生理或行为的遗传特征。表现型通常会影响生存和繁殖。如果影响是正面的，例如会提高生存率与繁殖率，该突变基因就会在族群中散布。如果影响是负面性的，该基因就会衰减，甚至可能完全消失。

这时便很容易看出来，达尔文主义不仅是19世纪最伟大也是最简单的观念。它的权威来自天择的形式，简直千变万化。有时候，择汰是借由捕食、疾病及饥馑，置生命于死地。其他时候是仁慈地用变异来增加族群大小，至少不会以增加死亡率的方式来改变族群的数量。天择的管辖范畴，可从改善苍蝇翅膀的毛发数量，到人类脑容量的增加，有如古希腊的海神，可千变万化其形态，故包含可理解的自然信息。天择拥有这些几近神奇的特质，也可以说，它是人类沟通表达上创造的词语。它只是基因型之间所有生存与繁殖差异上，一个主动语态的隐喻，此基因型源自生物体的基因型发生作用的结果。但是天择所代表的是真实与万钧之威力。

诚如生态学家哈钦森（G. Evelyn Hutchinson）所言，环境是舞台，进化现象是剧本；进化发展过程的遗传规则是语言，突变是即兴台词——但如一个白痴的胡言乱语；最后，天择乃是编剧、策划与制片。没有远见的引导，无长远目标的导向，进化自行一字接一字地写出剧情，每次只应一两世代的要求。

基因漂变

事实上，基因和染色体频率可以纯因随机而改变，使得进化过程更加晦暗不明。这是天择之外的另一种进化机制，叫作"基因漂变"（genetic drift），在极小的族群中发生得最为快速。尤其当基因是中性的、对生存和繁殖几无影响时，基因漂变发生得更快。基因漂变是一种概率的游戏。假设某生物族群的某染色体位置上，含有百分之五十的 A 基因和百分之五十的 B 基因，并且每一代以随机方式，将 A 基因和 B 基因遗传到下一代。假如某族群只有 5 个个体，则其染色体位置上就有 10 个基因。利用此 10 个基因来繁殖下一代，下一代所有基因可能只源自同一对双亲，或者多达 5 对的双亲。这一新族群可能正好有 5 个 A 基因或 5 个 B 基因，复制了亲代族群，但是这样小的取样里会有很高的概率出现 6A 和 4B 或者 3A 和 7B 等情况。因此，以非常小的族群来说，其内等位基因的百分率，只在概率影响下，一个世代就会有巨变。简言之，这就是基因漂变。数学家还为此发表了卷帙浩繁且艰涩深奥的计算来阐释基因漂变。

族群大小对基因漂变是很重要的。如果某族群有 50 万个个体，分别具有 50 万 A 基因和 50 万 B 基因，情形可能完全改观。这样大的族群数目，即使假设只有繁殖极少的成熟个体（例如百分之一），则取样而得的基因，每一个世代都接近百分之五十 A 和百分之五十 B。基因漂变便只是进化上一个微小的因素，意即如果被天择所选择，它就难有抗拒力量。择汰愈强，由漂变造成的混乱就愈快受到修正。如果漂变引起高百分率的 B 基因，但是 A 基因在本质上优于 B

基因的话，择汰会转向降低 B 基因出现的频率。

基因漂变还有一个重要的说法，即所谓的"创始者效应"（founder effect），许多进化生物学家相信此效应会加速新物种的形成。假如现在有一个混杂着 A 和 B 等位基因的大族群，为了简化起见，假设族群中的等位基因均为百分之五十。其中有少数个体迁移到某近海岛屿或某偏远的地区，而该处以前并无该物种。再假设只有一对会繁殖的鸟飞到这个新地点，它们的每一条染色体上的基因数为4，全然依逢概率，该创始族群可能是含有 2A 和 2B，保存着祖先拥有的比例。但是含有 3A 和 1B 或者 1A 和 3B，或全 4A 或 4B 的机会也很多。换句话说，因为创始族群可能大多非常小，所以与其亲系种的遗传差异大的机会也很高。此最初的差异，加上地理位置的隔离，以及面临着崭新与相异的环境，可使得该族群采用新的生活方式与新的适应区，也可能快速地产生繁殖隔离与分类上的全新物种。

突变与天择

在以下所述的三项进化特性的共同作用下，开启了极大的创造潜力。

第一项进化特性是极多的突变类型，包括核苷酸对的置换、染色体上基因位置的调动、染色体数目的改变，以及某段染色体的转移。所有生物族群都在这些新遗传类型的不断冲击下，不断地试炼着旧遗传类型。

第二项开启进化创造力的来源是天择进行的速度。择汰不需要像地质年代（绵延数千或数百万年）那么久，才能形成某物种。这个说法最能借族群遗传学理论的简明例子来说明。例如，同一条染色体上显性基因的表现会压过隐性基因。例如，正常血液的显性基因会压制血友症的基因；另外卷舌尖能力的显性基因，可使无此能力的基因成为隐性。

一个细胞内同时带有显性与隐性基因时，即成为异型合子状态（heterozygous condition），表现出了显性的表现型。如果只有隐性基因时，即成为同型合子状态（homozygous condition），其隐性遗传特征才会成为表现型。显性基因的表现型比隐性基因的多出百分之五十表现出来的机会，尤其在生存或繁殖方面更是如此，此显性表现型可在族群内历经 20 世代，便能取代掉大部分隐性基因的表现型，其间从百分之五的频率增加到百分之八十的频率。

20 世代对于人类来说至少需要四五百年，狗至少需要 40 年，而果蝇只需要 1 年。隐性基因要做到这种优势度，虽然需要 60 世代，但以地质年代的标准来衡量，仍然是一个非常短暂的时段。如果明显的显性、隐性优势度的差别——即当两种基因同时呈现出表现型时，而且如果环境条件让其中一个基因占了完全的优势，那么至少理论上及实验族群上，是可以在单一世代间便可完成改变。

天择的最后一项创造特性，就是有组合复杂的新结构及生理过程的能力。无须事先预设的设计蓝图及幕后推动的神奇力量，只需靠天择作用在概率的突变中而产生的行为新模式。这个重要的创造特性，被创造论学者及进化理论的批评学者忽略，这些人的说辞是：靠基因突变组合成一只眼睛、一只手或生命的本身之概率乃是无限之小——事实上，是不可能的。

但下面的思考实验显示，反之亦然。假设在两条不同的染色体上，同时产生两个新的突变（C 和 D），就会组合出一新遗传特征。依照真实世界里典型的突变率，每个生物体出现 C 的概率是百万分之一，而且 D 出现的概率也是百万分之一。于是 C 和 D 出现在同一个体的概率是百万分之一乘以百万分之一（或万亿分之一），这等于说几乎是不可能——诚如批评者所坚持的。然而天择完全推翻这一过程。如果 C 突

一个基因可能会改变头颅的形状，
延长寿命，重构翅膀的花色与形态，
或创造出一个体型硕大的族群。

变本身获得一点点优势，便会在其族群中成为种优势的基因。现在 CD
出现的概率就变成百万分之一了。以中等族群到大族群的植物和动物
而言，其往往有百万以上的个体，结果有 CD 的出现是必然的。

在基因层阶所浮现的进化图像，已经改变我们对生命的本质和人
类在自然界的位置的概念。在达尔文之前，人类习惯于把和生物有关
的极端复杂性，当成上帝存在之证明。有关"预设论"（argument from
design）最著名的表述是由佩利（William Paley，1743—1805，英国
自然哲学家）牧师提出的。他在 1802 年撰写的《自然神学》（*Natural
Theology*）中提出了钟表匠的类推：若有制造精良的钟表，必有技术
精湛的钟表匠。换句话说，从巨大的结果可推导出其伟大的原因。常
识性的想法便可做推论，但是常识只是自我的直觉，而自我的直觉是
在没有仪器和未经科学验证的情况下产生的。常识告诉我们，又大又
重的卫星不能空悬在距离地表 3.6 万公里高的某一定点上空。但事实
上是可以的，同步卫星就可以同步悬在同一个赤道上空的轨道上。

表现型进化是根据基因的作用呈现于外在特征，是可以相当快
速地进行转变。如果某基因在 100 世代之内，并在缓和的择汰压力
下，不太困难地发生置换，那么植入的单一基因，会对某一物种的生
物产生极大的影响。一个基因可能会改变头颅的形状，延长寿命，重
构翅膀的花色与形态，或创造出一个体型硕大的族群。

异速生长的雄甲虫

第三项是最受瞩目的异速生长（allometry），是指身体的某些部
位发育异常，例如众所周知的儿童脑袋生长速度比身体发育慢，结果
成人时有肌肉发达的躯体，而其头却不比婴儿时的大多少。假使某物
种的异速生长显著，即使有关体型大小的遗传特征完全相同，也会使

同种不同个体的外形有极大的差异。动物若出现这种生长过程，可以展现千奇百怪的外形。若干锹甲类物种，像欧洲的鹿角锹甲（Lucanus cervus），小体型的雄甲虫，身躯较短小，角的结构较平凡，而体型较大的雄甲虫，具有硕大的角，有时长如其身体的一半。这种装甲硬壳成为它们打斗时的优势武器。大角雄甲虫的外表，并非得自遗传于这种体型大小相同的物种，也并非是特殊体型的物种，而是所有雄甲虫常有的异速生长的模式。那些食物不足或提早停止生长的雄甲虫，体型小如雌性。而另一些体型大的便会长成笨拙硕大与头重脚轻的外形。异速生长本身并不复杂，只因某些组织部位的生长速度有些差异。

这让我们可以理解，要源于同一物种，又要产生如此巨大的体型改变，只是物种的单纯遗传改变，就造成快速生长的结果，只要有一个或数个基因发生小小的突变，便很容易改变身体的外形。因之，所有的雄甲虫是由体型相似的雌甲虫所生的。这种改变经由天择，把此一形态往前推，使得所有雄性甲虫长出巨大的头。

蚂蚁的社会系统所呈现的异速生长现象更是吓人。每一群蚂蚁的阶级制度，从蚁后到大头的兵蚁、小头的工蚁，都是一种异速生长的模式，而且都是雌性个体。视雌性幼虫的食物与化学刺激物的不同，可以变成蚁后、兵蚁或体型较小的工蚁，这全都是一种异速生长的机制。基因与决定雌蚁的阶级地位无关，但基因决定了蚁群的异速生长，因而展现此整个阶级系统的特性。如果基因发生微小的突变，改变了异速生长机制，则会引发一个不同的阶级系统出现。

所以，天择是生物多样化之源，等位基因的差异构成基因的不同变化。同物种的个体（包含所有的染色体与基因）之间的基因差异，以及其染色体数目与构造的差异，造成了遗传的差异。还有，遗传变异是创造新物种的原料，使其发生遗传性的繁殖障碍，因而与旧物种分离。所以，生物多样性的两个基本层次即是：物种内的遗传变异与物种间的差异。

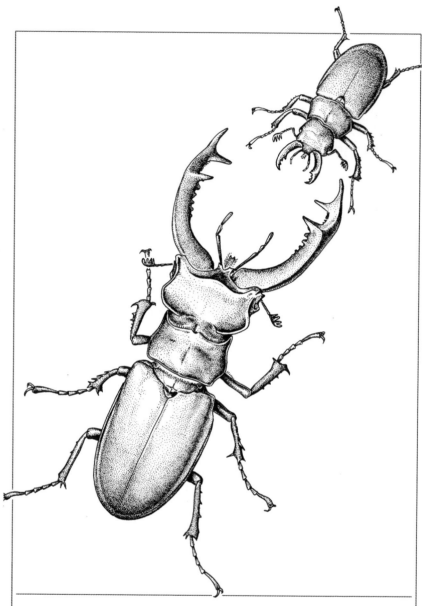

两只雄性的欧洲鹿角锹甲正准备战斗，它们不同的身体形状，乃是由于异速生长造成的，也就是身体的某些部位比其他部位生长得快。在鹿角锹甲物种里，头和下颚长得最快，所以体型较大的雄甲虫比体型小的同种雄甲虫的甲壳重得多。（莱特绘）

间断平衡理论

此生物多样性的两个层面，由微进化（microevolution）与巨进化（macroevolution）分别同时推动。微进化是微小的改变，属于基因和染色体的层面。而巨进化是较复杂与较深远的改变，是较难直接靠遗传来剖析的。蓝眼球颜色的起源是微进化的例子，颜色视觉的起源是巨进化的例子；镰形细胞贫血症的出现及扩散是微进化，其形之于循环系统的形成作用则为巨进化。某鸟种分化成两相似的子物种是微进化，某单一鸟类物种分化成许多（从刺嘴莺类到雀鹀类的）鸟物种便是巨进化。

有些古生物学家根据化石所呈现的惊人进化转变，不时提出巨进化太复杂或发生得太快，或有时进行得太缓慢，以至于无法由传统的进化理论来诠释。

最近埃德雷奇（Niles Eldredge，美国自然史博物馆无脊椎动物馆馆长）和古尔德（Stephen Jay Gould，哈佛大学地质学教授、无脊椎动物化石馆馆长）在 1972 年提出了"间断平衡理论"（punctuated equilibrium）。该理论指出，进化不仅间歇性地腾跃发生，也会在其他时期慢到真正的停顿。在短暂突发进化后，会急速地产生完全的物种，其后却数百万年未见改变。还有，相反，物种形成期间几乎是或完全地驱动急速进化。在腾跃和停顿轮替出现之间，创造了一个动荡的模式，一个间断的平衡，其情况如此之极端，被认为是进化的新奇过程，已非由于基因和染色体的天择了。如果以巨进化现象的最极端形式来推理，是有其若干独特之处，其与微进化大有不同。

此间断平衡理论备受瞩目，因为是首次向新达尔文进化论挑战。实际上，间断平衡虽是一个新的进化论点，但该说法已多为其拥戴者扬弃了。动荡模式的化石证据相当薄弱，并且所提出的多数例子亦难以让人信服。

　　还有一点，快速进化的可能性早已是传统进化理论的一个基石。因此，这点并不具挑战意义。族群遗传学模式是数量理论之基础，该理论预测天择的进化速度之快，以地质时间而言，有如瞬间发生。数十年来在实验室内与田野研究极多的动物、植物与微生物的结果，早已支持族群遗传学对上述所做的预测。这些预测显示，相近物种间的渐变过渡期，可从微进化的瞬间到巨进化的大跃进，从物种起源的地理区域差异，乃至物种无远弗届地扩散到繁多的适应地带。

　　一般早就肯定微进化和巨进化之间是连续性存在的，新达尔文理论在本质上并无新意，只是语意学上赋予一种新命名，而非一项大创见。现在多将间断平衡理论用来说明快慢进化轮替的一个词语，尤其是指在快速进化期有物种的形成。间断平衡理论挑战所呈现的价值，并非在于其内涵，而是促进对进化速度的研究，以及有助于吸引大众对整体进化研究的注意。

　　但是，从微进化发展到巨进化，只是一种略加修正的过程，而非取代作用。但并不意味着所有的进化现象已全部书之于现代遗传学。而只是确知到目前为止，微进化与巨进化的原则并不相互悖逆。换言之，到目前为止所了解的细胞的分子过程，与现代的物理学及化学并不相互悖逆。现在不只是基因机制，要了解的进化之处仍然很多。

物种与个体的选择

　　其中一个问题是物种择汰的过程，这个过程早经专研化石的古生物学家和专研现代生物的生物学家深入探讨过。刚进化出来的物种，有如一个新生的生物，带着其特有的一套遗传特征降世。该生物是长寿还是短命物种（指新物种诞生到灭绝的时间寿命），仍视其遗传特征而定。遗传特征也决定该物种是否能分化成许多物种，或不受影响的终其一生为单一物种。这些有影响力的遗传特征，虽然是显现物种的外观遗传特征，非承自某些难以解释的巨进化过程，但这些遗传特征是生成该物种的生物，经微进化而产生。这些是经微进化而来的，意即已经改变基因与染色体序列频率，并朝上转化到物种层级的样式，我们称之为巨进化。

此一"朝上转化"具有两个主要的性质：无向性与回响性，用来加速或放慢生物的进化速度。生物体在生存及繁殖奋斗的过程中，并不理会进化论，作为一个整体持久地存在着，也不受该物种繁殖程度的影响。所以，无论该物种是否正在扩张分布、繁殖众多后代，或退至濒临灭种，它们的基因不是植入次代，就是因自身特殊行为而自取灭亡，此即为"无向性"。该物种拥有的遗传特征，决定其能否长寿或短命，是维持单一物种还是分化成众多物种，这个影响已被认定为一种从微进化到巨进化朝上转化的要件。相反，这也正是天择的本质，某物种的寿命及其能形成新物种的倾向，会影响该重要遗传特征能以多快的速度散布到该物种的动植物群之内。这便是向下的回响性，使得天择不只是一个无聊的陈述而已。

试想某组群物种可能正处于较高层级的择汰。此处的"组群"，指的是有共同祖先的许多物种，比如非洲最大的淡水湖维多利亚湖里的丽体鱼科（Cichlidae，或译鸽体鲷科）鱼类，或美洲热带地区的灰蝶类。物种间发生的天择，能加剧物种内生物个体间的择汰；而生物个体间的择汰又会回过头来影响物种间的择汰。所以，遗传特征之进化，一般在同"组群"物种内进行得较快，而且其动植物群的特性也会因而发生变动。

物种择汰有多重要呢？如果采用广义的"组群"，例如泛指维管束植物或所有陆地脊椎动物，则其重要性就非常大了。在中生代晚期，苏铁类植物和针叶树被往南北两极扩散的开花植物所取代。在中生代末期的灾变后，哺乳类动物征服了恐龙和鳄类动物。然而，这些就是我知道的全部；事实上，这些件事无助于我们了解物种择汰的进化过程。为了在个体和族群的层级上，把物种择汰和天择关联起来，我们需要较小的物种群，较敏锐地洞察这些物种群在生态学和适应性上的微细部分。这种物种群的存在容易想象，但难以在自然界里找到。我们目前仅掌握了若干例子，试列举其中最佳例子如下：

◆昆虫从捕食活生物或取食腐尸转为食植物的行为习性，可以提高物种形成的速度。理由是，有更多昆虫种可以专一取食某特定植物，或者是取食某种植物的几处不同部位。靠着形成寄主族的关系，这类昆虫能很快地散布到这些生态区位内。此现象被认为是形成完全物种的先期过程。这类昆虫为了尽量单纯化，其个体择汰和物种择汰协力提高其进化速度。

◆在中生代的下半期（1亿到6600万年前），每一组群间的牡蛎、蛤与其他软体动物物种的扩散能力都不同，因此，其地理分布范围的大小亦异。分布广的组群，在地质年代上也存活得比较长久。根据对现在的软体动物物种的研究显示，该物种的扩散能力可能是对生物个体的天择的结果。如果真的是如此，那么生物在个体择汰和物种择汰共同作用下，平均增加了软体动物的地域范围与寿命。

◆蚂蚁、甲虫、蜥蜴和鸟类呈现所谓的"分类单元循环"（taxon cycle），即若干物种内的个体生物，朝向易于其扩散的栖息地去适应。这些栖息地包括海岸、河边与面风的草地。相当巧合，这些栖息地也是最佳长距离扩散的地区。集中在这些地方的物种，能达到最广泛的地理扩散，以及最具有物种分化的潜力。当某些扩散很广的族群潜入附近更具庇护效果的栖息地，便会"定居下来"——丧失其扩散能力，因此变得更易于朝向物种形成的方向进化，终究衰微而绝灭。问题是，它们是否与中生代的软体动物相仿，以较快的速度衰微乃至灭绝呢？如果属实，那些适应局限的小范围栖息地的生命，可以说会改善其自身的达尔文适应性，但是牺牲了自身的物种寿命。

◆某种类似分类单元的循环过程，发生在非洲富饶的动物群（例如羚羊、野牛与其他牛科动物）达数百万年之久。那些能普遍化的物种，可以生活在一个以上的栖息地（即从森林变更为草原，复又变更为森林），则能存活得更久。那些专一化的物种，只能生存于某固定的栖息地，似乎无迁徙的能力。在气候变化、森林面积逐渐减小下，这些物种便易于衰微而至灭绝。当牛科的专一化族群受到分隔离散时，则似乎能进化出新物种；比起较普遍化的牛科族群，专一化族群增多或减少其物种数目的增减的速度更快。总而言之，个体动物的天择，依面临的生存环境条件，经由增减其寿命，引发物种的天择。

◆分布在北美莫哈维沙漠（Mojave Desert）的若干沙漠植物，例如 Dedeckera eurekensis 可能又属于另一种个体层次的天择，而此又与物种择汰现象有所矛盾。在干旱季节，种子发芽的概率低。天择压力可能引发个体植物关闭种子生产的策略，集中资源于努力存活。（另一种不为 D. eurenkensis 采用的策略为，生产极多种子，静待降雨来临。）如果干旱压力继续存在，则将资源投注于寿命延长，而非用于繁殖力上。那些在天择压力下的生物个体，采用延长其寿命的策略时，终将导致剩下少数有限的长寿个体，但几乎均为不育者。那些存活下来的个体，虽是生物个体择汰下的胜利者，但是个体的成功将该物种引往灭绝的边缘。

在生物个体层次的天择，不论是否导因于物种择汰，均呈现繁茂、强盛与行动快捷的潜能的景象。如果事前已具有足够的自然遗传物料，以及如果所面临的择汰压力（即生存与繁殖间之压力差）是强大的，那么只需不到 100 个世代，一个基因或一条染色体，就可以替换掉另一个基因或另一条染色体。此可能性提供了快速的微进化，甚至是推动着巨进化的先期进行。

理论上，这些潜能已经被理解得相当透彻，而且实验中也已经被证实，亦见诸野生族群的物种面临新的择汰压力（例如有新的寄生生物威胁，或获得新食物来源）的情形。自然界有足够的时间进行天择，创造完全崭新的生物类型。想想看，爬行类动物时代有一亿个爬行类动物生物世代，其后的哺乳类时代也历经上千万个哺乳类动物世代，然后人种才出现。地球历经数亿年，才首次出现单细胞生物，这些单细胞生物又是靠多得如天文数字般、有用的分子组合而成。

展望生态学

我们对进化现象知之最深的部分是进化遗传方面，而了解得最少的部分是进化生态学。以下的章节我将说明进化生态学中数个待解决的大问题，这些问题与环境的择汰压力有关，诸如某些特定的族谱历史所揭露的问题，而非最普遍的遗传机制。我极可能会出错，因为分子生物学的进步非常之旺盛且极其快速，可能一而再再而三地发现驱动进化的各种新机制。还有关于功能性基因（即DNA的表现序列）的起源及其如何被重组与精细化，以建立生物多样性全盛期的基础等，有待我去学习之处还异常浩繁。

此外，在胚胎发育的额外遗传制约（例如对细胞大小及组织系统化的基本自然极限），具有引导方向的功能。细胞和组织之间的相互竞争与相互干扰，仍然可能需要用来揭露某种崭新有待发现的原则。有关发育学的研究领域内，许多意想不到的情况正等着我们，有人臆测，将来某日，待基因编码和胚胎发育这两大领域有突破性的发现时，可能会撼动新达尔文主义的基石。然而对这种预测，我抱持着怀疑的态度。我认为进化生物学的最大进展将会是生态学方面，能更完整地解释出在一定的时间内，生物多样性为何会呈现如此（而非其他）的本质。

第七章

适应辐射

THE DIVERSITY
OF LIFE

—

Adaptive

Radiation

—

优势族群分布到更远的陆地与海洋，

其族群势必会分化成更多的物种，

以适应各地的生活方式，

也就是说优势种更易历经各种适应辐射。

大规模的进化是开拓式的，有如人类的历史改朝换代一般。生物拥有共同的祖先，历经兴盛而具统治地位，开疆辟土，分化成众多物种。其中有些物种辛苦地得到了与众不同的生命循环史及各种生存方式；然而因历经竞争压力、疾病侵袭、气候变化或者其他环境变迁，使得新生物种取得生存的空间，迫使那群原先的优势种逐渐消失，四处流散，乃至退缩成残余的境地。在时间的考验下，原是兴盛的群体，本身不再进化，开始衰退。该物种逐一消失，终究全种系一去不复返。有时候，在少数生物族群中，某种物种幸运地拥有一种新的生物学特质，使其能够向外拓殖、辐射开来，代表其进化发展的亲属，再度进入优势统治的进化循环中。

　　若作为地质历史的一部分来看，所有现代的时代更替在地球表面会呈现出一种复杂且美到叹为观止的格局。这就像是一个重写本一样，在古老的羊皮纸上，现在的优势种群肆无忌惮地被涂到了上面，而大势已去的那些曾经的统治者，只能在字里行间这种窄小的生态区位间黯淡求生。哺乳类动物这种当今陆地上占优势地位的大型脊椎动物以及乌龟和鳄鱼，是过去那些曾占统治地位的爬行类动物中仅存的种群。

开花植物的森林庇护着零星分布的爬行类动物时代优势植物的残留植物（例如蕨类、苏铁）。再缩小规模来看，空中有各种蝇、蜂、蛾、蝶等进化的较新物种。它们为蜻蜓所食，而蜻蜓是古生代的残留物种，仍具有外伸的硬翅及其他可追溯到飞翔初始的特征。蜻蜓可以说是昆虫世界的老式飞机，在那个时代几乎都飞翔在空中度其一生。

适应辐射与趋同进化

"适应辐射"（adaptive radiation）一词是指共同祖先的物种，拓展到不同生态区位的一种过程。而"趋同进化"（evolutionary convergence）指相异的适应辐射产物，盘踞雷同的生态区位。这个情形在全世界各地理区皆可见到，例如澳洲的袋狼，其胎儿期的外貌酷似欧洲与北美洲的"真狼"。袋狼是在澳洲的适应辐射产物，而真狼是北半球的平行适应辐射的产物。这两种物种各自在不同大陆板块上时行着适应辐射，占据了相似的生态区位。

适应辐射与趋同进化正如生物学教科书中所呈现的，可在偏僻的太平洋上的加拉帕戈斯（Galápagos）群岛、夏威夷群岛及印度洋上的马斯卡瑞恩（Mascarenes）群岛上展现。这种现象也可清晰地在古代湖泊（如贝加尔湖与东非大裂谷的大湖泊群）内展现。这些地点异常偏远而与世隔绝，以至于能到达彼处的动植物物种不多。而且能到达彼处的幸运拓殖物种，原是生存在空间拥挤的动植物群内，受竞争、捕食者、疾病压力及局限的栖息地与食物供应的制约。彼等进入一个崭新与几乎真空的世界，至少开始有机会拓展，而后才能繁衍增殖。

那些群岛与湖泊不但遗世孤立，而且面积甚小，地质年代较轻，较诸那些大陆与海洋，更能维持单纯的适应辐射与趋同进化，所以从那里才能解读这两种进化现象。这也就是许多生物学家会认为，夏威夷群岛是研究许多进化现象最佳实验室之一的原因了。

新天堂乐园——夏威夷

夏威夷是个一群岛，而非一个单一的岛屿，是生物族群分化成许多完全成熟的物种的舞台。以地理位置而言，夏威夷群岛是所有海洋岛屿中位置最偏远的陆地，因之，能登陆的物种相当有限，而面积又足够大，有足以容纳大量新物种进行辐射拓展的生态区位，而又小得足以限制与清晰呈现物种分化与适应辐射的模式。最后，虽然较诸大陆年轻，但是年代也足够老（例如考爱岛是 500 万年），足以显现出适应辐射已达到成熟。

夏威夷的 1 万种特有昆虫都被认为是由约 400 种外来昆虫进化而来。其中有许多进化成独一无二的适应其栖息地并有着特殊的生命模式。例如，全世界几乎所有豆娘（豆娘是体型娇小、美丽精致的蜻蜓亲缘）的若虫皆是水栖生物，取食水塘及其他淡水水域岸边的昆虫。但是夏威夷的 Megalagrion oahuense 豆娘的若虫已完全脱离水域，以潮湿山区林地的昆虫为生。再者，展现更彻底的变化是尺蠖蛾（Eupithecia）的幼虫（毛虫），放弃吃植物的食性，演变成埋伏突袭式的捕食昆虫，这种新奇古怪的幼虫躺卧在植物上，伺候路过的昆虫，用前足突然扑出捉虫。另一种 Caconemobius 属的蟋蟀，离开原是陆地的生活，变成半海洋生活，分布在海浪飞溅的巨石间，以随浪漂浮到潮间带的有机残渣为生。另一同属的蟋蟀，分布在光秃秃的火山熔岩区，以顺风吹至的植物残体为生。甚至另有一种同属的全盲蟋蟀，世居洞穴中。发现这些捕食性的毛虫与蟋蟀，只不过是近 20 年的事。夏威夷对偶然履斯其土的游客并不陌生，却仍然是发掘新知的博物学家的天堂，充满意外的收获。

　　偏远群岛上的适应辐射与趋同进化呈现出极度不协调。在进化生物学的定义下，这些岛屿有着不成比例地充满某群生命却缺乏另一群生命的现象。当若干少数物种逮着千载难逢的时机，以迅雷不及掩耳之势进行分化与大事繁殖，它们及其后代独霸了大部分的环境，并且维持着该分类单元下的大部分多样性。从动植物群整体上来看，这与发生在大陆上的情况比较起来，根本是失衡的状态。大陆的生物区系是历经漫长的时间、经由许多物种衍生出来的高度生物多样性。

管舌鸟登陆夏威夷

　　夏威夷孕育了全世界最不协调的鸟类。在最近的历史上发现了上百种的特有种，也就是全球其他地方都没有的夏威夷本土种。其中包括逐一为波利尼西亚人与欧洲殖民者所灭绝的 60 种和现存的 40 种。其中有一半以上是自成一族的管舌鸟类（Drepanidini），在正式分类系统中是金翅亚科（Carduelinae）的分支，隶属于更大的雀科（Fringillidae）。

　　所有的夏威夷管舌鸟类都是某一对或一小撮拓殖者的后裔，它们很可能是在数千年前为一阵暴风送入该岛屿的。它们的祖先是一种较原始的金翅亚科鸟，体形可能小而瘦长，有金翅鸟般的喙，可能以种子与昆虫为食。夏威夷的所有金翅亚科的鸟类中，并无北半球的金翅类、金丝雀类与交喙鸟类，这些都是分布在温带气候区的欧洲与亚洲的金翅亚科鸟种。所以看起来，第一批到达夏威夷的金翅亚科鸟，可能是从北美洲或东亚飞抵这里或被暴风吹来。这些管舌鸟在夏威夷逐渐扩张，终至爆炸性的适应辐射。它们侵占许多新生态区位，并且在生物结构上日趋多样化，其行为也相应地发生变化。作为一流的生

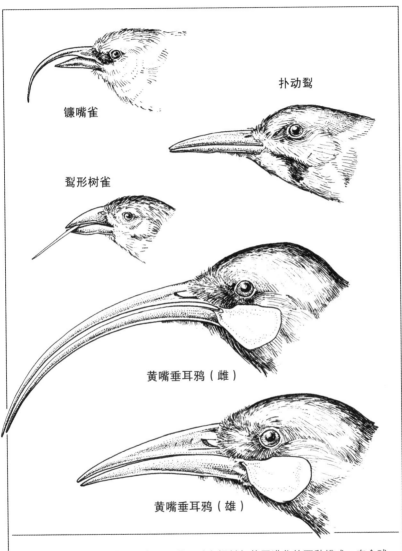

镰嘴雀

扑动䴕

䴕形树雀

黄嘴垂耳鸦（雌）

黄嘴垂耳鸦（雄）

啄木鸟类与类似啄木鸟的鸟，呈现了适应辐射与趋同进化的两种模式。在全球各地出现了鸟类的辐射现象，进化出另一路线，以填补啄木鸟的生态区位，例如镰嘴雀（夏威夷的管舌鸟）、北美洲的扑动䴕（是许多"真正"啄木鸟中的一种）、加拉帕戈斯的䴕形树雀、新西兰的黄嘴垂耳鸦。（莱特绘）

态征服者，它们非常典型地展示了适应辐射与趋同进化的现象，但由于其变化规模较小，因此可以在相对确定的范围内进行详尽的分析和解释。

其实我应该这么说，它们是在"记忆中"展现了这种现象。2000年前的波利尼西亚人，以及18世纪以后欧洲商人和殖民者到达夏威夷以前，该处充满麻雀般大小、五彩缤纷的管舌鸟群。管舌鸟是靠着羽色（红色、黄色与橄榄绿）与羽翼上黑色、灰色和各种细微差别的白色条纹区别物种。即使时至今日，白臀蜜鸟（Himatione sanguinea）族群在有些地区每平方公里就分布有数百只。漫步在太平洋红花树林中，观看鸟儿灿烂艳丽与明亮的羽毛，倾听轻细的啁啾，沉醉在老夏威夷的临终一景，有如塔希提人第一艘木舟上岸的情景一般。

目前管舌鸟大部分已经灭绝了。它们在猎捕无度、森林毁灭、鼠类横行、食肉蚁密布及外来鸟种引入的传染性疟疾与水肿病等环境下，原是"富饶"的夏威夷地景系统备受逆压。它们的消失与一般物种消失的情形如出一辙，并非惊天动地的壮烈之举，而是在不知不觉之中发生的。最后，当人们发觉那些生物好久没有出现之时，或许那时尚有数只仍然在某不知名的山谷里，然后，最后一只也被那里的一只捕食动物解决了。让我们假设那是一只寡居的雄鸟，在夜晚的枝头蒙难。在昔日的波利尼西亚时代，它们可能度过了数个世代，直到最后一支扯下的羽饰，被插在一个仪式性头饰上，然后永远地被搁置在那里，这物种被归位后再也没有人忆起，就像天主教的例行葬礼后被遗忘的死者。

劫后余生，风云再起

然而，劫后余生的管舌鸟群中，其辐射现象范围之大，仍然是全世界所有近缘鸟群中最可观的。毛伊岛鹦嘴雀（Pseudonestor xanthophrys）的生理解剖构造与吃果实及种子的真鹦鹉有点像，不过它吃的是昆虫。它挥舞着厚实的喙，啄碎与撕烂树枝，为的是取得甲虫的蛴螬与其他蛀虫。另一种似管舌鸟的鹦嘴雀（Psittirostra psittacea），有厚厚的喙，主要是用来吃种子，其次是吃昆虫，如同一般的管舌鸟。还有一种猩红管舌鸟（Loxops coccinea），其表现有部分像北半球的交喙鸟，其喙尖侧向交叉，能扭开叶芽与豆荚，寻觅吃食其内的昆虫。其他管舌鸟属（Loxops）与蜜鸟属（Himatione）的鸟种，类似鹟莺类，体小轻盈，喙短细薄。它与典型的鹟莺类似，是大部分大陆的优势种，飞翔在空旷的大地上空，取食驻足于植物上的虫子。镰嘴管舌鸟（Vestiaria coccinea）与数种镰嘴雀属（Hemignathus）物种，是亚洲与非洲热带地区的蜜鸟属的近亲趋同种。它们用向下弯曲的细长鸟喙取食花朵的蜜汁。

镰嘴雀历经努力，在较大的辐射中达到一个具体而微的辐射，在当地两度盘踞许多主要生态区位。它们除了具有初级完整与弯曲的管舌鸟喙外，还有像短嘴镰嘴雀（H. lucidus）那样，下喙比上喙短了半截的结构。它那稀奇罕见的喙形，只不过是往啄木鸟方向进化的中途而已。除了靠上喙吸蜜之外，下喙可以啄开树干与树枝，剥开树皮，伸入凹洞，赶出不明就里的昆虫而食之。

第二种是更奇特罕见的威氏镰嘴雀（H. wilsoni），它们几乎进化到能生活在啄木鸟的生态区位，利用它笔直、短促的下喙，敲击并凿开树皮。这种类似啄木鸟的行为，却是短嘴镰嘴雀温和敲击行为的延伸。且看布克（Walter Bock）的描述："该鸟啄食之际，鸟喙强迫其上颚尽量向下弯曲。当啄出一个洞时，昆虫露了出来，那段向下弯曲的颚便将昆虫挑出。笔直凿形的下喙配合着长长向下弯曲的上颚，真是一种罕见甚至独一无二的例子。这说明一种飞禽的上下颚进化成适应两种相异的动作，这上下颚的结构对该飞禽物种的取食方法而言，是必需的。"

这类从类似蜜鸟的镰嘴雀属演变为短嘴镰嘴雀，再进化出啄木状威氏镰嘴雀的设计，是一种生物进化的变异，也是产生部分物种形成的教学好例子。它们同时存在于现代的夏威夷，便是由微进化迈向巨进化的路途之中，有如电影中的定格画面。在蜜鸟阶段之后的这两个阶段表明的巨进化，即是微进化的放大与物种数的增加。

巧"啄"天工啄木匠

夏威夷的伪啄木鸟值得再三玩味，它们是在短促的时间内成熟的适应辐射现象，是不完全"趋同进化"的例子，此与啄木鸟科中许多鸟的进化背道而驰。真正的啄木鸟之所以定名为啄木鸟是有充分理由的。全球啄木鸟科约有 200 种，其共同祖先很早以前就与夏威夷的管舌鸟分开进化了。美国有 19 种啄木鸟，包括常见的扑动䴕（Colaptes auratus）、䴕形树雀（Picoides pubescens）与吸汁啄木鸟属（Sphyrapicus）的鸟种，另外还包括因为北美洲森林破坏造成的灭绝种：象牙喙啄木鸟（Campephilus principalis）与墨西哥啄木鸟（C. imperialis）。前者是新北界（Nearctic realm，包括北美洲墨西哥北部高原以北陆地的大陆动物群之一。——译者注）所有啄木鸟中体型最大者，而后者是全球最大的啄木鸟。

一般所称的真正的啄木鸟，只因它们是分布广泛与常见的鸟种，所以很早以前就被起源地的当地居民称为啄木鸟。但是，它们也有当之无愧的真正本领，是生态学分类上第一个专业种。此外，真正啄木鸟有更娴熟的技艺。美国加利福尼亚州的橡树啄木鸟（Melanerpes formicivorus）的代表性啄虫动作，早已从电影的慢动作中一览无余了。啄木鸟的锥形喙敲击木头的速度，介于每小时 20 到 25 公里之间，有时瞬时的减速力量为地心引力的 1000 倍（即 1000G，G 是重力加速度；4G 是航天员升空感受到的反地心引力）。如果一个平常人的头部，每日受到 4G 的撞击，脑子真的会变成一团糨糊。而啄木鸟受得了是因为它具有两项特点：它的脑壳是由超高密度海绵骨块，由数组反拉的肌肉联结而成，其功能有如避震器。啄木鸟的头一上一下地动作，有如在一个平面上移动的音乐节拍器，这样不会发生扭力，避免大脑向左右两侧偏歪，脱离它的固定位置。

啄木觅食方法只是啄木鸟的一种适应现象。许多啄木鸟拥有一扇坚硬的楔形尾翼，帮助身体支撑在树干上。鼻孔上的钢刷状羽毛，可以防护木屑进入呼吸道。它们的圆筒状黏糊糊的舌头，可从鸟喙向外吐出 20 厘米，伸入昆虫蛀成的甬道，逮食昆虫。舌头可以回缩，曲卷在内脑壳的空腔中。

另外，啄木鸟不善于在空旷的水面上飞行，完全不像许多故事里所描述的那样。在夏威夷的数百万年鸟类进化时光里，啄木鸟一直未曾拓殖成功过。倒是管舌鸟所向无敌地盘踞在啄木鸟的生态区位，正如聪明的镰嘴雀创新进化一样。如果把镰嘴雀与有精巧碎木能力的啄木鸟相比较，镰嘴雀便像拙劣至极的木匠。要是夏威夷真有真正啄木鸟在林中东敲西击，第一批管舌鸟飞抵海岸之际，镰嘴雀必是竞争中的败将，遑论进化存活呢。啄木鸟要在世上存活，必得全然仰赖枯树或正要枯死的树木，所以它要有一片足供觅食的森林空间；一对繁殖中的象牙喙啄木鸟，约需要 8 平方公里的老龄林泽。当它们栖息的美国南部森林遭到砍伐后，该物种就注定了要走向灭绝的命运。象牙喙啄木鸟的族群向来不大，而且呈直线下降，最后一只象牙喙啄木鸟正式确认被人看到是在 1970 年代。目前，古巴东部的山林尚残留一小撮族群。因此，啄木鸟的生存所需的资源较稀少，不得不激烈地竞争着，它们遇到任何镰嘴雀之际，几乎必然会取而代之。

各出奇招为果腹

　　加拉帕戈斯群岛也没有真正的啄木鸟。由火山喷发形成的加拉帕戈斯群岛，位于厄瓜多尔以西 800 公里处，是多种植物与动物大量适应辐射的生育地。该群岛的产物虽不如夏威夷群岛那么丰盛，但是所凸显的生态现象，足够促使达尔文引发进化的概念。达尔文最感兴趣的便是达尔文地雀类。在分类学中属于地雀亚科的地雀类，是由单一种拓殖的祖先，扩展成目前的 13 种，分布在夏威夷管舌鸟的某些觅食生态区位。它们是呈现进化的铁证。博物学家达尔文的明察秋毫，岂能放过这件事。他曾经在 1842 年的《考察日志》（*Journal of Researches*）中透露他的理论："其中最令人好奇的是多种地雀具有鸟喙大小的完整变异。看到一小撮血缘相近的鸟群，有这种构造上的差异与变化，就会真正感到惊奇，这是从这个群岛的原始少数鸟群而来，由单一种鸟进化成不同物种的结果。"

　　达尔文地雀中有若干鸟种长得像鹟莺，用细喙捕捉昆虫与吸食蜜汁。另外有些才像"真正"的地雀，挥舞较厚实的喙，啄裂果实，破开种子。体型愈大的鸟，其喙亦较厚实，食物种类也较繁复多样。在环境不利的时候，喙最厚的地雀能够专门对付最大与最坚硬的果实与种子。

　　适应辐射进化是没有终结的，在海洋列岛与大陆上皆未曾停顿过。或许由于加拉帕戈斯群岛森林较为干旱，花朵较少之故，达尔文地雀并未进入蜜鸟的生态区位，这个区位由数种专化的夏威夷管舌鸟所盘踞。因此，具有细长与弯曲鸟喙或细长鸟舌的鸟种，专采花朵内深藏的蜜汁。加拉帕戈斯群岛辐射的结果，也产生了全世界所有鸟类中独一无二的一种辐射类型——吸血动物。偏远的达尔文与沃尔夫小群岛上，大地雀爬到大形海鸟鲣鸟类（Sula）身上，趴在翅膀与尾翼上，吸食鲣鸟身上的血液。除这种恶行恶状之外，它们还把海鸟的蛋推向岩壁，撞破蛋壳，吸食蛋液。

另外还有两种地雀，一种为啄木地雀（Cactospiza pallida），另一种为红树林地雀（C. heliobates），两者进占啄木鸟的生态区位，写下了鸟类行为的新篇章。它们的鸟喙塑成常见的昆虫摄食器。它们不用垂直敲击方式，而鸟喙只啄树皮与枝条表面，拉掉松散的木片，这是一般达尔文地雀的行为，接近若干相似的其他鸟种。它们不会像夏威夷的镰嘴雀，用长长弯曲的喙，用力挑出昆虫，也不会伸出舌头，钩出昆虫。它们的新招完全是因事制宜。地雀会用仙人掌的刺、小枝条或叶柄，衔在喙里，从喙中直直伸出，有如直硬地吐出的鸟舌，伸入树洞，然后扰乱昆虫，辛辛苦苦地捕获。这是动物中少见的能利用工具的例子。眼见这一幕表现，谁都不免佩服它们的智慧。有人发现啄木地雀猎食过程中会修正错误。有人看过一只啄木地雀曾经因为木条太长无法使用，而把木条折成两截；另外一只衔起一条分杈的树枝，结果用带杈的枝条达不到目的，便改用没有杈的另一端，便如其所愿。

鸟是怎样构思新花样的？在田野观察达尔文地雀最久的格兰特（Peter Grant）相信，鸟类会使用工具完全是意外，而非靠思考，是依赖有效果的操作法。他写道："我可以想象一只备受打击、心情恶劣的啄木鸟，啄掉虫孔附近的树皮，不小心把小片树皮推进虫孔，结果一只小虫钻出洞口，正好用鸟喙逮到。"这种回报鼓舞鸟再接再厉。然后，遗传嬗递作用可能会发生。凡是具有试错学习能力的鸟，就会模仿发明这一技术的鸟，它的生存机会就较大。过了一段时间，整个族群内较聪明的鸟类不但较多，而且具有这种天生会衔枝条与使用枝条的鸟也会不断增加。进化生物学家相信，这种因时制宜的行为适应主导下的遗传行为同化，有时会加速进化现象。

如果需求是发明之母，那么机会便是滋润发明之乳汁。达尔文地雀使用工具的本领，不比夏威夷的镰嘴雀神奇的双功能鸟喙差，但也都是发生在没有优势的真正啄木鸟竞争的偏远地区。新西兰的黄嘴垂耳鸦（Heteralocha acutirostris）更为奇特的形象展现了这种原理。由于当地没有特有种的真正啄木鸟的竞争压力，这种像乌鸦的鸟种，进化成分工的雄雌合作伙伴，形如一种混生鸟。目前黄嘴垂耳鸦已经绝种，自从 1907 年以后就自北岛消失了，但是在未绝灭前的观察足够看出它们觅食的技巧了，这又是一种鸟中奇技。雄性黄嘴垂耳鸦与真正啄木鸟相似，有笔直与坚硬的喙。它挥动的凿刀，足可劈裂死木与活的小树，可以衔住先暴露出来的蛴螬，其他的昆虫便无处躲藏。它的合作伙伴，具有细长与弯曲的喙，有如许多夏威夷的管舌鸟。雌鸟与雄鸟合作无间，雌鸟探入更深的孔洞，扯出雄鸟够不到的昆虫。

遍野菊花飘

自然历史档案馆里不乏这类物种形成的例子，呈现了"生态机会"的现象。许多偏远海岛 [诸如加拉帕戈斯、拉罗通加（Rarotonga）、胡安·费尔南德斯（Juan Fernandez）] 上的菊科植物，一再辐射分布，并盘踞植物群所能占据的大部分生态区位。整个菊科植物是全球物种多样性最高、分布最广的开花植物，包括菊、向日葵、蓟、金盏草、莴苣等家喻户晓的植物。它们的花（事实上是头状花）是由许多小花紧密着生的聚合花，围在小叶状结构的苞片之内。除了细心照料的花园及堤岸野生的菊花外，多被视为莠草（例如蒲公英，黄花类），任其夏日滋生、冬霜枯萎。

在最偏远的森林群岛，许多菊科植物是当地特有的灌木、乔木植物的强势物种，它们是从小小的草本植物进化成堪称乔木菊与乔木莴苣。位于非洲与南美洲中间的南太平洋上的圣赫勒拿岛，堪称是世界上最孤立的岛屿。在 1800 年代晚期，先后为荷兰人与英国人完全占领。当时该岛山坡上全是木本菊科植物，其中杂生一些草本的菊科植物及其他植物，总计有 36 种特有开花植物。森林内有 257 种以上的圣赫勒拿甲虫，是仅从 20 种拓殖的甲虫进化而来，吃的是植物、死木、真菌及同类。甲虫中有七成是象甲类（象鼻虫），这个比例与世界其他鞘翅目的昆虫种类之比例全然不同。然而这奇异的生物群落却运转良好。圣赫勒拿岛几乎是一个封闭的生态系统，发挥着一个相当孤立的生物圈功能，在这空间中的每一处，都分布着跟随移民群辐射进化而来的群体聚集者。

全球由这种菊科植物占据的每一个群岛，其上的植物群都经历了从草本植物进化到木本植物、再到乔木植物的过渡期。每一座岛屿都是巨进化的最佳现代实验室，其上的植物群进行着独立进化的试验，正等待进化生物学家发现端倪，道出其进化始末。这类试验的重复性更可借其他草本植物 [尤其是半边莲科（Lobeliaceae）植物] 之现象，增加其信服力。卡尔奎斯特（Sherman Carlquist）写到岛屿生物学时这样记载：“看到这些莴苣植物从灌木到乔木的蜕变现象，令人想去比较其他群岛上植物的情况。夏威夷的半边莲提供了一个几乎是平行进化的例子……每一种生长型与叶形大约相互吻合，表明那些群岛具有独特的气候与特别孤立的程度，这些因素有助于这些生长型与叶形大小的发生。”

超级飞行员

哪些择汰力量驱使草本植物进化成体量较大的植物，并构成该岛屿的森林？从许多学术文献上来看，是岛屿上缺乏常见的乔木造成的“生态机会”所致。温带与热带乔木的传播能力有限。山毛榉的坚果、龙脑香的种子与柑橘的果实，难以远离母树传播到他处，也不耐咸水的浸泡。

但是，全球优势野草中的菊科植物，是传播种子的超级专家。例如像圣赫勒拿与瓦胡（Oahu）等火山岛屿从海中冒出时，首次登陆的禾草科植物中必有菊科植物。它们也是喀拉喀托火山岛于1883年喷发后，许多登岛先锋植物中的物种。全球长距离迁徙的物种，进入一个几乎或全然没有灌木与乔木的环境时，便有机会进化成各种灌木与乔木，早在常见的木本植物（如果它们真有机会的话）抵达前，就已捷足先登。达尔文在《物种起源》中正确无误地推演过这个过程，采用的正是天择的新意：

> 乔木不太可能登上偏远的海中群岛，而草本植物可能没有机会在茂盛的森林中竞争得胜，但若登上岛屿，只需与草本植物竞争，有可能愈长愈高，获得凌驾于其他植物之上的机会。如果所言不差，天择就往往促进岛屿上任何一种草本植物的高度生长，促使其演变成灌丛，终至乔木群。

岛屿上分布着类似乔木的草类现象，让人产生了一个更大的疑问：为什么有些生物群有辐射分布现象，而有些没有？从菊科植物的例子来看，超级传播的能力，在某些时期会压抑某些生物。某物种能占领一个新生的岛屿、湖泊或其他真空的环境，先行盘踞下来，然后分化成许多特有物种，这样就有可能借以抑制其他物种的抢先占据与分化，达到控制领域的目的。

加拉帕戈斯群岛上有鹟、黑顶林莺与刺嘴莺等聚集鸟群，它们虽然与13种达尔文地雀同栖一岛，但是没有哪种能做到较大的辐射分布。这是不是因为地雀类（更精确地说应是地雀类的祖先）是首先抵达加拉帕戈斯群岛，并封上大门，使后来者无机可乘？优势统治权可能只不过是超级传播能力的回报而已。不过，因为我们无法得悉这些鸟抵达的日期，因此难下定论。

另外有一种说法，或许达尔文地雀的祖先具进化与辐射分布的本事，凌驾于不管何时到达的对手之上。它们或许具有快速适应于某半真空环境的生物结构与习性。如果这个说法成立，是否能借此推演这种物种的原初特性呢？虽然我们没有百分之百的把握，但这猜测应不至于太离谱。

只是令人想不到的是，居然还有如其祖先的物种活着呢。有一种称为第14种达尔文地雀，分布在距离加拉帕戈斯群岛东北方580公里处的一个47平方公里的小小的可可岛（Cocos Islands）上。这是哥斯达黎加的一个无人居住、地形崎岖与森林蓊郁的小岛。可可雀（Pinaroloxias inornata）与其他三种在该岛繁殖的陆鸟杜鹃、鹟与黄色林莺共处。在竞争者稀少的情况（所谓的"生态释放"）下，单一物种可扩张到多种栖息地。

"生态释放"（ecological release）是偏远岛屿上的动植物物种都不多的情况下常见的生态现象。例如我数次发现蚂蚁有这种现象，可可雀的生态释放现象却十分壮观。所有的可可雀皆是能自由交配繁殖的单一物种，盘踞了种、属甚至科分据的所有生态区位。这些区位地点可从海滨到山巅。它们觅食于由林地到树梢各个区域，食物包括各类昆虫、蜘蛛、其他节肢动物、软体动物、小蜥蜴、植物种子、花蜜。而可可雀所具有的这些方面的特性，远高过加拉帕戈斯群岛的任何一种达尔文地雀。最令人惊讶的是，每一只可可雀专吃一种食物，栖息于某地点至少数星期，有时竟至终生。这种"微世界适应辐射现象"似乎是来自观察的学习方式。

生物学家韦纳（Tracey Werner）与谢里（Thomas Sherry）到可可岛调查了10个月，因而发现了生态释放现象。他们看见，可可雀的幼雏接近黄色林莺与丘鹬时，明显会模仿它们觅食的行为。当然，可可雀的幼鸟会模仿其同种的大鸟，这有如中古时代的学徒在专业群

（生态学上称为"同资源种团"。——译者注）中拜某人为师一样，那些幼鸟也会承受个别教诲。

可可雀的鸟喙大小与外形，介于黄色林莺与金翅雀之间，而个体间往往有不同食性的趋势。如果栖息地环境允许，这一趋势有助于往加拉帕戈斯模式加速物种的形成与适应辐射分布的发生。然而，由于可可岛的面积太小，距离其他群岛太偏远，故无法进化出新种。可可雀的辐射分布便只能停留在刚登陆的地步，造成全岛只有单一物种的情况。

丽体鱼统治非洲大湖区

若干种植物与动物，因具有某些生物遗传特征的明显优点，能够在其他物种分布稀少的环境中盘踞与扩展。如果该新栖息地的多样性高，足以促使物种的形成与生态上的专化，辐射分布便会发生。另外一个具有辐射分布趋向的例子是丽体鱼科的淡水鱼，有如达尔文地雀般地生动鲜明。这种繁殖力极强的鱼科分布在新大陆的美国得克萨斯州到南美洲，以及旧大陆的埃及到开普省（Cape Province）。其中马达加斯加（Madagascar）岛上有一群原始丽体鱼种，印度南部与斯里兰卡还有三种特有种。

非洲东部的大湖群，即沿着乌干达到莫桑比克的大裂谷，有串珠般的淡水湖泊，到处分布着丽体鱼。这些鱼统治着水域动物群，它们到处辐射，几乎已分布到整个淡水鱼的所有主要的生态区位。丽体鱼可以说相当于夏威夷管舌鸟的湖泊物种。例如维多利亚湖的300多种中，就包括了下列主要的适应类型：

Astatotilapia elegans　类似鲈鱼，水底摄食的普化种。

Paralabidochromis chilotes 大嘴厚唇，捕食昆虫。

Macropleurodus bicolor 小嘴，用小卵石状的咽部齿咬破蜗牛与其他软体动物的壳。

Lipochromis obesus 体型大，嘴略宽，捕食其他种幼鱼。

Prognathochromis macrognathus 像梭鱼，鱼身细长，头与颚特大，齿利，捕食其他鱼类。

Pyxichromis parorthostoma 额头下塌，吻部上翘，唇厚，可能为特化食性种，但食性仍未知。

Haplochromis obliquidens 牙齿扩展，食藻类。

在所有发现的单一水域的单一鱼群中，维多利亚湖里的种群是世界上任何其他地方都无法比拟的。同样令人惊叹的，还有将物种在各个适应类型中联系在一起的渐进式变化，从最早期的身体结构的改变，到最极端的体型特化。以捕食软体动物为例，其中若干种的鱼嘴内，有几枚较大的咽部齿，可用来咬破软体动物的壳，以便吞食其肉。有些种的进化较进步，咽部齿枚数较多，具有小卵石状牙齿，用较大的咽喉肌肉与牙齿的摩擦力，咬碎软体动物的外壳。另外，还有的鱼是取食软体动物的极端特化种，用咽部骨骼上长的小卵石状牙齿，靠强力的咽喉肌肉来加压。其他许多淡水丽体鱼的食藻类鱼种及捕食类鱼种，也都有这种类似的"变态系列"（即具有从最普化种到最特化种一系列的物种）。

维多利亚湖的各种淡水丽体鱼，似乎是从该湖邻近的一个形成年代较久的湖中的一种物种进化出来的。梅尔（Axel Meyer）及其研究小组于1990年提出的证据是各鱼种的遗传基因编码相似度。证据指出，9属14种丽体鱼之线粒体的DNA核苷酸序列差异很小，其间的多样性甚至比整个人种内的多样性还小。

维多利亚湖内的大部分淡水丽体鱼都属于数量较多的朴丽体鱼

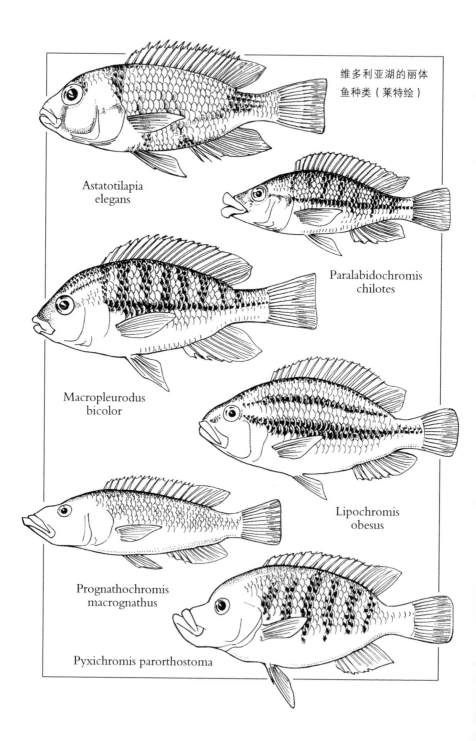

维多利亚湖的丽体
鱼种类（莱特绘）

Astatotilapia
elegans

Paralabidochromis
chilotes

Macropleurodus
bicolor

Lipochromis
obesus

Prognathochromis
macrognathus

Pyxichromis parorthostoma

（haplochromines），过去被非正式认为是近代朴鱼种共同的祖先，这一假说现在已在分子分析资料下获得证实。马拉维湖（Lake Malawi）与坦噶尼喀湖（Lake Tanganyika）也有这类朴丽体鱼，其线粒体DNA序列虽然与维多利亚种相似，唯其种间的相似度低于维多利亚种间的相似度。

维多利亚湖丽体鱼类另有一个特征，即其幼鱼的辐射分布。该湖的形成已有25万年到75万年的历史。利用动物学常用的稳定进化作为"分子时钟"，梅尔的研究小组以其细胞色素b基因的DNA序列，计算出该鱼在不到20万年前才发展出完整的丽体鱼进化。

维多利亚丽体鱼属于适应辐射类型中特殊的一型，被称为"近缘族群"（species flocks），意即由某近缘共同祖先进化出来的一大种群，且分布在隔离程度深的地域（如湖泊、岛屿或山岳）。近缘族群引发出来的最大迷惑，就是它们长成的过程。那么，某种族群怎么会在封闭的栖息地，在没有地理阻隔下，进行生物物种分化？

如果朴丽体鱼与其他典型的鱼类或脊椎动物一样，它们必定需要有地理阻隔，例如有不时升降的狭长旱地，将某些族群分隔，且在区隔的时间内分化物种。仔细查验维多利亚湖的地质史，似乎在其发育史中并未历经这类循环，可以使丽体鱼自单一共同祖先分化出300种物种。在此证据之下，我们不得不认为丽体鱼类是以"同域方式"进行物种分化的。同域分化指在没有物理阻隔下进行物种分化。但若从另外一个角度看，或许不是如此。根据前述，只要有某一遗传特征不同（例如一种求偶行为或交配季节的变动），便足以创造一个新物种。试想维多利亚湖是一个大水域，几近7万平方公里，比邻近的卢旺达与布隆迪两国的疆域还大，是数百万条小型鱼的栖息地。该湖的曲折湖岸超过2.4万公里，组成千变万化的无数局部栖息地，从波涛轻扬的水道到深无阳光的湖底洼地。在过去数百或数千年里的丽体鱼生命史中，该鱼可能只局限分布在湖岸，分裂成各群局部性与暂时性的隔离族群。至少理论上是会在数十或数百生育世代，衍生出求偶或栖息地偏好上的差异。在维多利亚湖的生命史中，这种进化过程比足够产生 300 种丽体鱼物种所需的时间还长。

水中巨兽——尼罗尖吻鲈

如果丽体鱼与达尔文地雀有相同的快速进化倾向，那么丽体鱼的快速进化是有可能发生的。现在要找的线索是，何处有相当于可可雀的丽体鱼种，也就是竞争者少、其生活习性变异大与功能多的地方，有如为讨好生命科学家及大学教科书作者一般地存在于某处。这种栖息地不会分布在非洲大湖带的密集湖泊中，那里的生物近缘族群之间竞争激烈，且专业精细之程度几近饱和。为了寻觅符合与适宜的地点，我们便深入北墨西哥科阿韦拉州（Coahuila）的夸特罗谢内加斯（Cuatro Ciénegas）。设想中的某一丽体鱼属的 Cichlasoma minckleyi 就分布在该区域的溪流、池塘与运河中。它是一种体型小、带斑点、类似鲈鱼的丽体鱼，与其他数种体型类似的小型鱼（包括另一种丽体鱼）共栖。

该鱼的族群包括食性上相当不同的两类鱼：一种是乳头型，颚与齿皆较细长；另一种是臼齿型，颚较厚，齿呈小卵石状。外貌看起来完全是两种鱼，其实不然。这两种类型的鱼可以自由交配繁殖，其实是一种鱼。它们皆在同地域内自由觅食数量极多的小生物类（包括小型的昆虫、介壳类及蠕虫类生物）。食物变少时，臼齿型丽体鱼（但非同种的乳头型丽体鱼）利用其较有力的颚与厚平的齿咬破蜗牛为生的现象增加。

借着这种扩大食性的范围，臼齿型丽体鱼与乳头型丽体鱼之间食物的竞争便不会那么剧烈，双方在此困境中能继续生存。因此，我们可以想象，若丽体鱼进入维多利亚湖的新栖息地，便能在短时间内辐射分布到许多生态区位中。首先要进行的必定是先分化为两种完全繁殖隔离种，一种为乳头类，专吃昆虫及其他无壳软体生物，另一种为臼齿类，专吃蜗牛与其他有壳软体生物。

　　生物学家开始更有系统地寻觅这类适应辐射的物种，亦即巨进化现象的关键种。到目前为止，所有努力中最大的发现，比可可雀与墨西哥丽体鱼更令人兴奋的是一种北极红点鲑（Salvelinus alpinus），分布在北极地区的湖泊与河流中。该处几乎没有其他鱼种共栖，所以该鱼有较广大、没有竞争对手的生态区位可以生存漫游。许多地区局部种的北极红点鲑有着多类食性与生长率相异、生理结构不同的族群。

　　冰岛的辛格瓦拉瓦顿湖（Thingvallavatn）就有四种鱼：大型底食性、小型底食性、捕食他鱼类性及食藻素食性四类。冰岛大学的史库拉森（Skúli Skúlason）及其研究小组发现，这四种食性专化的鱼，有着相异的遗传基因，却能无障碍地相互交配繁殖，形成单一的、极具可塑性的鱼种。就像前述的金翅雀与丽体鱼，这种北极红点鲑似乎在等待某种适应辐射的发生，或者再多给一点时间必会发生适应辐射。北极红点鲑分布的北极湖泊，不过是数千年前大陆冰川消融后才形成的。

　　以进化学理论及探寻适应辐射的角度考察博物学，博物学就会全然变成更令人乐于关注的事。了解到这类创造发生之迅速，这类进化论与适应辐射皆更具预测性。位居几近多样性巅峰的辐射生物群，大部分已有数百万到数千万年的历史。相反，在这种时间尺度衡量下，维多利亚湖的丽体鱼正在急遽消失。自1920年代起由乌干达政府引进大型的尼罗尖吻鲈供垂钓后，这种丽体鱼类全群已在消失之中。尼罗尖吻鲈是"水中巨兽"，长2米，重180公斤。实际上，它们自尼罗河下游的北端一路往南吃尽丽体鱼。直到尼罗尖吻鲈掌握全局之际，有一半以上的丽体鱼类已经消失了。

将非洲丽体鱼及夏威夷管舌鸟类等局限在一个湖或列岛的范围内，便极易受到环境变化的伤害，同时也不堪人类的一击而灭绝。一些与其同命运而分类地位较高与栖息地分布较广的生物，已是昔日光辉历史的残烛后裔，这包括所谓活化石的苏铁植物、鳄目动物、肺鱼类、犀牛类等，它们在霸居地球最近数百万年之后，也在人类活动影响下走向灭绝之边缘。另外一个极端的相反例子是有几小撮生物群，它们仍然维持着完全的辐射繁衍，且已有相当长的一段时间。它们呈现出一种令人吃惊的变化，在体型与生命周期上产生根本性的变化，目前的分布极为广泛，繁衍更是众多，遍布全球。其中有些是历史上昔日的大户，例如鞭毛原生动物、蜘蛛、等脚类的甲壳类动物、甲虫，还有一类是我认为谈到生物多样性与博物学之际应予以认真考虑的动物，那便是鲨鱼类了。

海洋霸主——鲨鱼

鲨鱼由软骨鱼纲的扁鲨、角鲨与翅鲨三个亚目组成，是人类挥之不去的海洋梦魇和凶煞敏捷的独行杀手，为进化论上具有重要地位的聪慧型谜一样的动物，在地球上已有 3.5 亿年的历史。在古生代泥盆纪晚期，鲨鱼是躯体不大、身躯也不够灵活的裂齿鲨，其后在全球海洋中辐射分布，维持高度多样性，如此一直到古生代的二叠纪，在 2.9 亿年前的那个时代，其多样性开始下降，如此经过 1 亿年的光景，其后裔又二度繁衍与扩张分布，终于逃过恐龙时代末期大灭绝的厄运。鲨鱼目前的多样性至少与其过去历史一样复杂。

从远处看到的鲨鱼（只见露出惊心动魄的鱼鳍与鱼背，还没能详细看清楚便将潜艇般身体沉入深海）除了有大小区别外，看不出有什么其他的大差异。事实上，全球鲨鱼有350种，特征差异巨大，因之"鲨鱼"的定义也就包罗万象。要想把所有鲨鱼归类在一起，必得先从其共同祖先的身体内部结构特征去推敲。鲨鱼的古代辐射分布所产生的物种差异之显著，远超过尚处青年辐射期的达尔文地雀与维多利亚湖的丽体鱼。这不由得令人联想到岁月细微地调整这些生物的专化过程，让它们面对着更多的竞争对手，在一段较长的时间之后，终结许多物种，进化出一般说来较厉害、更能承受环境压力的物种。

如果大家想象中真有那么一种裂齿鲨，那很可能就是鼬鲨（Galeocerdo cuvier），这巨无霸有时被称为海洋的垃圾桶，身长可达6米，重达1吨。鼬鲨常受到海港的引诱，入港大小通吃，即使一丁点儿的动物脂肪也不嫌弃。过去从鼬鲨体内发现了死鱼、长靴、啤酒瓶、马铃薯袋、煤、狗、人类的残体，真是无所不有。有一头肢解了的大鼬鲨，发现体内有三件大衣、一件雨衣、驾驶执照、牛蹄、鹿角、一打未消化的龙虾、一个还有鸡毛与鸡骨的鸡笼。鼬鲨有食人的记录，那是因为游泳的人不幸无意间受到攻击，丧生于鼬鲨不挑食的食性下。

杀手机器——大白鲨

与鼬鲨不同的是大名鼎鼎的杀手专家大白鲨（Carcharodon carcharias）、咸水鳄与爪哇虎，这般杀手专家仍然自由自在地活着。大白鲨可说是地球上最令人畏惧的动物——行动敏捷、凶残无度、行踪诡谲（来去无踪，无人知晓）及神秘难解。我私下的感觉它们是鲨鱼之精灵。与鼬鲨比较起来，它们算是百分之百的捕食类动物，比较不属于食腐动物。它们的食性广泛，包括多骨刺的鱼类、其他鲨鱼、海龟，还有以人类的眼光来看非常奇异的食性——吃海洋生物中的哺乳类动物，例如海豚、海豹、海狮。

寻找大白鲨的最好地方是海豹与海狮繁殖地带的较冷水域，例如加利福尼亚州的法拉仑群岛（Farallon Islands）与南澳洲外海的危险石礁（Dangerous Reef）。大白鲨之所以危险，是因为它们不管是海洋哺乳类动物还是游泳的人类都一视同仁。身着橡皮衣的潜水员或脚踏冲浪板的戏水者，只要双臂外伸，在鲨鱼眼里就与海豹或海狮无异。大白鲨看到猎物之后，就像看到常吃的食物，先闻一下，认定没错，便以每小时 40 公里以上的游速冲上前去。在最后一刹那，双眼回翻，避免因回震的力道造成伤害，张开原本硕大的巨嘴，抬起头，伸出深喉巨嘴上的牙齿，咬上去，停一秒钟，然后放开，等待猎物失血而死。在这段时间，它就在附近回游。这个紧急关头，救生员往往可以救回伤者而能安全返回。

多年来，我为大白鲨扑朔迷离的行为而着迷。过去有一段时间，大家对关于鲨鱼的博物学所知有限，它们既让人谈之色变，也受人崇拜。鲨鱼是海洋中十项全能的金牌得主，具有天生猎杀大型动物的速度与力气，在大海中能长途巡弋漫游。大白鲨的成鱼体型极大，已知最长的有 7 米，重达 3300 公斤，双眼大得不成比例，可适应常在黑暗水域捕食的习性。大白鲨有如典型游泳好手远洋鲔鱼：鱼身呈纺锤形，肌肉结实，有着潜水艇破浪舰首一样的外突鱼吻。沿鱼身两侧到后背脊，引水平分流过身躯，强劲的鱼尾左右摆动。嘴内有平行的数排三角形尖齿，半张的嘴内有满口獠牙，潜水者还自认为那是大白鲨见面打招呼的方式呢。海水不间歇地灌入嘴内，穿过鱼鳃，这种有如喷气推进的引擎，吸收大量的氧气，补充活跃的巨大身体所需。大白鲨是温体动物，所以能在全球较冷的水域巡弋，从海面到 1300 米的深海中觅食。

博物学家爱德华兹（Hugh Edwards）于 1976 年在西澳洲的奥尔

巴尼（Albany）鲸试验站外海的鲨鱼栅笼中观察大白鲨群之时，看到一只巨形大白鲨在笼外 2 米处浮游。他事后写道：

> 人的一生总有些令人难以忘怀的事，成为生命旅程的纪念碑。那次与大白鲨之遇，便是其中一桩。就在它现身的片刻，大白鲨的一举一动深深地蛊惑着我——黑如暗夜的双眼，巍峨的身体，微微发光的长裂鳃，大机翼般的胸鳍，尤其是它在水中的雄姿、在水中的自在平稳，传达出一股强韧有力与慧智的信息。能目睹大白鲨实乃天赐良机，是人不可强求之事。大白鲨真是强壮硕大而美丽的动物，这活生生动物的生命力与神勇之风仪，不是死鲨鱼或借他人之口可以传达的。那天面对面的数秒间，远超过数年的传说以及由图片与勉强架起的尸骨标本得来的见闻。

待我们弄清楚这种存在已久的鲨鱼模样之后，我现在就主张，如果时间足够长的话，鲨鱼的进化会再调整，改进并加强其适应类型，创造最大的辐射分布。从解剖上和生物学上看，与鼬鲨及大白鲨极不同的鲨鱼便是达摩鲨（Isistius brasiliensis，或称丰神鲨）。达摩鲨不是一种捕食性动物，事实上是一种寄生在海豚、鲸、金枪鱼甚至其他鲨鱼类身上的动物。鱼身不过半米，状如一根雪茄，下颚有一排弯弯的巨齿。它咬住捕食者的身体，撕下 5 厘米宽的圆锥形连皮带肉的长条。多年来，海豚与鲸身上的圆形疮疤，我们误以为是它们感染到各色各样的细菌或若干未知的无脊椎动物之寄生生物的结果。直到 1971 年，发现这种小鲨鱼的真实食性后，才揭开真相。达摩鲨也有攻击核潜艇的记录，咬没有营养价值的声呐头上与水听器外的合成橡胶膜。达摩鲨让我产生了一些灵感，我称之为一种"完整适应辐射的测验"：某现存的物种专门取食该类的其他成员，即相同适应辐射的

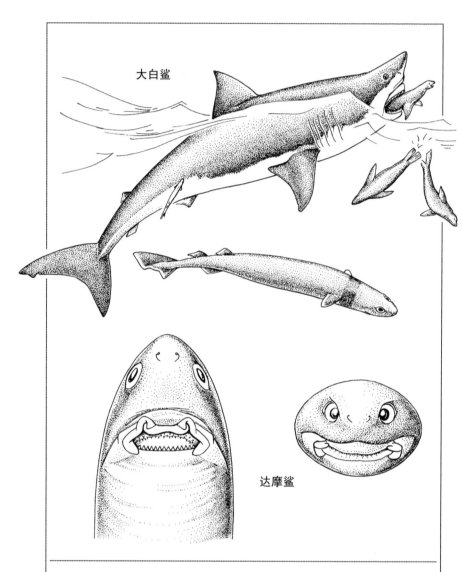

大白鲨

达摩鲨

鲨鱼类的适应辐射历经极漫长的时间，例如本图中的大白鲨，专吃大量的海豹与其他海洋哺乳类动物。另一种长相古怪的鲨鱼是达摩鲨（或称丰神鲨），是一种寄生生物，专门从海洋哺乳类或其他大型鱼类的身上撕下一条鲜肉来吃，而不会害死寄主动物。（莱特绘）

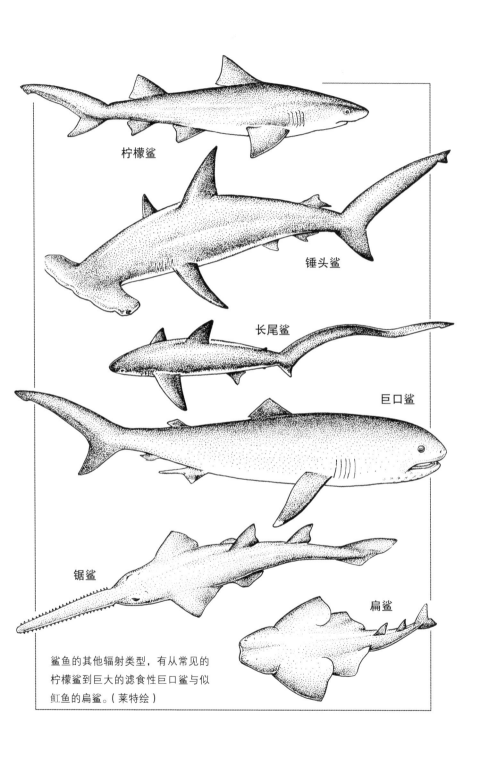

柠檬鲨

锤头鲨

长尾鲨

巨口鲨

锯鲨

扁鲨

鲨鱼的其他辐射类型，有从常见的柠檬鲨到巨大的滤食性巨口鲨与似魟鱼的扁鲨。（莱特绘）

其他产物。

另有一种同样独特但往不同方向进化的鲸鲨（Rhincodon typus）。鲸鲨是一种大型鲨鱼，在近海海面静静地巡弋，像长须鲸一样，筛吞大量的桡足亚纲的介壳类及其他小型浮游生物。鲸鲨长 13 米，体重达数吨，可能是有史以来最大的动物了。而相反，体型最小的鲨鱼是乌鲨（Etmopterus virens），长不过 23 厘米，有如大型的金鱼。

现存其他主要的辐射类鲨鱼有：

虎鲨类：例如宽纹虎鲨（Heterodontus japonicus），为近海的底栖鲨鱼，靠其坚硬臼齿状的牙齿取食软体动物。

皱鳃鲨类：例如蛇形皱鳃鲨（Chlamydoselachus anguineus），为深海性，体形与鳍似鳗鱼，齿如鱼钩。

扁鲨类：例如扁鲨（Squatina dumerili），贴在海底生活，外貌酷似魟鱼，不像一般鲨鱼，但在解剖构造上是鲨鱼。

长尾鲨类：例如狐形长尾鲨（Alopias vulpinus），是大型远洋类鲨鱼，有时成对，并用鞭状长尾从下往上突袭较小的鱼类。

在大海中遨游的必然还有许多不知名的鲨鱼，其中有些必然体型相当巨大。这种推测是根据 1976 年发现巨口鲨（Megachasma pelagios）的消息。第一只巨口鲨标本是美国海军在夏威夷外深海中，被用作海锚的货物降落伞纠缠住而拖上船的。那只巨口鲨几乎有 5 米长，750 公斤重。最让海军与鱼类专家吃惊的是，它居然是当时尚未见过的鲨鱼。其后又遇到 4 只巨口鲨，其中 2 只在加利福尼亚州外海的刺网中被捕获，另 2 只分别被海水冲到日本与西澳洲的岸边。

巨口鲨的解剖构造与已知的鲨鱼差异极大，因此只好归属一个新科，即巨口鲨科（Megachasmidae）。该科的最大特征是具有一个极巨大的咽喉，用来吸水及过滤桡足亚纲的动物（例如磷虾与其他小型浮游动物）。巨口鲨因而与北海的其他鲨鱼如鲸鲨和姥鲨属于同种。其身呈圆锥形，肌肉松软，双眼小，行动僵硬而迟缓。稍有动静便立刻潜入深海。其上下颚覆盖着一层银白色珍珠光泽的光亮内层，可能是一种鸟粪碱或反光性残屑的沉积。

当洛杉矶的巨口鲨被刺网缠住时，潜水研究员便把追踪器植入其体内，并且在海岸追踪两天。其间该鲨鱼在夜晚是回游于海面以下 10 到 15 米间，白天则潜到 200 米深的深海区。这类上下垂直迁徙行为，是深散射层鱼类利用声呐的标准方式，该层有浓密的海洋生物，每天 24 小时在上下水层循环迁移着。巨口鲨怕受惊扰白天深潜，与观察时间难以配合的行为，或许就是它为什么迟迟不为人所知的原因。

我在本章开始时，用改朝换代比喻适应辐射分布的交替，其实指的是自然平衡的现象。在这个概念下，两个近似物种建立的朝代是难以并存的。由于受到有机体多样性的限制，所以当某群物种辐射分布到地球的某地域时，另一群唯有退缩一途。因为进化具有惊心动魄的本质，自然平衡不能视为生物学的一个定律，但至少可以视为一种具有统计学趋向的法则：占优势的扩张群会取代共同栖息地内生态相似的其他群类。

一群轮替他群的过程很少是一战而定江山的，而几乎是一种拉锯战，新的一群逐渐攻占旧的一群的领域，一步一步地包抄竞争敌手，一物种一物种地消失。旧朝代被歼灭，在气候变化或食物短缺时往往更易发生。哺乳类动物的兴起与恐龙之式微，虽是教科书的案例，但是珊瑚类、软体动物类、始祖龙爬行类、蕨类、针叶树类及其他物种，战败后的大灭绝事件也不胜枚举。那些初得胜者占据了对手腾出的生态区位。这正如夏威夷的管舌鸟与维多利亚湖的丽体鱼攻占新创造的环境一样。它们的成功是全球性的现象，并不局限于海岛或湖泊。

现在我们面临了"自然平衡"含义这一有趣问题：如果两个同样处于鼎盛时期的物种阵前对垒之时，鹿死谁手？如果我们有像造物主的地质年代那么长久，能有时间幸运地目睹这一幕大战局，那么这幕戏的开场是先把地球分隔为两个地域，每一地域自有其独自发展的适应辐射的动植物。这样两个国度的主要物种在生态学上是旗鼓相当的；然后，两国之间架起桥梁，以便互通往来，再静观其变。当两地生物相遇鏖战，甲地的生物会不会弭平乙地的生物？或者其中之一的生物区系占领全地区？

三个大陆板块上的哺乳类动物

这幕戏其实在最近的地质年代里就上演过，我们可以通过比较化石与现存的物种，推演出许多情节。250万年前巴拿马地峡隆升，露出海面，南美洲的哺乳类与北美及中美洲的哺乳类相遇。这时我应先说明现在的全球哺乳类，基本上是"三"群巨大适应辐射下的产物。其原因是哺乳类需要整个大陆，以繁殖成某哺乳类的辐射分布。

对昆虫而言，一个岛屿便够了。甲虫类已在南大西洋的圣赫勒拿岛、南太平洋的拉帕岛、印度洋的毛里求斯岛四处繁衍。如果无法飞翔的哺乳类（它们可能不会比人类还早登岛）抵达这些小岛屿，能否繁衍实在令人怀疑。因为哺乳类动物（即使是鼠类）的体型实在太大，行动太快，需要的活动范围太广。要是能达到像管舌鸟或丽体鱼那么大规模的适应辐射，哺乳类动物便需要大陆那么广大的地域才行。

能全然展现哺乳类适应辐射的三个大陆板块中的第一个地域便是澳洲。以生物地理学而言，澳洲算是一个极大的岛屿，自从与冈瓦纳古陆（至少2亿年前）分裂出来后，便与世界其他陆地隔离成为孤立的岛屿。

　　第二个面积足够大、足够供哺乳类动物发生适应辐射之陆地便是"世界大陆"，由非、欧、亚、北美等洲构成，可南至偏远的墨西哥南疆。这世界大陆在过去6500万年间的"哺乳类地质年代"，差不多可以说是连通的大陆，因为各洲靠得相当近，可让许多动植物从此处迁徙到彼处。其中隔离最远的北美洲，在早期的哺乳类动物时代，也可经由现在的格陵兰与北欧的斯堪的纳维亚与欧洲相通。阿拉斯加与西伯利亚东北部地区，在最近1万年前，借着陆桥也时断时续地连着。

　　哺乳类动物进化的第三个大陆中心区便是南美洲，也是在冈瓦纳古陆破裂之际分离开的，并向北方漂移而成，最后在250万年前与北美洲及中美洲相连接。

　　很多人误以为世界大陆的哺乳类动物是"典型"与"真正"的哺乳类动物，这只是我们早已耳濡目染与日日相处的缘故，反而认为澳洲与南美洲的哺乳类动物是自行进化而来的。

　　目前澳洲（在人类未出现前）的特有种哺乳类动物由三大类组成：第一类是卵生哺乳类，即单孔类（monotreme），是古老的、大部分为接替辐射现象的产物，是带有早期生物遗痕的生物，例如鸭嘴兽与针鼹。前者具有水栖生物的外貌，好像由鸭头与有蹼足的麝香鼠身体拼凑而成；后者陆栖生物，像极了食蚁兽般圆柱形长鼻吻的刺猬。

　　第二类是胎盘哺乳类，将幼雏用胎盘连着放在子宫内怀育。这类虽是较新的移入者，却已占了总数的三分之一，包括为数众多的蝠类与啮齿类。它们距祖先最近，是越过印度尼西亚进入北澳洲的跳岛动物，现在已快速地分布在澳洲的许多地带。

　　第三类澳洲的特有种动物是有袋目哺乳类（Marsupial）动物。该动物出生的幼儿还是小小的胎儿，然后将之放在腹中囊袋里继续怀育。这第三类动物群的亲缘祖先，还曾经是世界大陆动物群的大宗。表一是两大陆（澳洲与世界大陆）的主要哺乳类动物及其生存的适应类型。

表一 澳洲与世界大陆主要哺乳类动物及其适应类型

澳洲的有袋目哺乳类动物	世界大陆的胎盘动物	适应类型
花斑肥足袋小鼠 （Parantechinus apicalis）	鼠类	体型小、行动隐秘的 杂食性动物
中澳袋跳鼠 （Anthechinomys spenceri）	跳鼠、袋鼠	沙漠地区的"跳鼠"； 在澳洲者吃昆虫
兔袋狸 （如 Macrotis lagotis 等）	兔	有长而会跳跃的后 肢；吃禾草与其他植 物；若干为杂食性
黑尾袋鼬或食鱼袋鼬 （Dasyurus geoffroii 与 D. viverrinus）	小型猫科动物	掠食小型哺乳类、爬 行类、鸟类
松鼠小袋鼯 （Petaurus sciureus 等）	鼯鼠	树栖，用身侧的薄膜 滑翔；多为食素类
食蚁兽（袋食蚁兽） （Myrmecobius fasciatus）	食蚁兽类	用修长、可弯曲的黏 舌，专食蚁类
树袋鼠 （Dendrolagus lumholtzi 等）	狭鼻类猴	树栖，多为食素类
袋鼹 （Notoryctes typhlops）	地鼠	地下活动，专食昆虫 与蠕虫
袋熊 （Lasiorhinus krefftii 等）	土拨鼠	隐秘性、打洞的食素 动物
大袋鼠 （Macropus robustus 等）	马、羚羊和其他 有蹄类	用凿刀状前齿及宽平 臼齿，啃食地上草类
袋獾 （Sarcophilus harrisii）	熊貂	捕食小型动物
袋狼 （Thylacinus cynocephalus）	狼、大型猫科动物	捕食袋鼠、其他哺乳 类及鸟类

南北美洲大交流

舞台布置妥当之后，我们的戏就可以上演了。

哺乳类动物在南美洲出现大辐射现象，如在澳洲一般，其与世界大陆动物群的趋同性（convergence）更是相近。但是我们对那些长相相似的物种相当陌生，如弓齿兽类，有袋猫、后弓齿兽（南美更新世长颈、三趾的哺乳类动物，现已灭绝。——译者注）、雕齿兽等，这是因为几乎没有人在它们活在地球上的时候亲眼看到过。它们约在巴拿马陆桥升起与世界大陆动物群涌向南美洲的时代开始灭绝的。没被灭绝的幸存种也无法如北方的入侵者一样快速地繁衍增殖。在这次交流中，北美洲与中美洲的动物进入南美洲者较南方北进者多。

在这所谓"美洲大交流"（Great American Interchange）中，陆地生物往返大迁徙，南美洲的古老特有种动物，可归纳成两次辐射与部分灭绝浪潮：第一次辐射发生在中生代末期（约在7000万年前），鼎盛期在其后的4000万年。这类古老的哺乳类物种，其实在中生代早期就已兴起，是属于冈瓦纳古陆孑遗的早期生物。那时南美洲仍然靠近非洲与南极洲，是恐龙鼎盛的时代。等到恐龙影响力顿失之际，哺乳类动物便开始扩张，占据了恐龙弃守的生态区位。

在禾草地域分布着滑距骨类动物（litopterns），长得有如世界大陆的"真"马类，是马科的成员，与人类相处进化成亲密的关系。滑距骨类动物具有完全发育的蹄与啃食地面禾草的头颅，这方面的特化发育比马科动物还早。其他的滑距骨类动物就比较像骆驼。弓齿兽外貌比较复杂，类似犀牛、河马等动物，其中门兽（astrapothere）与焦兽（pyrothere）勉强像貘与象。一种小型有袋类食素动物Argyrolagids很像大袋鼠，一对大眼睛却长在脑后，用弹簧般的后肢跳跃。袋鬣狗（Borhyaenid）类似地鼠、鼬、猫、狗之类的动物，是其他哺乳类的主要猎食动物。一种长有尖锐牙齿的有袋猫（Thylacosmilus）酷似世界

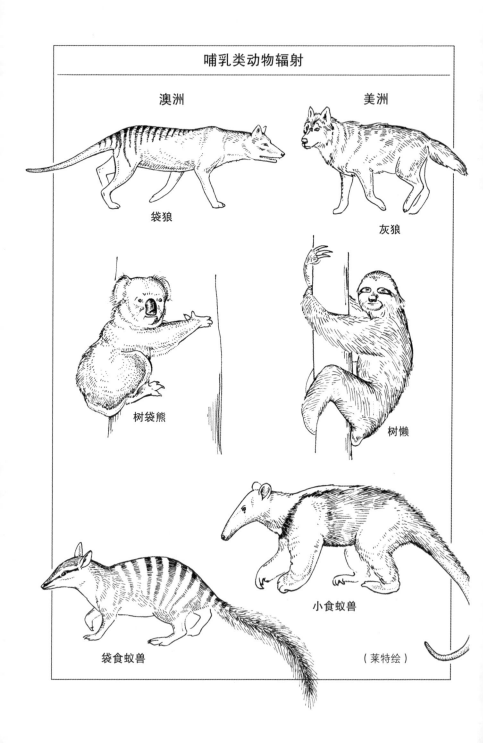

哺乳类动物辐射

澳洲

美洲

袋狼

灰狼

树袋熊

树懒

小食蚁兽

袋食蚁兽

（莱特绘）

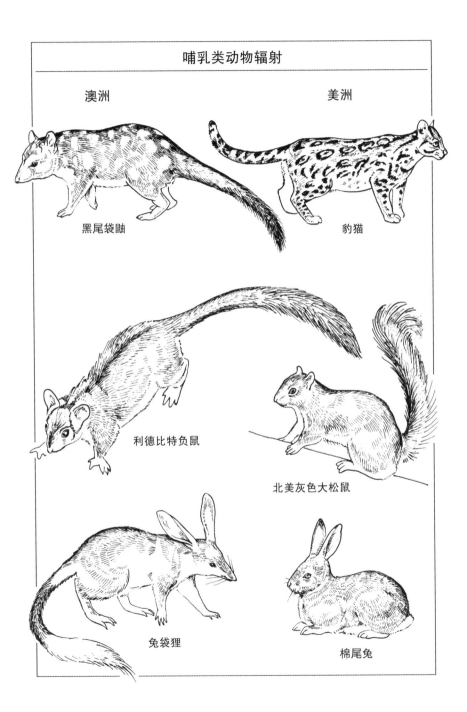

哺乳类动物辐射

澳洲　　　　　　　　　美洲

黑尾袋鼬　　　　　　　豹猫

利德比特负鼠

北美灰色大松鼠

兔袋狸

棉尾兔

大陆动物中之剑齿虎。

旧南美洲的食素类动物大多属胎盘类，食肉类动物都为有袋类。考古学家不知其原因何在，也不知道为什么澳洲的哺乳类多是有袋类动物，而世界大陆是胎盘类动物。这或许有如抽奖中签的幸运吧：先进入主要适应性地带的物种，先行辐射分布与抢先占领盘踞，摒除后来的物种。利用大陆的数目来求证所拟的三大类假说，我们可能永远无法得悉其真实性（因为我们受限于只有一个地球行星、少数几个大陆，而进化生物学发展受限于群岛）。

约在 3000 万年前，一个漫长、迂缓的第二次适应辐射浪潮逐渐向南美洲推进，这一次是以北方岛屿为跳板进入南美洲的。那时的南北美洲之间，仍然隔着一条宽广的玻利瓦尔海槽（Bolivar Trough）。现代的中美洲就是由此海槽上散置的岛群，以及由西印度群岛往东漂移而组成。少数哺乳类动物能够从这些岛屿，最终逐一地登上南美洲。这些跳岛动物包括了早期类猕猴的灵长目，而后繁衍成吼猴、蜘蛛猴、狨猴、绢毛猴、青猴、悬猿、狐尾猴及其他树栖动物。其中有许多动物有握尾，便是新大陆物种的明证（即如果猴子可用尾巴悬挂身体，便是来自美洲热带地区的物种）。这第二次浪潮中较为成功的物种便是古代的几内亚野猪、山绒鼠、豪猪及全球最大的啮齿类马脸水豚。

回到过去的南美洲

"日光如白驹过隙"，如果我们可以回到新生代的南美洲稀树大草原，那时的南美洲仍然环绕在海峡与汪洋之中，我们可能还以为到了现在的某个非洲国家公园内做狩猎之旅呢！双眼所及的是有点变形与失焦的景象，有如散光透镜下看照片内的景物一般，然而这似乎

"相当"正常。

旭日东升的清晨，假设我们来到一个湖边，将视线逐渐穿过镜头，眼前展现的植物群景象与现代的稀树大草原相似。湖中有只像犀牛的动物，半身浸入水中，一面啃食着，一面涉过有水草的湖泊，岸边有只略像鼬的大型动物，拖着一只古里古怪的老鼠走进灌丛，没入地洞中。一只有点像貘的动物，立在地上一动不动，站在附近灌丛的阴凉处。高草处的一只像猫科的动物，突然扑向一群不知是什么，有点像马群的动物。它的嘴张成一百八十度，外露出锋利的犬齿。那只像马的动物惊慌失措，四处乱奔。其中一只被扑倒在地，然后……

古代南美洲的这一幕原野幻景，实在令人难以想象，因为这些哺乳类动物与世界上其他地方的动物全然没有关系。它们是从这种复制的超级试验中进化出来、出自不同谱系的各类物种，但与现代世界上的动物具有相同的行为。

如果你想追究的动物已经与世隔绝了一段长长的时间，而且你也愿意定下一个宽松的标准，定出动物解剖结构与生态区位的相似度，进化就变成可以预期的了。然而，层出不穷的意外总是不能避免。回到新生代的南美洲，我们回头看到断裂的树枝重重地坠落到地面上，被大型动物撕下吃掉了。我们以为是成群的大象，不料却是在地上活动的一群树懒。树懒体型硕大，行动笨拙，全身披挂着红色的厚绒毛，用爪钩的双手折下树枝，像鸟的头颅啃食其上的嫩枝叶。它们填补了象群的生态区位，却用着不同的取食工具。

现在，有一桩令人目瞪口呆的景象发生了。一只恐鸟（Titanis）出现在眼前，它是一只不会飞翔的食肉鸟类，站着就有 3 米高，鹰样的头颅上配着一个硕大的鸟喙，喙长 38 厘米。如顽皮的鸵鸟踩高跷般轻步飞奔。头颅左晃右摆地寻觅大如鹿般的猎物。恐鸟只是鹤形目步行鸟类中体型最硕大的动物。除了恐龙时代早期进化的动物外，哺乳类从来没有面临过像恐鸟之类的捕食动物。在南美洲地区，恐鸟及其近亲必定是袋鬣狗与其他肉食性有袋类动物的大天敌。因为生理解剖学家认为鸟类全都是恐龙的直接后裔，所以恐鸟应该非常接近恐龙（虽然这推论有点过分），那么恐鸟的存在便可以说是爬行类动物统治地球的最后一声回响了。

自然平衡的存在

　　恐鸟类、锐齿有袋猫类、弓齿兽、犀牛类——所有这些动物灿烂一时的云集，如烟消云散般一去不复返了。我们永无机会骑在滑距骨类动物的身上，也不会在动物园中用花生米喂着长鼻焦兽了。生物学的历史是许多因果事件交集的洪流，原则上是可用合理的逻辑串联起来的，然而突发的意外会弄乱所有的情节。在不到 300 万年之前，当玻利瓦尔海槽消失、巴拿马陆桥在南北美洲的中央隆升之际，最后一次哺乳类动物的迁徙浪潮快速地涌向南美洲。世界上许多大陆哺乳类动物，在玻利瓦尔海峡隔绝了数百万年之后的现在，只要轻易地抬步，便可进入南美洲。其中有些沿着草原的通道进入，当时这些草原是往南分布，沿着安第斯山脉东坡直抵阿根廷。

　　南侵之举异常成功，因之今日我们熟悉的南美洲的许多哺乳类动物，是源自地理上近代的世界大陆，包括美洲虎、小豹猫、虎猫、西貒、貘、长鼻浣熊、蜜熊、薮犬、大水獭、羊驼、骆马、驼羊以及近代灭绝的乳齿象。南美洲的特有种动物往北方迁徙，有一段时间，北美洲是大树懒、犰狳、小袋鼠、雕齿兽、豪猪、食蚁兽与弓齿兽的家乡。恐鸟一直分布到佛罗里达州。

　　美洲大交流形成一段时间后，南北美洲哺乳类动物的多样性大增。先谈谈科的分类数目，哺乳类的猫科、犬科及其亲缘、鼠科，当然还有人科（人类）等例子。大交流之前的南美洲哺乳类动物有 32

科，地峡相连后增至 39 科，然后降到现在的 35 科。北美洲的动物群史也相似；美洲大交流前约有 30 科，后增加到 35 科，又下降到 33 科。横跨两洲科的数量大约相等。

生物学家知道，受到干扰后数量会增加，然后再跌回原来的状况，无论是体温、玻璃瓶中的细菌或者大陆的生物多样性都有这种现象。生物学家猜测有一种平衡存在。北美洲与南美洲哺乳类科的数量的恢复，表明是有一种自然平衡的存在。换句话说，多样性似乎有其一定限度。也就是说，非常相似的两大类生物，其充分辐射的环境是无法同时共存的。再仔细研究两大洲的生态相当类群，凡栖息在相同的大面积生态区位的生物，均可强调此结论成立的可能性。南美洲的有袋类大型猫科动物与较小型的有袋类被猎动物，为与胎盘类相当的类群所取代。弓齿兽被貘与鹿取代。然而，有若干特殊的特化动物——即不按牌理出牌的——仍然能持续活着，例如食蚁兽、树懒、猎猴继续在南美洲繁殖着。尤其犰狳类（亦为食蚁类动物。——译者注），不但在美洲热带为数极多，其中有一种还往北分布到美国南部。

一般而言，当相近似的生态相当类群交流相遇后，北美洲的动物往往占上风。这些占上风的动物也会达到较高的多样性，这可从属的数量来判断。属是指一群近缘的动物物种，各物种间的差异界定比其所组成的科低。例如犬科的犬属包括家犬、狼与野狼；其他犬科的属有狐属（Vulpes）、非洲野犬属（Lycaon）及薮犬属（Speosthos）。在美洲大交流期间，南北美洲的属数大为增加，此后并未减少。南美洲的哺乳类从 70 属开始，到目前已有 170 属。属的增加主要是世界大陆的哺乳类动物抵达南美洲后新种形成与辐射分布的结果。那些时代先于入侵动物的南美洲哺乳类，无法在南北美洲大量地多样化。所以，西半球的一般哺乳动物有着很明显的世界大陆的影子。南美洲的科与属中有一半是隶属于在 250 万年前从北美洲南迁过去的物种。

成功与优势

那么为什么世界大陆的哺乳类动物会占优势呢？目前无人知晓。答案一直隐藏在化石记录内、支离破碎的复杂事件之中，相当于古生物学家的战争迷雾。摆在我们面前的疑问未曾消失，其中较大的问题是生物世代演替的方向要往何处去。进化生物学家无法自制地不断回到这个问题上来，正如我以前坐在巴西亚马孙的迪莫纳庄园，身处起源于世界大陆的哺乳类动物之中，等待黑夜暴雨的来临，思考"成功"与"优势"的要件是什么。最后再一次回到"美洲大交流"，让我试着重新撰述这两个重要名词，改写成更有用的概念。

"成功"在生物学中是一个进化的概念。最清楚的定义是指某物种及其后裔的族群寿命长度。夏威夷的管舌鸟寿命长度的衡量，可用其祖先似金翅雀物种，从其他鸟种分化之时算起，历经辐射分布到夏威夷，乃至最后一只管舌鸟种灭绝为止的时间。

"优势"则不同，它兼具生态与进化的概念。最好的表示方法是该物种与其他相关类群相比较的相对丰度，以及对周遭生命的相对影响力。优势种往往享有较长的寿命。其族群只因数量较大，在任何地域都较不易灭绝。借着族群数量较大的优势，盘踞的地域也较多。族群增大的同时，该族群的灭绝机会就会下降。优势族群往往能比潜在的竞争者抢先拓殖，进而降低灭绝的危险。

由于优势族群分布到更远的陆地与海洋，其族群势必会分化成更多的物种，以适应各地的生活方式，也就是说优势种更易历经各种适应辐射，例如夏威夷管舌鸟与胎盘哺乳类动物，比只有单一物种组成的群体有更多的资源，就以单纯偶发结果来看，高度多样化的群体能平衡其投资，也可能生存得更久远；如果其中有一种走到尽头，另一占据不同生态区位的物种仍可能继续走下去。

源自北美洲的哺乳类动物，整体上优于南美洲哺乳类动物，结果其多样性更高。在 200 万年的大交流中，北美洲的哺乳类动物所建立的朝代占了上风。为了解释这些不平衡，古生物学家淬炼出一个大致上为人普遍认可的理论，换言之，是一种粗略的同意，忽略事实上少数的情况。他们认为，北美洲的动物群不像南美洲的动物群那么孤立与隔离，北美洲的动物群不但过去是，现在仍是世界大陆的一部分，延伸到新大陆以外的亚、欧甚至非洲大陆。世界大陆是两个大陆板块面积最大的一块，考验过更多进化生命的物种，形成了更强的竞争者，对捕食动物与疾病有更完整的防御力，这些优点使得其物种除在肉搏中得胜外，也用渗透术取胜：其中无疑有许多个体，能够渗透到种族稀少的生态区位内，然后迅速地辐射与占领。利用正面战胜及背后渗透术这两招，世界大陆的哺乳类生物取得排挤其他动物的优势。

对这个理论的测试刚刚起步，是与非，得视是否能得到实验观察上的支持而定，这一研究本身就有望以一种新的方式把古生物学、生态学与遗传学结合在一起。这项跨领域的工作将会继续下去，因为生物多样性的研究已经展开了，从追根究底的研究，到逐渐扩张到其他学术领域与其他生物学各组织层次，以及更久远的时间。

第八章

未探勘的生物圈

THE DIVERSITY
OF LIFE

—

The

Unexplored

Biosphere

—

胄甲虫与伴随它们的细微生物，

凸显了我们对生物世界

甚至是对我们自身生存所必需的部分

所知多么地微小。

我们住在一个大体尚未被探勘的行星上。

1983 年，人类发现了一种前所未知的生物 Nanaloricus mysticus（暂译"微胄虫"）。它有几分类似于会走动的菠萝，为动物界的新门、新纲、新科、新属与新种。它形如酒桶，仅四分之一毫米长，浑身披覆一排排整齐的鳞片与尖刺，前端有一尖嘴，幼虫时在身体末端有一对企鹅翅膀状的肢。

　　微胄虫分布在全球海底 10 米至 500 米深的碎石与粗沙粒之间。我们对它的生态与行为几乎一无所知，但是从它的体型与甲胄判断，应该像鼹鼠一样钻洞捕食微小的猎物。

　　把一种物种安置在它自属的门，是丹麦动物学家克利斯坦生（Reinhardt Kristensen）的决定，诚属一项勇敢胆大之举。他宣称（而其他的动物学家也同意）微胄虫在解剖结构上非常特异，足以和其他大分类单元，如软体动物门、脊索动物门并列；这样做，就像是把列支敦士登（阿尔卑斯山脉上的小公国）与德国、不丹与中国相提并论。克利斯坦生把此新动物门命名为"Loricifera"，源自拉丁文"lorica"（古罗马胸甲）与"ferre"（具有）两词的组成。此处的古罗马胸甲是指包裹全身的角质披覆。

　　胄甲虫类（loriciferans）是现今一个较大的族类，因为过去 10

年间发现了约 30 种物种，与一群其他微小怪异的动物共栖在海底沙粒与碎石间的空隙中。这些动物包括颚口纲（gnathostomulida，1969年提升到门的分类地位）、轮虫、动吻纲蠕虫（kinorhyncha）以及头虾甲壳类（cephalocarid crustacean）。我们对这些小人国般的动物群所知实在少得可怜，以至于大半物种尚无科学名称。然而它们的分布极为广泛，而且为数极多，同时几乎可以确定其对于海洋环境健康的运作极为重要。

地球上有多少物种？

微胃虫类与它们微小的生物群之发现，正说明了我们对于这有生命的世界，甚至是我们生存必需部分的世界，所知甚为有限。我们居住在一个大体未经探勘过的行星上。想想看，我们的地球是有一定大小的行星，它的大陆与海洋有其分布的方式，然而地球上的所有生命都基于单一的核酸编码，正如所有英文都源于 26 个字母一样。苍穹之内，势必还有其他不同大小的浩繁行星，有不同的地理特征，甚至或许有不同的编码的生命，各项组合造就了特殊的自然生物多样性。包括生物适应辐射历史在内的若干证据，显示地球已达到或已接近其自身特有的容量。至于这种容量的最大限量是多少，却没人有最起码的概念，这是科学上一大未解之谜。

在物理量度的领域中，进化生物学远远落在其他自然科学之后。某些数字在我们对宇宙的一般性了解中颇为重要。地球的平均直径是多少？是 12742 公里（7913 英里）。一般的银河系有多少恒星？大约是 10^{11}，即 1000 亿个。一个小病毒中有多少基因？（在 ϕX 174 噬菌体中）有 10 个。一个电子的质量是多少？是 9.1×10^{-28} 克。那么地球上有多少生物物种？我们不知道，甚至连精确的位数都不知道。

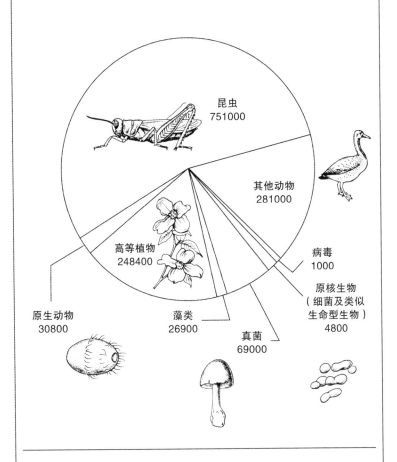

目前所知现存的物种总数

（以大类分区）

物种总数：1413000

昆虫
751000

其他动物
281000

高等植物
248400

病毒
1000

原核生物
（细菌及类似
生命型生物）
4800

原生动物
30800

藻类
26900

真菌
69000

昆虫与高等植物主导目前的已知生物的多样性，但是大量的细菌、真菌及其他未知的种类有待发现。所有物种总数应在 1000 万至 1 亿之间。

目前所知现存的高等植物物种总数

（以大类分区）

高等植物物种总数：248000

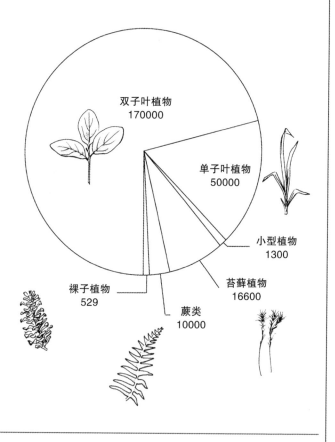

双子叶植物
170000

单子叶植物
50000

小型植物
1300

苔藓植物
16600

裸子植物
529

蕨类
10000

全球植物的多样性主要由被子植物（开花植物）构成，包括草类及其他单子叶植物与种类浩繁的双子叶植物（玉兰科、菊科、蔷薇科）。开花植物多分布在陆地，海中植物主要为藻类（已知有 26900 种）。

目前所知现存的动物物种总数

（以大类分区）

动物物种总数：1032000

双翅目
98500

鳞翅目
112000

其他小型昆虫目
65500

蛛形纲
73400

其他节肢动物纲
50000

膜翅目
103800

哺乳类
4000

其他脊索动物门
38300

鞘翅目
290000

多孔动物门
5000

腔肠动物与栉水母
9000

扁形动物门
12200

线虫纲
12000

等翅目与半翅目
82000

小型动物门
9300

棘皮动物门
6100

环节动物门
12000

软体动物门
50000

科学上所知的动物之中，绝大多数为昆虫。因为这种失衡比例，大多数的动物栖息于陆地上；然而最高分类单元的门（棘皮动物门等），大多分布于海洋。

可能接近 1000 万或高达 1 亿种。每年都可发现大量的新物种，而已发现的物种中，有百分之九十九仅具有一个学名而已，每个博物馆只珍藏着几件标本，科学刊物也只有几则解剖结构的描述而已。令人不解的是，科学家发现了某一新物种时还会开香槟庆祝。我们的博物馆虽然搁置着许多新物种的标本，却没有时间描述它们。

在一些生物分类学家的协助下，我最近估算已知生物的物种数（包括所有的植物、动物及微生物）是 140 万种。由于若干生物物种的界定太不明确，而关于多样性的文献编排往往又太紊乱，使得物种数很可能有 10 万的出入。更确切地说，进化生物学家大都同意，这个估算数还不及地球上实际生物的物种数的一成。

昆虫王朝

要了解生物多样性的核算数量为何远远低于实际数量，只要举节肢动物门（包括所有昆虫、蜘蛛、甲壳类、蜈蚣与具有分节与几丁质外骨骼之类动物）为例，就可以想象了。已有记录描述的节肢动物有 87.5 万种，此数占所有已知生物物种的一半以上。其中特别是昆虫，已知有 75 万种，组成了陆地上小到中小型动物的无敌王朝，这王朝是在 3 亿多万年前的石炭纪开始建立的，在过去 1.05 亿年里，与植物王朝（被子植物或称开花植物类，总共约有 25 万种物种，约占所有已知生物物种的百分之十八）共同统治着陆地疆土。

昆虫与开花植物两者有这么大规模的多样性并非偶然。这两大王朝由许多复杂精致的共生关系联系着。昆虫利用植物体，栖息于植物所有部位；植物方面则依赖昆虫授粉与繁殖。归根结底，植物的生命多亏昆虫的活动，因为昆虫松动植物根系附近的土壤，分解植物遗体，提供植物持续生长所需的营养。

昆虫与其他陆地节肢动物是非常重要的，它们若是全都消失了，人类恐怕活不了几个月，两栖类、爬行类、鸟类与哺乳类等动物，大部分也将同归消亡。其后开花植物也多无法生存，关系紧密的森林及其他陆地栖息地的物理结构大部分随之瓦解；换言之，地表会腐烂崩解，植物遗体累积成堆，失水干燥后，切断了养分循环的渠道，其他较复杂的高等植物体也将死净，同时攫走少数残存的陆地脊椎动物。自营性的真菌历经优渥的澎湃繁殖之后，其消亡的速度有如铅锤般下坠，绝大多数物种会灭绝。地球将会回到近似古生代早期的景况，地表上有一层匍匐的风媒植物群，零星散生着几丛矮树与灌木，动物难觅。

因此，我们生存于遍布节肢动物的环境之中，借着它们维系生命于不坠，但我们从未估算过它们的数量。除了有学名的87.5万种之外，尚有极多的节肢动物物种。美国农业部的萨布洛斯基（Curtis Sabrosky）于1952年根据大量送进博物馆的新物种数量，推测尚未为人所知的其他昆虫还有1000万种。

美国国家自然历史博物馆的欧文（Terry Erwin，鞘翅目昆虫专家）于1982年的估计，把数目增加了3倍，认为光是热带雨林中就有3000万种节肢动物，其中绝大多数是昆虫。他认为，大多数物种都麇集在雨林的树冠层，那是枝叶进行大部分光合作用的场所，也是已知动物多样性极其富饶的空间。然而树冠层却在30至40米的高空，树干表面又光滑不着力，上面到处有成群结队、伺机等候叮蜇人类上树的蚁与蜂，所以一直没有一探究竟。

"虫子弹"战术

为了克服重重困难，昆虫学家发明了"虫子弹"的进攻战术。

把速效的喷雾杀虫剂从地面喷送到树冠，笼罩节肢动物，不计生死地把隐匿着的虫子驱离出来，再收集落地的垂死样本。

欧文与他的研究小组在中南美洲所用的特定喷雾法，多半在夜间进行。他们于黄昏时走进林中，选好一棵样树，在树下画出一米间隔的格子网线，交点处摆上有漏斗的收集瓶，瓶中有浓度百分之七十的酒精，用来保存样本。翌日太阳升起之前，树顶风速最低之时，研究人员发动"炮筒"的马达，把杀虫剂喷向树冠。如此持续处理几分钟，然后静候 5 小时，让数以千计垂死的节肢动物纷纷坠落，掉进漏斗者为数极众。最后，把收集的样本逐一分类，大约分成几个大类（例如蚂蚁、叶甲虫或跳蛛等），再分别送到各领域的专家手中做进一步的研究。

欧文本人专门研究树冠上的甲虫，他在小面积的巴拿马雨林做若干小样本的计数，然后用数学级数估测全球热带雨林节肢动物的总数。欧文首先估计豆科植物 Luehea seemannii 单一种树，其树冠上就有 163 种甲虫，而且只生活在该乔木物种上。全部的热带乔木约有 5 万种。因此，假设 Luehea seemannii 为代表性乔木物种，栖息于乔木树冠的热带甲虫总数就有 815 万种；甲虫大约占所有昆虫、蜘蛛及其他节肢动物物种总数的四成。假使热带雨林树冠有这种百分比存在，那么这类栖息地的节肢动物就有 2000 万种之多。同时，雨林树冠上栖息的节肢动物的数量，约为栖息于地面的 2 倍，因此热带物种的总数很可能是 3000 万。

欧文的计算是生物多样性研究的一大进展，然而他最初得到的特定数字方式却有点像上下倒置、靠一个点来平衡的金字塔。在计算热带森林有 3000 万种节肢动物的过程中，任何一个步骤，如果稍微改变其前提，所得结果便会大幅度增减。实际的总数与该估算数如果相差 1000 万以内就算是万幸了。

那么全球各地的树冠上，真的栖息着如此众多的甲虫吗？数据非常之少，但是像 Luehea seemannii 这样的豆科植物上分布的昆虫，似乎比其他树种多得多，这使得物种总数要减少数百万。那么在不同地区的同种树上的节肢动物物种是否也一样多呢？许多证据显示，不同地点、同种树上的甲虫种类往往不一样，如此又可能增加总数。在某特定树种上发现的甲虫种类，其中的百分之十是否仅分布在该种树上呢？热带的这类资料确实很少，因为这个变量的变动，又可使总数大幅增减。

史托克（Nigel Stork）评估欧文的估计，并将之与其他从婆罗洲、英国以及南非得来的数据整合后，认为热带节肢动物的总数确实庞大，但可能不如欧文推估的那么多，也许介于 500 万到 1000 万之间。加斯顿（Kevin Gaston）与研究各类别的昆虫专家讨论后，都持慎重保守的态度，也认为物种总数介于 500 万到 1000 万之间。这些与其他研究所揭示的仅是全豹之一斑。从某方面来说，我们又回到了起点：地球上的物种数甚为庞大，但是我们仍然无法确定其正确的位数。

伟大的博物学家兼探险家毕比（William Beebe）1917 年形容雨林的冠层时曾这么说过："还有另一生命的新大陆有待发现，它不在地表，而在地表上 1 到 200 英尺的高处。"

神秘深邃的海底世界

接下来的几十年间，人们发现还有第二个尚未探勘的新领域，那是海面以下 1000 多米深的海底。这个广大的领域有 3 亿平方公里，可能是地球上除了南极大陆的山谷外，最不适宜生物生存的栖息地——温度酷冷，上方的水压极大，并且除了偶尔游过的发光生物的微亮外，漆黑一片。

19 世纪早期的生物学家认为深邃海底是空无生命的。直到

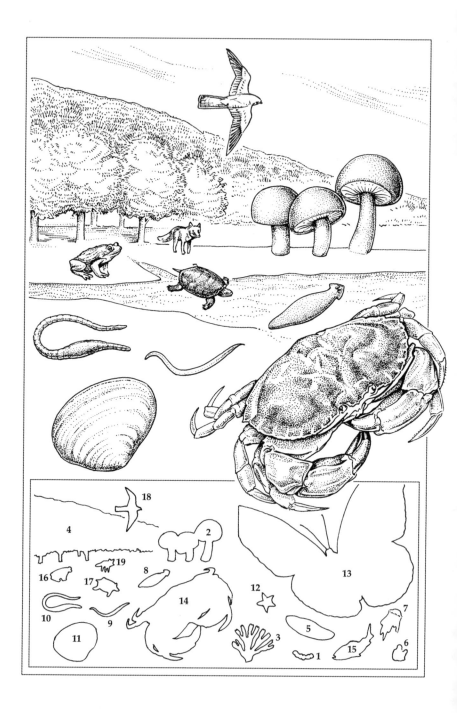

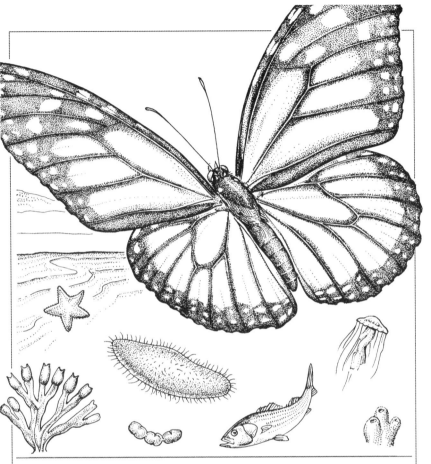

物种景观图。各类生物代表它们的族群大小，根据其在现今科学所知的物种数的大致比例制成此图。其编码与物种数如下所示。病毒与一些小型无脊椎动物省略未计。（莱特绘）

1. 原核生物（细菌、蓝绿菌），4800
2. 真菌，6900
3. 藻类，26900
4. 高等植物，248000
5. 原生动物，30800
6. 多孔动物（海绵），5000
7. 腔肠动物与栉水母（珊瑚、水母、栉水母与其亲缘动物），9000
8. 扁形动物（扁虫），12200
9. 线虫（蛔虫类），12000
10. 环节动物（蚯蚓与其近亲），12000
11. 软体动物（贝介等），50000
12. 棘皮动物（海星与其近亲），6100
13. 昆虫，751000
14. 非昆虫节肢动物（甲壳类、蜘蛛等），123400
15. 鱼类与低等脊索动物，18800
16. 两栖类动物，4200
17. 爬行类动物，6300
18. 鸟类，9000
19. 哺乳类动物，4000

1872—1876 年，"挑战者号"远征深海进行的采捞研究，证实了他们的想法是错误的。所挖起的污泥样本，有各形各色前所未知的生物，因而揭露了分布在海底或近海底的底栖生物群。这是在 1960 年代，因为启用配备细网与采样器的海底表层采泥板，靠着可扣门板来防止扬泥与流失小生物体，取得了重大的研究进展。

从新样本中获知，动物的生物多样性远超过生物学家最大胆的设想。从这些采集的数据、影像记录与较近期深海采样器所做的选择性采样，得悉深海底栖生物有成群的多毛目环节虫、囊虾首目的甲壳虫、软体动物及许多地球他处没有的动物。许多这类无脊椎动物的体型甚小，代谢率极低，个体寿命可能长达数十年。细菌只有在极高压力下的冷水中，始能生长分裂。深海底泥层是一个沉静的微世界，我们虽然无从猜测该处所有的物种数，但是可能有数十万种，甚至更多。葛拉索（J. Frederick Grassle）检查 1991 年以前所有的样本数据后，推测动物物种数可能有数千万。然而由于细菌与其他微生物的多样性，还是无法估计出接近的正确位数。

肉眼看不见的微细生命

从生态的角度来看，雨林与深海底泥的动物，分处于地球的两个极端，也可以说它们是分布在两个行星上。它们栖息的物理环境真是天差地别，其生物区系彼此完全不相属，没有任何一种相同的植物或动物。然而，此两个极端环境的动物多样性，若与地球上所有其他处的细菌相比，又是小巫见大巫了。

一般人往往有一个错觉，认为医药学、生态学以及生物遗传学既然皆如此重视细菌，因此我们对细菌应当是相当了解。事实不然，我们对绝大部分的细菌类别尚一无所知，既无名字，亦无侦测其存在的方法。用两个指头捏起一小撮寻常的土壤，放到手掌心，那是一小堆石英沙粒，包含了腐败的有机物与游离的营养，还有约百亿个细菌。其中有多少种细菌呢？再用针尖挑出百万分之一的泥土，把它均匀地散在有营养物的标准培养皿中。假设这土壤中的每一个细菌都能繁殖，我们可预期在培养基上会出现1万多个小菌落，每一个细菌成长成一个菌落。但是，实际上是做不到的，我们也见不到此景。我们只会得到10到100个菌落。

有些没生出菌落的细菌在放入培养皿前即已死亡，但是大多数只是因为培养基的条件不适于细菌分裂与形成菌落。这些物种与我们之间缺乏沟通工具——它们拒绝对采用标准培养方法的微生物学家做出反应。要在温度、酸碱度、气压适宜且有它们需求的糖类、脂肪、蛋白质与矿物质适当组合时，方可起作用。况且，这些保持沉默的物种，可能只是一撮土里百万细菌中的一两个。要寻找到它们，微生物学家必须一再改试各种培养基与周边环境，直到碰上合适的条件组合，然后一个菌落才会繁殖，还要等到有足够的细菌数，才可供标准显微技术及生化方法来分类与分析。

微生物学家几乎不去寻找还未发现的细菌。他们只对一些已证实具有科学价值或实用价值的少数选定物种群有兴趣。其中，最知名的大肠杆菌（Escherichia coli）是分子生物学试验用的关键菌种。所有生物学入门课本的开始，都不忘称颂从这种生命周期短、容易备制培养基的细菌身上获得多少知识。但是从进化生物学的观点来看，大肠杆菌不过是哺乳类动物大肠中特有的共生菌，能协助将已无营养的食物转换成粪便的菌类。其他代表30亿年来适应辐射扩散的许多物种，却仍然乏人问津。

世界上有多少细菌物种呢？《伯杰氏系统细菌学手册》（*Bergey's Manual of Systematic Bacteriology*）增订到1989年的正式指南，罗列了大约4000种。微生物学家总觉得实际的数目（包括未鉴定的物种）应该远超过此数，但是应该再加 10 倍？ 100 倍？ 近年的研究显示，至少大上 1000 倍，总数有数百万。

高克斯里（Jostein Goksøyr，挪威卑尔根大学微生物学教授）与托斯维克（Vigdis Torsvik）着手寻觅自然环境中未记载的细菌物种。他们选择了快刀斩乱麻的手法，避开选择性的培养技术，直接分离比较细菌的 DNA。他们从实验室附近的挪威山毛榉林中采集少量的土壤，利用一系列萃取与离心的步骤，把细菌从土壤中分离出来，并分离与纯化所有 DNA，再用极高的压力把双股的 DNA 分子剪成等长度的片段。经加热，双股 DNA 分子就会分解为组成它们的单股。

把 DNA 分解成各个单股，就是拆开 DNA 编码的字母（碱基对）。一般的碱基对是腺嘌呤（adenine，A）—胸腺嘧啶（thymine，T），与胞嘧啶（cytosine，C）—鸟粪嘌呤（guanine，G），分别简称为 AT 与 CG。当你解读 DNA 螺旋时，这四种碱基可能出现在各核苷酸的右或左边，因此在读出遗传编码时有四种可能的组合变化：AT、TA、CG、GC。例如有个排序可能是 TA—CG—CG—AT—GC 等，各细胞的如此字母有数千或数百万个。当 DNA 螺旋断裂后，刚才所例举的片段，两个互补单股线可分别读作 T—C—C—A—G 与 A—G—G—T—C。

当温度降到熔点以下，约 25 摄氏度时，分开的单股 DNA 很容易彼此接合成双螺旋；分子生物学家将此现象称作"核酸结合"（annealed）。溶液中互补单股螺旋愈多，核酸结合作用就愈快。如果溶液中混有不同的物种或同物种不同种系时（如挪威土壤中的细菌），则该溶液中可互补的单股 DNA 的浓度，就会低于仅含单一物种 DNA 的浓度，核酸结合的过程也就相对较缓慢。核酸结合的速度可以准确地测定，并且用从某种含已知 DNA 量的单股 DNA 的细菌（一般为大肠杆菌）来标定。利用此方法估计单股 DNA 配对的总百分率，并可以间接估计这整批细菌群落（即一撮土中所有的细菌）内 DNA 的多样性。

DNA 配对百分率可作为计算细菌物种数的间接方法。此时，微生物学家不能直接采用"生物学物种"的概念。因为他们已无法观察那些细菌细胞交换 DNA，这如同挪威森林中有太多的鸟类与橡树，而他们只能依赖某细胞与细胞间 DNA 上的相似度来分类。细菌分类者提出的主观标准为：每个细菌物种包括所有至少有百分之七十相同核苷酸的细菌细胞，因此至少有百分之三十的核苷酸与其他物种的不同。这个比例实际上是很保守的，事实上，许多高等植物与动物物种间的差异，远低于百分之三十。

我在这里费了这么多笔墨在技术细节上，为的是要表示微生物学家所面临的困境，并强调之所以费时旷日才能登入细菌多样性世界的缘由。挪威研究小组的结果为：从山毛榉林取得的仅 1 克的土壤中，就有 4000 到 5000 种细菌。同样的，从 1 克的挪威沿岸浅海沉积土壤中，也有差不多的细菌物种数，并且两地之间几无相同的细菌物种。

高克斯里写道："很显然，下两个世纪内，微生物学家不愁没事干。"假使挪威两个地点取来的两撮样品中就有 1 万多种细菌，那么在其他截然不同的栖息地中还有多少种细菌待发现呢？所以，你应该可以理解高克斯里说的是什么意思了。因此，在深海泥底、雨林兰花的叶腋中、山岳湖泊的浮藻间以及我们忽略的无数栖息地内，必有全新的细菌群有待发现。近年在美国南卡罗来纳州地下很深的含水层钻探作业时，发现 500 多米深处分布着大量的独特细菌。地层不同，细菌的物种互异，探勘初期就发现了 3000 多种类型，且都是科学上的新发现。

较大型生物的体内与体表的细菌与其他微生物，则是另一个未知与待探勘的世界。有些物种是中立的客人，对它们的寄主无利无害。有些则会协助寄主消化与排泄，甚至在它们细微的体内发出化学反应的光。它们非常有用——甚至攸关性命，所以其寄主不但维持若干特化的细胞与组织容纳它们，同时还调整其生理与行为，用各类精巧的步骤，传递着这些共生生物到子代。此现象充分表现在一种介壳虫（Rastrococcus iceryoides）传递细菌与酵母菌的现象上。这些微生物在发育中的介壳虫卵内有精巧的编排设计，非常默契地传递到介壳虫的后代身上。这方面的权威毕克纳（Paul Buchner）对共生现象有精彩的描述：

> 两类共生菌感染同一部位，在成熟卵内上端部位形成一个圆球。当昆虫细胞的胚带靠近它们时，原已结合在一起的两共生菌分开，有趣的是看看寄主如何分别对待它们。首先，寄主只对酵母菌群有兴趣，当卵黄细胞核靠近酵母菌时，快速地从四面八方穿刺它们，此期间的细菌便大量增殖，以不规则的集团滑向胚胎的周边位置，但未与细胞核结盟。酵母菌与细菌不久即行分开。到了两极冒芽之时，细胞周界已形成，并环绕酵母菌，而细菌集团仍然维持原状散布在原生质内各处。

虽然发现了数百件如此特殊的伙伴关系，但是这种现象只是零星散见于各种文献上，而已命名的细菌物种少之又少，描述用词不过是一些如"杆状的"、"泡状的"等形容词。

如要追究我们无知的程度，只要稍微想一想，还未研究过的昆虫有数百万种，而且大多数甚至所有昆虫体内都有特化的细菌。另外，还有其他数百万种无脊椎动物（从珊瑚、甲壳类到海星）情况也都差不多。想想各种细菌类别（是采用 DNA 配对法则判定的细菌物种），它们至少能利用 100 种碳源（如各种糖类或脂肪酸）。然而实际上大多数细菌只能代谢一到数种这类化合物。更进一步地考虑，细菌能很快地进化成能利用这些能源的种系。不同种系甚至不同物种的细菌，很容易彼此交换基因，尤其处在食物短缺与其他各种环境的逆压下。它们的世代极短，在数天甚至数小时，天择便会选择出新的基因组合作用，改向遗传，或许衍生出新物种。

最后再考虑，从林地有机堆积物内任意选择指甲大小、宽约 1 厘米的土地。其上腐朽的碎木屑内有一套细菌形态，以下 1 毫米处洗涤过的沙粒有另一植物群落，而其下 1 厘米处的一点腐殖质内又是另外一批植物。这些就说明了该处有数千细菌物种。倘若现在把这片小森林扩大到整片森林再延伸到地球上所有的森林与栖息地，把这般微细的植物群集合起来，那么未被研究的物种可能有好几百万种。细菌有如分类学上的黑洞等待着生物学家去研究。所以，几乎没有科学家会萌生对所有物种作生物分析与加以利用的念头。

发现哺乳类新物种

随着继续探索自然世界，我们不断地发现新的物种，甚至包括体型最大、最瞩目的生物体。在哥伦比亚麦德林（Medelin）以西，环山雨林的乔科（Chocó）地区，有半数的植物物种尚未被记录，其中有大部分还未被命名。在偏远的山谷与残存的热带雨林中的深处，每年平均可发现两种新的鸟，甚至偶尔也会发现新种的哺乳类动物。1988 年是丰收的一年，发现的新物种有：马达加斯加岛的金冠狐猴（Propithecus tattersalli）、非洲中部加蓬的长尾猴（Cercopithecus solatus）、中国西部山区中的新种黄麂（muntjak deer）。

1990 年，发现了一种前所未知的灵长类动物，黑脸狮绢毛猴（black-faced lion tamarin）。发现地为离巴西圣保罗市外海仅有 65 公里的苏佩拉奇（Superaqui）小岛，发现者米特迈尔（Russell Mittermeier）说："是本世纪最令人惊异的灵长类发现之一。"我还可加上一句："正是间不容发之际，因为这种物种仅剩几十只个体了，

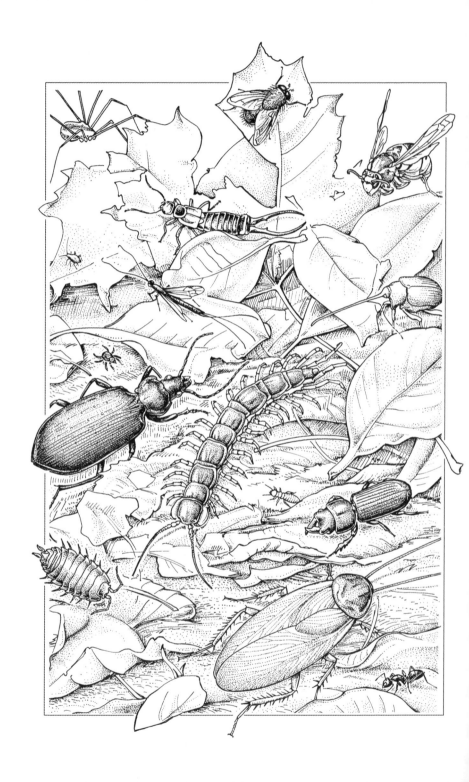

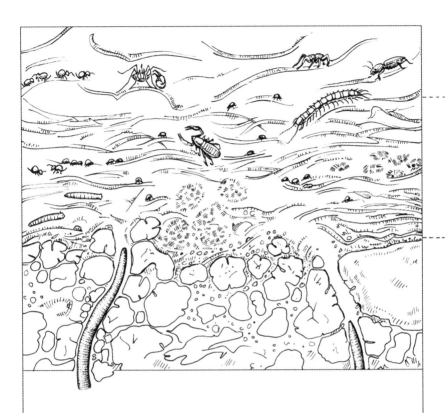

人类惯常以二维空间的角度鸟瞰北美洲的落叶林内所展现的丰富的生命（左图）。这个群落从中央的石蜈蚣的上端算起，顺时针方向的动物为：叉鬃绿蝇、群栖蜂、长鼻橡实象鼻虫、黑蜣虫、白蚁、木蠊、木匠蚁、潮虫、步甲、蜱、姬蜂、蚜虫、蠼螋、大蚊。

如果看落叶与土壤的垂直剖面，并从侧面观察时（上图），则是一个三维空间的世界。落叶松散地堆积在地面上，提供一个干燥、通风的生活空间。在此图中的动物为小圆弹尾虫、小龟形的小盾顶甲螨、大蚊（正在吃蜗牛）、跳蛛、蜈蚣与步甲虫。往下数厘米较密实、较潮湿的腐叶内堆积着节肢动物与蚯蚓的粪便，并分布着更多的弹尾虫与螨、伪蝎（有螯但无刺钩）、两只蛴螬状的大蚊幼虫。再往下是压缩密实的腐殖质与土壤中两条蚯蚓，在其甬道中休息。（莱特绘）

一名猎人可在数天之内令其灭绝。"

就连地球上最大型动物，鲸与海豚的鲸目（Cetacea），我们也并非全然认识。最大型的须鲸类（包括蓝鲸、露脊鲸与座头鲸），1878年确已见于记述。但是，20世纪内还是不断以平均每十年一个新种的速度发现齿鲸类（包括巨大的抹香鲸、虎鲸以及体型较小的亲缘长喙鲸与海豚类）动物。以下是1908年以后发现的11种鲸类，占所有已知现存鲸类总数的百分之十三：

鲍氏长喙鲸（Mesoplodon bowdonini Andrews），1908年

黑框鼠海豚（Australophocaena dioptrica Lahille），1912年

褚氏长喙鲸（Mesoplodon mirus True），1913年

白鳍豚（Lipotes vexillifer Miller），1918年

印太喙鲸（Mesoplodon pacificus Longman），1926年

塔海槌鲸（Tasmacetus shepherdi Oliver），1937年

霍氏海豚（Lagenodelphis hosei Fraser），1956年

加湾鼠海豚（Phocoena sinus Norris and McFarland），1958年

银杏齿长喙鲸（Mesoplodon ginkgodens Nishiwaki and Kamiya），1958年

弯曲长喙鲸（Mesoplodon carlhubbsi Moore），1963年

秘鲁长喙鲸（Mesoplodon peruvianus Reyes，Mead and Van Waerebeek），1991年

有关小型鲸与海豚的许多记录，仅是根据在世界上偏远地区冲上岸边的零散尸体或躯体残肢而来，而它们的博物学则仍是未解的谜团。就塔海槌鲸来说，鲸专家布勒因斯（Willem Morzer Bruyns）于1971年写道："新西兰东海岸的史都华岛（Stewart Island）、班克半岛(Bank's Peninsula)及库克海峡总共有6只塔海槌鲸冲上海滩。"

至于 1871 年发现的赫克长喙鲸，"原系根据 3 只在新西兰水域发现的非常幼嫩也许是新生犊兽的头骨的记录……1976 年，在澳洲塔斯马尼亚发现了一只成年雌兽的头骨"，以及关于印太喙鲸"是一具在澳洲昆士兰麦凯市（Mackay）附近发现的头骨。但直到 1968 年 3 月，阿扎雷利（Maria Louise Azzaroli）博士记录了 1955 年在非洲索马里的摩加迪沙（Mogadiscio）附近发现的第二具头骨，才完成了它独立物种的分类身份"。这些物种的罕见性与神秘性，显示着尚有其他的海洋巨兽有待发现。事实上，有人数次看见至少有一种明显是新品种的喙鲸，出现在东太平洋热带地区，但是迄今尚未捕获过。

大部分的物种多样性就摆在我们的面前，我们却视而不见，未能认知。先前我界定过的酷似物种就是两种或两种以上的族群，彼此间虽有隔离繁殖，但外观相当相似，以致连分类专家都会把它们当作一种。唯有仔细研究其在解剖、细胞结构、生物化学及行为上的细节，才能显示出其差异，让分类学家准确界定其物种。在我进行蚂蚁分类研究生涯的早期，我把北美洲东部所有奴蚁分为两种，认为其间仅有两群繁殖隔离的族群。我弄错了。另一位昆虫学家布伦（William Buren）仔细研究后，根据它们体毛的样式、体形与体色，以及它们捕捉来当作奴隶的其他蚁种的些微差别，把该奴蚁分为 5 种。这 5 种确实都是繁殖隔离的族群，并各有独特的基因组成。

有些族类，如原生动物与真菌，有极多的两似种，纯粹出于技术上的原因：种间的外表特征太少，即使是精微的显微镜技术，也难以区分。由于人类感官的迟钝，这些物种都隐匿不现。不过随着日增的物种 DNA 序列及生理需要的厘清，可以预期这些族群的多样性会大为增加。另外，更仔细地分析，会把更多的亚种合并为一种物种，也属真实。当族群的确切地理界限划清时，许多那些先前被认为是分布很广的物种，都显示是由各有其特定分布范围的许多物种组成的。

然而，大部分的生物多样性仍然等待着人们以传统的方法，用脚、网及潜水装备来发现。面对多样性的问题，生物学家不断走出实验室，奔波于世界各处。他们根据调查的地理区域面积，用三种方法测算物种的多样性：第一种测算法为"阿尔法多样性"（alpha diversity），是指某一定点栖息地的物种数。我的两位同事科弗（Stefan Cover）与托宾（John Tobin）及我，最近着手打破蚁的阿尔法多样性的世界纪录。我们做到了！在秘鲁靠近马尔多纳多港（Puerto Maldonada）附近 8 公顷雨林中，我们采集到了 275 种蚁类。

第二种测算法为"贝塔多样性"（beta diversity），指邻近栖息地逐一加入后物种数的增加率。假如马尔多纳多港的研究延伸到泽林、河堤及草原，我们登录的数目几乎必会超过 350 种。

第三种测算法为"伽马多样性"（gamma diversity），指在大面积内所有栖息地的物种总数。彻底调查秘鲁所有的蚁类物种，一个山谷接一个山谷，走遍所有亚马孙河的支流，发现 2000 种物种是不足为奇的。当然，伽马多样性是最不精确的调查数字。生物学家知道这一缺点，奋力前往杳无人迹的山脊岭线、河流源头与珊瑚礁等处。对世界上大多数国家（特别是热带诸国）而言，大多还在铺设调查基线的阶段，我们还不知道结果将会如何。深入地球的蛮荒野地身临其境探险的收获与满身泥污汗流浃背地探索的兴奋感，在科学界仍深具魅力。

记录生命的大百科

让我们暂且想象一下，全球所有的生物多样性最后都已清楚地记录下来了，假设是一种物种登录一页，每页上有学名、一帧照片或一张图片、简约的鉴定资料与物种的分布地点，并用传统的书本形式发行，就会约有 17 厘米宽、每卷千页的精装本大百科全书问世，这部生命大百科的每百万生物物种，将需要 60 米长的书架。假设地球上有 1 亿种物种，则需 6 公里长的书架，相当于一个中型图书馆全部书架的长度。当然生物多样性的研究记录永远不可能发展到这步田地。远在发现所有物种之前，远在我们收起捕虫网与植物标本制作压板之前，便已改用电子方式记录了，这套大百科全书可以缩存于磁盘中，收藏在书桌一角的盒子内。有了各物种新的数据，累积了更多的信息，包括物种的遗传编码以及它在生态系统中的功能，再经由全球性与区域性的多样性中心的计算机联机，便可轻易提供各地科学家这些信息了。

这套生命大百科除了记录目前生物学家采用的多样性方法以外，也记录了其他方法。其一是"均匀度"（equitability），即物种富饶度的均匀性。到目前为止，我谈到的多样性量度都只是以物种数为代表：一撮土壤中有多少细菌物种，一片雨林中有多少蚁类物种，另外也很重要的是各物种个体的相对量。

假设我们有一个蝶群，有 100 种物种共 100 万只个体。再假设其中某物种的个体数极多，有 99 万只，而其他物种因此平均每种约只有 100 只个体。虽说有 100 种物种，但是当我们走过林间小径与穿过田野时，随时可见到许多某一种的蝶，其他的蝶种则十分罕见。这表示此动物群的均匀度低。

然而在邻近的地点，我们遇见第二个蝶群，也是由 100 种物种构成，但是这次所有物种的个体数都同样多，每种皆有 1 万只个体。这是一个均匀度高的动物群，事实上可能是最高的均匀度。我们会直觉地认为均匀度高的区系，多样性也较高。因为我们无法事先预料到接下来会遇到哪种蝶，因此均匀度可提供更多的信息，就像在一本词汇丰富的字典内，每一个单词都能充分使用的话，便可传达更多信息。研究一个高多样性的动物群，会不断地有更多的信息，因而感到极度的美感愉悦。这类的多样性在应用上对生态也有重要性。一个高均匀度的动物区，能维系其生态系统内较多的植物与其他的动物物种。

物种分类层阶

生物学家不仅以物种数来量度生命的多样性，也引用属、科及其他较高的分类层阶（乃至门与界）。各个较高层阶的分类单元（taxon）是彼此类似且被认为有共同祖先的物种群。特别是同一属的一群物种，它们彼此之间非常相似，并多少有直属的共同祖先。科包含一群类似、彼此相关的属（其物种间之关系，整体上比属内物种间之关系较远）；目包含一群类似与彼此相关的科；如此类推上溯分类的层阶，一直到界为止，全部植物与全部动物分开。以下简单表示家猫（Felis domestica）的全套分类定位：

种：domestica　家猫

属：Felis　猫属

科：Felidae　猫科

目：Carnivora　肉食目

纲：Mammalia　哺乳纲

门：Chordata　脊索动物门

界：Animalia　动物界

分类的基本原则可用简单几句话清晰表达逻辑概念：

第一项原则：种是枢纽单元。

第二项原则：用两项定义来构造分类的层阶，即一个类别（category）是通用于分类法中的分类抽象层阶，类别是指种、属、科等；相对的一个分类单元是实质的某生物群，是族群的某特定"组群"，属于类别的一等级或另一等级。分类单元的例子包括家猫的物种及猫科。类别是抽象的概念，分类单元则是具体的实物。

第三项原则：较高的分类单元下的物种，例如猫属，都是从单一祖先物种衍生而来的物种。同等级不同分类单元的物种，例如豹属（Panthera）下的各大物种，则是从另一个祖先物种衍生而来。但是当两属放在一起形成某科时，例如猫属与豹属同属猫科，则此两属被认定是从一个更古老的共同祖先物种衍生而来；这个较早的老祖先产生两种较近代的祖先物种，再转而产生分别构成此两属的物种。

第四项原则：如同上例所厘清的，较高的类别是一种为图方便而设想的架构，是根据物种历时会分裂为新物种的概念，并反映在各次分裂所产生的树枝状形式上。构建这种枝状形式以图示进化的变迁称为"进化枝学"（cladistics）。为了符合进化枝的结果而设立许多较高分类层阶（属以上），则称为"种系发生分类学"（phylogenetic systematics）。分类应该符合种系发生史。换言之，应符合物种的系谱（family tree）。

第五项原则，也是最后一项：较高分类单元确切的界限是人为主观断定的。物种本身，即枢纽单元，多多少少是自然的。假使我们演绎的种系发生（祖先的）系谱是正确的，那么其物种的种系发生史也应当正确。但是属、科以及更高阶分类单元的"界限"，是人为主观判定的。这段说明似乎自相矛盾，因为我刚刚说过，进化枝学的意义就是要产生一个在属及以上的层阶都很自然的分类法。这点本身是正确的。进化枝学确是让我们判断哪些物种最可能来自某共同祖先，确认它们归属于同一属或科或较高分类单元。

所谓主观是指各个较高分类单元的界限，猫属与豹属应分成两个独立的属，或应合并成单一的猫属？根据进化枝学的标准，这两种分类都正确。再者，应当让猫科作为唯一的猫科，或应当把它分为两科，即"真"猫科（Felidae），与猎豹科（Acinonychidae）呢？进化枝学对这个问题不愿作答。

系统分类学家在重新构建进化树时，是看哪些物种是由共同祖先衍生而来，并可合并成较高的分类单元，即合并为有亲缘物种的群集。他们用一些准则（大部分是常识）来决定如何把群集再分为更小的群集。假如所有的物种都非常类似，把它们放在同一属中就很合理。假如有一种物种与其他物种颇不相同，即使它们有共同的祖先，最好的做法还是另立一个新属，因为这样可以引起人们注意其特征的不同。在许多模棱两可的个案中，要确定合并为一属或分为两属常靠某种主观的认定。分类学大部分是科学，但也有几分艺术的成分在内。

这种模糊不清的解决方式，正是为了寻求正确的妥协。较高层阶的分类单元类别的主观特性，正反映了生物进化的混乱本质。就像膨胀中宇宙的恒星，物种总是与其他物种愈进化愈分离，直到它们走向灭绝——或者，有少数冲破彼此间的繁殖隔离进行杂交。

进化的原则转而基于遗传编码中核苷酸字母排列顺序所有可能的庞大变化。细菌的编码约含有 100 万个核苷酸对，而高等植物与动物则拥有 10 亿至 100 亿个核苷酸对。进化的发生主要肇因于一个或更多编码字母偶发的置换，继之是对这些突变的汰弱存强。因为突变随机发生，又因为天择是受不同时空的环境异常而变化的影响，没有两种物种在进化上（除了一两个步骤之内）是走相同路线的。真实的世界是由变化无穷的进化方向与分布距离迥异的各异物种所构成。就目前所知，除了借由人的思想觉得实用与美感享受来分类之外，并无其他方法可以把这些物种合并或分离成分类群。

把进化比拟为宇宙膨胀论的另一个后果，是影响物种的分类层级与人对物种感觉上的价值。每一个新的生物种，只要赋予长时间来进化与繁衍为众多物种，都是一个潜在的属或属以上更高层阶的分类单元。这群体的寿命愈长，进化愈久，愈能在遗传特征上更远离其他的生命。由于灭绝事件的发生几乎是全然无法避免的，这些群体通常会衰微，乃至仅残留下来少数物种。这些残存者都是古老、独特而珍贵的。

思考一下那些存在时间悠久的物种，你会有何感触。该物种的两似种或因不适应而灭绝，或自身是一个一脉传承的古老种系，从未繁衍成众多物种。如今自身代表了属、科或更高的类别。它的身世理当受到人类的礼遇。这些例子如大熊猫，是大熊猫属（Ailuropoda）的单种；所有活化石中最著名的矛尾鱼（Latimeria chalumnae），以及分布仅限于新西兰外海小群岛上、长得像蜥蜴的爬行类动物班点楔齿蜥（Sphenodon punctatus），它同时是从中生代存活至今，仅存的两种喙头蜥目（Rhynchocephalia）动物之一。

既知的物种多样性都是在分类层阶的各层阶内扩增产生的：一属之内的物种数、一科之内的属数等逐层上升。在最顶层的生物界下共有 89 门。根据一个广为采用但高度主观的分类法，生物有 5 界：

植物界（Plantae）：从藻类到开花植物的多细胞植物

真菌界（Fungi）：蕈、霉菌及其他真菌

动物界（Animalia）：从海绵与水母到脊椎动物的多细胞动物

原生生物界（Protista）：单细胞真核生物（原生动物与其他单细胞生物）

原核生物界（Monera）：单细胞原核生物（如细菌与蓝绿菌）

生态系统的结构

为了描述生物的多样性，而根据物种彼此的相似度，将之有秩序地归类成各族群集，是 18 世纪生物学的重大进步。较晚提出而同样重要的另一个描述多样性的方法，是根据生物学结构的层次。这个

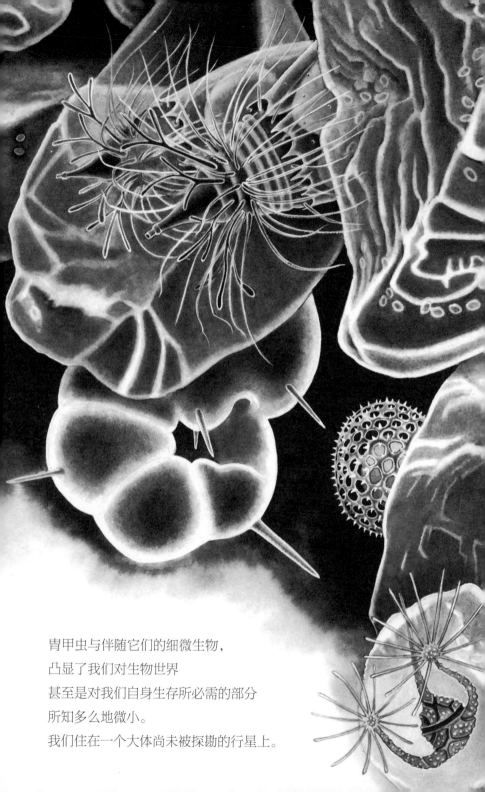

胃甲虫与伴随它们的细微生物，
凸显了我们对生物世界
甚至是对我们自身生存所必需的部分
所知多么地微小。
我们住在一个大体尚未被探勘的行星上。

对生物多样性而言颇为重要的结构层次分为：

生态系统（Ecosystem）

群落（Community）

同资源种团（Guild）

物种（Species）

生物体（Organism）

基因（Gene）

这个概念最好是用实际的例子来说明：

一只苍鹰（Accipiter gentilis）在德国的黑森林中捕捉燕雀，它在冷杉林内低空疾飞，突然转向。它瞥见一只林莺（Phylloscopus sibilatrix）栖息在一根松枝上，在数次振翼与一段长而无声的滑翔中，接近猎物。

苍鹰分布在一个特定的生态系统——黑森林区的高山冷杉林中。当地的土壤是化育自圆丘风化的花岗岩。那儿也是多瑙河与内卡河（Neckar River）源头的缎带般小溪集水区。这个生态系统由这个物理环境与茂密的森林、稀树、湿地、小淡水域内栖息的所有生物体构成。结合物理与生物要素，从岩石与溪流到树木、苍鹰与林莺，彼此间紧密地联系着。营养借着生物、土壤、水与空气带动，以生物地质化学作用无尽地循环着。土层与水系的特性密切地依赖着栖息在森林中的生物。黑森林生态系统在其特有的物理环境与栖息生物的组合下独具一格。

我们从大范围（涵盖德国南部、整个欧洲乃至全球）来考察生态系统的多样性，会发现存在的生态系统多得令人吃惊——数百万种生物可以栖息在所有可以辨识的物理环境的组合，多得不可计数。不可计数虽然令人兴奋，但不重要，真正有多少生态系统才是重点。生态系统有其内在的价值，有如一个国家珍惜其有限的偶发历史事件、古典书籍、艺术作品以及国家其他卓越的成就，各国也应学习珍惜其特有而有限的生态系统，在时空上与其互动。

在黑森林生态系统中，苍鹰属于一个特定的生物群落。生态系统内的所有物种都隶属于其内的食物网，并与生态系统内所有物种的生活史、活动息息相关。冷杉也是苍鹰食物链的一部分，因为冷杉养蛾的幼虫，蛾的幼虫又养燕雀，燕雀又是苍鹰的猎物。欧洲鸢也因竞争及次级共生现象的关系，成为该群落的一分子。它有时捕杀小型鸟，虽然减少了苍鹰的食物供应，但是它所遗留的鸟巢可供苍鹰利用，这对于不讲究窝巢的苍鹰而言，增加了育雏的机会。群落的多样性是就某特定的生态系统来衡量的。精确地说，群落的多样性是主观的生物性鉴定，因为准确划定一个群落的界限非常不容易。

在一个群落之内，苍鹰是某同资源种团的一分子。同资源种团是分布在同一地区并以类似方法获取同样食物的一群物种。严格地说，苍鹰在黑森林的群落内同资源种团的物种只有雀鹰（Accipiter nisus）。这两物种都是猛禽，都有短圆翅与长尾，飞行都迅捷、扭曲，穿过林间捕猎小鸟，偶尔升空，在树顶上方短距离内盘旋着。黑森林的其他同资源种团包括吃菊花的昆虫、林莺、森林地鼠及小鼠类。因为同资源种团具有生态意义，其功能有如生态系统内的物种多样性。

现在我们已谈到生物多样性的最基本层阶。苍鹰是一种物种，分布范围从欧洲大陆跨过亚洲到达加拿大与美国的北部与西部，属于难以界定其局部分布之族群。所有的苍鹰是基因多样性的仓库，每一只在染色体与基因上均有差异，是物种多样性之下的多样性层阶。

这个层阶用大家熟悉的人类遗传来说明就容易了解了。只要单一基因就可决定某人是否有大耳垂。耳垂是一种显性遗传特征，假如各细胞中成对基因中的一个是耳垂基因，他就有完整的耳垂。只有两个基因都是隐性的时候，他才没有此特征。这一对特定的基因，是决定耳垂有无的基因，仅列于 46 条染色体的 20 多万位置中的一处。其他造成人类表现差异的单一基因的例子还不少，例如血型、卷舌的能力、发际有无美人尖、大拇指伸长时最后一节是否外弯（又称为"搭便车指"），以及其他许多遗传疾病，从镰形细胞贫血症到白化病、血友病及遗传性疾病亨廷顿氏舞蹈症（Huntington's chorea）。许多其他遗传特征（像身高、肤色、是否易罹患糖尿病等），则受到在许多染色体位置上许多基因综合的影响，即所谓多基因（polygene）的影响。

蛋白质电泳开拓新局

　　计算因单一基因与多基因突变引起的外表特征差异，即有可能获得基因多样性的总数字。但是这个估算值将低于实际数字的好几阶乘，原因是在染色体同一位置的替代基因（alternative gene）间的差异所引起的差异，往往从外表上看不出来。人们建议由化学分析测知蛋白质的变异。1960 年代，经由采用凝胶电泳技术（gel electrophoresis，一种能够迅速纯化并鉴定酶的技术），解析能力大为精进。当某些分子置于某种介质（如多孔隙的凝胶）中并处于电场环境，该分子的移动速度则与其本身的电荷量成正比。就像奔跑速度各不相同的选手，在跑道上逐渐拉开距离。酶是蛋白质分子依照基因蓝图设计的（包括其带电荷）。

　　因突变引起基因上的差异，即使差异不大，也会使酶产生变异，常常（但并非绝对）会转换成电荷上的差异，使得酶在电泳处理时，以不同的速度移动，并在通电的凝胶板上分开。遗传学家利用此技术依照既定的步骤，取得信息。他们将研究的生物组织弄碎，萃取含酶的物质，把萃取液放在凝胶板的一端，让其中各种酶在电场内跑一段时间，再用染色剂显现各种酶的位置，统计凝胶板上分离后染色的酶，确定酶的数目，鉴定其类别，从而推演控制基因的数目与功能。经由取样某物种的许多个体及逐一处理其酶，进而逐一处理其基因组，就能估算某物种的整体遗传多样性。

凝胶电泳技术调查已广泛应用于多种生物上，从开花植物、昆虫、鱼、鸟，到哺乳类动物。所有的发现中有一明显的共同点：遗传多样性非常大，远大于昔日未有凝胶电泳技术前，研究人员主要依赖那些外在可见遗传特征，例如耳垂与肤色，所下的结论。

为了要以数字表示其多样性，遗传学家采用了"多型概念"。当某基因具有不止一种类型时，学术名词称该基因为"多型等位基因"（multiple alleles）。对于较罕见的等位基因，除非它们超过了某人为选定的频率（通常是该等位基因总数的百分之一），否则一般是不予计算在内的。换言之，只有当耳垂等位基因在人口中达到百分之一，它们才被列入计算（实际上耳垂等位基因占人口中百分之四十五），这控制的基因才能称为具有多型性（耳垂即属之）。绝大多数的物种在电泳研究显示下，有百分之十到百分之五十的基因是多型性的，一般是在百分之二十五左右。

族群中多型基因的频率高的话，会产生个体表现出高频率的多型性现象。这虽然仍因物种而异，但是每个个体的平均数大约有介于百分之三到百分二十的基因是多型性的。以人类而言，表示各细胞中有耳垂与无耳垂的基因各一，或血型 A 与血型 B 各一，人体内遗传的 20 万以上的基因都是如此。

然而，电泳技术所得的数字虽然大得出人意料，不过仍是为人低估了。若干酶具有不带电的特异型或其分子位移相近难以分开，因此对电泳的电场没有感应。为了要获得准确与完备的遗传多样性，则必须跳过蛋白质类，直接研究基因本身，以了解核苷酸（遗传编码字母）的排列顺序。遗传多样性的极致其实是核苷酸多样性，必须把大部分染色体上的碱基对逐一读出，并在同物种的许多个体上逐一进行。

DNA 定序

随着 1980 年代 DNA 定序技术的长足进步，人类基因组（the human genome）计划也随之诞生，目标是制作人类完整的核苷酸图。另一个类似的计划是针对果蝇物种。当定序技术变得足够廉价，读取遗传编码就像算羽翅或臼齿一样普遍时，我们在技术上就已完全具备可以处理"地球上有多少生物多样性"的本领了。

现在，我且大胆做此猜测，以上下一个位数为误差范围，我认为有 10^8（1 亿）种物种，每种物种平均有 10^9（10 亿）个核苷酸对；因此物种的全部遗传多样性为 10^{17} 个核苷酸对。顺便一提，每个位置最多 4 个核苷酸，因此核苷酸多样性不致增加到 10 倍的幅度。

10^{17} 这个数字，可以说是生命全部的多样性，然而它仍未包括属于同一物种个体间的差异。当这个部分也算进去之后，数字还可再增加。在此若考虑一个典型的有性繁殖物种，相异染色体上同位置存在的两个核苷酸可能有三种组合，例如字母 AT 与 CG，可产生（AT）（AT）、（AT）（CG）以及（CG）（CG）的组合。假使在一物种的某处，仅千分之一的位置具有两个这种变化型，那么各物种如有 10^6 的位置（换言之，在物种 10^9 的遗传组成中的千分之一），每物种就会有 10^{18} 的可能组合。这个极大的数字还只是保守估计。

不论真正的数值为何，基因代表了生物个体的潜在生物多样性，在天择及如今更甚的人为无知操控下，是基因可能组合的广大领域。

第九章

生态系统的诞生

THE DIVERSITY
OF LIFE

—

The

Creation of

Ecosystems

—

在群落中，有些是小角色，

有些是大角色，

而其中最重要的角色是关键种。

如同这个名称所隐喻的，

把关键种移除，

会使群落相当大的部分发生剧变。

美洲白头海雕翱翔在明尼苏达州奇波瓦（Chippewa）国有林的上空，那是一种物种。展翅之下是由 1000 种植物构成的植物群。为什么是这个比例的组合，而非 1000 种雕与 1 种植物，或是 1000 种雕与 1000 种植物呢？我们自然会问，这数目是否有数学定律的控制。假如是有这样的定律，那么我们应可借此预测其他的地点，或是其他生物群的多样性了。能用这种精简的方法掌握高度复杂的问题，将是生态学的无上成就了。

　　可是，并没有这样的法则，至少生物学家尚未发现；而所谓的定律也并非物理学家与化学家所指定律的意义。然而，所有关于进化的研究，是存在若干规律及统计趋势的。群落生态学（community ecology）的立论并未完备，仍处于雏形期并在快速地发展中，虽然人们客气地指出，群落生态学远落在物理科学之后，但是其发展与追寻之目的，是有目共睹的。

　　现在摆在我们面前的极重要的问题是，生物多样性是如何由生态系统的创始而集结产生的。我们先由两个极端性来看这个问题。第一个极端性是，生物群落（例如奇波瓦国有林）是完全紊乱的系统。所有的物种可像幽灵般自由进出系统，某些物种的群聚及灭绝与其内的其他物种存在与否无关。因此，根据这个极端的模型，生物多样性的数量是一个随机的过程，而各物种栖息地之所以聚在一起，乃事出偶然，其间根本无关系存在。第二个极端性是完美的有序，各物种间紧密依赖，食物网坚强牢固，共生作用紧紧相连，整个群落有如一个巨大的生物体，是一个超生物。这表示假使只要命名其中某物种（例如阿卡迪亚鹟、斑钝口螈或鬼蕨），就不需要提该群落中数千个其他的物种，便能明了所指了。

生态学家不认为有这两个极端存在的可能性，他们预见的是一个介于两者中间的许多群落结构，例如，某物种发生在某栖息地虽然主要取决于概率，但是大多数物种的概率受到该栖息地内既有物种强烈的影响，也就是说，决定概率的那些骰子是灌了铅的。

在这类结构不甚紧密的群落，存在着的不是什么小角色与大角色，而是超级的角色，这些超级角色是台柱，亦即关键种（keystone species）。关键种顾名思义是失去它会使群落发生剧变的物种，会导致许多其他物种趋于灭绝，或令其兴盛到前所未有的程度。原先竞争失败或苦于无机会挤进该群落的物种，现在可乘虚而入，更加改变了该群落的结构。此时如果把关键种放回该群落，应会或几乎会恢复到原始的结构状态。

生态系统的基石

世界上最有力的关键种，可能就属海獭（Enhydra lutris）了。海獭是一种不可思议、令人惊叹、大型、灵巧且温和的动物，是黄鼠狼的近亲。海獭有猫一样的胡须，表情慵懒默然，一度群居在阿拉斯加州、加利福尼亚州到加利福尼亚州南部的大褐藻海岸边。因其皮毛受人们觊觎，海獭遭到了欧洲人的大肆捕杀，到了 19 世纪末，几近绝迹。在海獭完全消失的栖息地，发生了一连串预料不到的事件。海獭主食的海胆突然大量繁殖，并吃掉很多大型褐藻与附近的其他海藻。在有海獭的时代，茂密的褐藻生在海底，往上伸展，俨然是一片海中森林。如今这片绿林大部分消失了，事实上是被海胆吃光了。广袤的浅海海底沦为海中荒漠，堪称海胆荒原。

在民众大力的支持下，保护人士进行复育海獭及其栖息地与恢复生物多样性的原貌。若干少量的海獭分布在栖息地的两端，即北端的阿留申群岛的外缘岛屿，以及南端的南加利福尼亚州沿岸有限的地区，苟延残喘地活着。复育人士将其中一些地区的海獭，分散送往美国与加拿大之间的海胆荒原，并严加保护区域内全部的海獭物种。此后，海獭数日渐回升，而海胆数则大量减少，褐藻林又恢复到它们原先的茂密状态。一些较小型的藻类物种逐渐再度迁入，甲壳类动物、乌贼、鱼以及其他生物逐一出现，灰鲸再度游近海边，把它的幼子安置在褐藻林缘，享用大量的浮游动物。

生态学家像他们研究的生物一样，无法让自然依其所愿地呈现。他们必须找出漏洞与抓紧机会，利用意外的发现（例如海獭这样的关键种），以深入了解不同环境下群落的结构。另外还有一个这样的例子，在中美洲与南美洲的原始森林——更精确地说，在少得可怜的几处残存原始森林中，美洲虎与美洲狮捕猎地面上活动的多种小动物。它们是"搜寻者"，是碰到什么就吃什么的动物，而猎豹与野犬这类的"追逐者"，仅猎捕有限的数种动物。这些大型猫科动物特别喜欢赤狗（赤狗是浣熊科的一员，有长长的躯体与尖尖的鼻子）、毛臀刺鼠与花背豚鼠（分别类似大野兔与小鹿的大型啮齿动物）。当巴拿马的巴洛科罗拉多岛（Barro Colorado Island）上的森林面积变得很小以后，美洲虎与美洲狮便因无法生存而消失了，它们过去捕食的物种很快就增长了10倍。从这个平衡点位移的效应，现在似乎正沿着食物链（food chain）逐渐向下扩散。赤狗、毛臀刺鼠与花背豚鼠吃雨

在群落中，有些是小角色，
有些是大角色，
而其中最重要的角色是关键种。
如同这个名称所隐喻的，
把关键种移除，
会使群落相当大的部分发生剧变。

林树冠上落下的大种子。当它们数量太多时，这些树种的繁殖力便下降。其他树种的种子因为太小，不受这些动物的青睐，在竞争压力减少下而获益。这类产小种子的树获得保障，欣欣向荣。因此这类树种的幼树株数大为增加，并且能长到树林的顶部，纷纷活到能繁殖的年龄。如此经过许多年，森林便成为它们的天下。当然，专门依赖这些树木生存的动物也会大量繁殖。

接下来，吃这些动物的捕食动物也随之增加，寄生在这些小种子树种与动物身上的真菌与细菌也扩散蔓延。靠这些真菌与细菌生存的微动物密度便随之增加，吃这些微动物的捕食者也会增加，以此类推，影响遍及整个食物网，循环不息，而整个生态系统因关键种的移除而不断来回变动，这种现象称为密度因变（density dependence）。另外一个很不同的例子，是象、犀牛以及其他的大型食草动物，它们是非洲稀树大草原及干旱树林区的关键种。如果不加干扰地任其发展至自然的高密度，这些动物自会控制这些栖息环境所有的物理结构。欧文－史密斯（Norman Owen-Smith）写道：

> 现代的非洲象推倒、折断或连根拔起树木，改变了其他动物栖息的植物群相及栖息地的环境。象弄死树林的地方，被灌丛与野草占据，提供了小型食草动物所需的枝叶量。速生的木本植物枝叶所含的防御性化学毒素量，远较被取代的缓生树木低，且养分循环的速度也较快。白犀牛与河马啃食草类的压力，把中高度草原变更为东一块西一块、镶嵌式、矮与高的禾草原。矮短匍匐的禾草类所含的纤维素比高茎的禾草少，且营养也较多。结果这种植物群的变迁改善了小型、特化性的食草动物的食料品质。那些依赖浓密木本植物或高禾草庇护与避开捕食者的动物物种，只得迁往受此变更影响较低的地区。

几百万年来，撒哈拉沙漠以南非洲大陆的大型食草动物，在广袤的稀树大草原上迁徙着，造成镶嵌式的栖息地：短草区、相思树丛区或小面积残存的河岸林区，处处分散着。芦苇环绕着的泥坑间或出现，相隔遥远。在此整体的影响下，生物多样性大为增加。

矛蚁雄兵

现在，我们将目光焦点从以公里计的象群活动范围，转移到地面上的草根附近，我们发现了另一类级的关键种——矛蚁。大型哺乳类动物控制了植物群的结构，它们脚下生活的矛蚁类则每天捕捉数百万的猎物，并改变了小型动物群落的本质。数米之遥的一列矛蚁搜猎纵队，似乎是某种活生物体，一具外伸的大假足围住它的猎物。猎物夹在钩形的双颚内，死命叮咬，被运到地下的蚁穴，那是迷宫般的隧道与坑室，住着女王与雏蚁。每次出征的兵力，来自隐秘巢穴的数百万工蚁。饥饿的兵团涌出营地，像平铺在地面的床单，逐渐伸长成为树状的队伍。树干从蚁巢长出来，树冠则随着战阵展开，许多枝丫在树冠与树干间动态地消长着。这一大群虽有队形却无领袖、气势如虹的工蚁组成长长的纵队，以每秒1厘米的速度来回穿梭着。阵前的蚂蚁冲刺一小段距离，然后退下来，把它们的位子让给其他的工蚁。采食队伍的模样像地上一条粗黑的绳子，缓缓地左滚右卷。以每小时20米前进的阵前，路径上每一寸地面与低矮植物都被铲光。队伍扩大时，就像河水流入三角洲。阵前的工蚁在觅食狂热下，来回奔逐，沿途吃掉大多数的昆虫、蜘蛛及其他无脊椎动物，甚至攻击未能及时逃开的蛇及其他大型动物。

日复一日，矛蚁扫荡蚁巢营地附近的动物，它们减少了其他动物的生物量，并改变了物种的比例。最会飞的昆虫躲过了这一浩劫，

一个位于草根附近的关键种：一大群矛蚁穿过肯尼亚的大草原。蚂蚁大军所过之处，剧烈地改变了其栖息地的昆虫与其他小型动物的数量。[布朗韵（Katherine Brown-Wing）绘]

那些太小而蚂蚁没注意到的无脊椎动物也安然无事，尤其是线虫类、螨与弹尾虫有幸逃过一劫。至于其他的昆虫与无脊椎动物则受创严重。一个矛蚁的群落可由多达 2000 万只的工蚁（全都是一只蚁后的女儿）组成，这对生态系统来说是一个沉重的负担，甚至许多食虫鸟类也必须远飞他处，才能觅得足够的食物。

很显然，一些精英型的物种群体，以其不成比例的个体数，影响着生物的多样性。这不仅是生态学方面的科学家，而且其他全然不同领域的学科（从天文物理学到神经生物学）的学者，都受到这些超级个案的吸引，因为从这些生物中可迅速获得信息，并且可提供研究原是很棘手的生态系统的线索。然而要是过于引申这些个案，往往容易下错结论。在研究所有的科学之际，偶尔能离开醒目的方向，并稍微迂回一下，发明更细致的研究方法来寻求隐藏的现象，有时反倒有其优点。在生物群落的研究上，这个策略之应用，更需要注意事情的来龙去脉、历史发展与可能性。

会聚法则

　　一个近年来颇为成功的研究方法，是追溯动植物群的会聚法则（assembly rules）。鉴定出关键种的方法，通常是从群落的现有状态着手，推测移走某种物种后，会发生什么后果；会聚法则却相反，它试图重建各物种在这个群落的形成过程中落户的顺序。会聚法则的功能不只是如此而已，此法则还可以决定何种落户的顺序是可能的，何种顺序是不可能的。

　　我用一个想象的例子来厘清这个概念。某些植物物种抵达一个多山的岛屿，只让一种吃该植物物种的甲虫能够生存下去。后来增加了一种寄生在该甲虫身上的寄生蜂。在另一竞争的现象里，便出现了第二类会聚法则。某种啄木鸟（称之为 A）来到了此岛屿，大量繁殖的结果，便主控了该栖息地的食物资源，这时使得另外两种啄木鸟物种（B 与 C）再登临此岛屿时，只能让其中一种（而非两者）挤进此岛屿之群落内。要视此两者中何种先抵达而定，现在岛上的啄木鸟动物群会由 AB 或 AC 构成。最后，又来一啄木鸟物种 D。它有其独特的生态区位，例如只在高大的针叶树上觅食，问题是它只能在物种组合为 AB（非 AC）的情形下才可以挤进该岛之群落中。因此，这个群落岛屿中第一个稳定的啄木鸟动物群是 ABD 或者 AC。

　　生态学家借着观察自然界哪些物种实际共栖某栖息地来推论会聚法则。例如戴蒙德（Jared Diamond）采用的方法，是他在新几内

会聚法则决定一个生物群落中可以共存的物种（例如占据森林区块的鸟类）。
该法则同时决定可聚居在栖息地内物种的排序。本图是拼图法，表示会聚法
则两种组合（ABD 和 AC）之一。

亚进行的具有前瞻性的鸟类研究。他比较多处的生物群落，观察有哪些物种的组合，有哪些组合是少或从未出现的。从此方法得到的初步结论，可以进一步地详细研究个别物种对栖息地的偏好，从而印证会聚法则。就以上述的啄木鸟为例，由于 B 与 C 之间竞争到只能存留一物种为止，故两物种几乎从未共存于同一栖息地。再假设有进一步的研究指出：B 与 C 可在山区共存，但分布在不同的海拔高度。所以，事实上，它们分属两群落。在此两物种分布的某山区，B 分布于 200 米到 1000 米高度之间，C 则从 1000 米到 2000 米。但若该山区只有一种物种，则分布可遍及 200 米到 2000 米。这种在没有竞争对手时的扩散分布现象，称为"生态释放"（ecological release）。在有竞争对手存在时产生的压缩，称为"生态置换"（ecological displacement）。依生态释放与生态置换的推断，认为 B 与 C 即使能分布在同一地理区，亦无法同时分布在同一栖息地与同一群落，它们只得分别退到不同高度区域，各自成为该区域的优势竞争者。即 B 在低处而 C 在较高处。

现在让我们回到喀拉喀托火山岛，并回顾该岛物种会聚十分有趣的例子。一个群落抵达这个岛屿的岸边之后，不会因此罢休，成为自始至终的群落。该群落物种却如扑克牌叠搭的纸屋，一种物种加在另一种物种上，略微遵从会聚法则。大多数想再挤入的繁殖生物，不论是植物种子或一群迷鸟，都注定会失败。对它们而言，不是土壤不适宜、林间空地太窄、猎食物种尚未出现，就是有可怕的竞争者在岸边"伺候"。即使先前已建立的许多物种，也会因环境无可避免地变迁，无法安稳存在：低湿的草地因林木生长而消失，疾病蔓延，一个强劲竞争对手的入侵，个体数目随机的增减，把族群数减至零，等等。群落不断地增减，历经自然状态的反复修正，通过无数次的适应与起始，群落生物多样性缓缓地增加。原先进不来的物种，终于找到栖息地，三三两两共生的物种也找到了对方，森林日渐茂密，新的生态区位备妥。这个群落因此接近于成熟状况，实际上是臻于某种动态的平衡，物种不断加入与消失，而物种总数在某窄小限度内起落。

历经全程的拓殖，必须经过各种调适。物种间的冲突有时经由生态置换来达到妥协。它们让出部分栖息地给竞争对手而得以存活。例如，火蚁是攻击力最强的领域性动物，同一群落中很少见到两种或三种共处的其他火蚁。它们的群落是由一只蚁后与数千只狠叮猛咬的工蚁严密组成的战斗团。它们出动搜寻与摧毁较小的其他群落，不断地与较大群落交战，以决定领域边界，直到武力均衡为止。

在 1930 年代，一种外来的南美洲红火蚁种（Solenopsis invicta）偶然地被引入亚拉巴马州的莫比尔港。该物种一开始就很成功，只花了 40 年就遍布美国南部，从卡罗来纳州到得克萨斯州。它与当地的特有种火蚁（S. geminata）在此广袤的地区遭遇对抗起来，特有种原为分布于林地及开阔栖息地的一种优势蚁。特有种火蚁虽然族群数还很多，却被逼到零散的林区栖息地。该种火蚁最喜好的栖息地大多是草原、庭园草坪以及路边，现今都沦入新外来种的手中了。假使人类可以不择手段地消除掉外来红火蚁（南方人正热衷于此，但是一筹莫展），特有种的火蚁几乎势必会重新收拾旧山河。

有关火蚁的论文极多，是说明此原则的范例，即十分近似的物种，若其需求具有弹性时，便可以适应共存。弹性是加拉帕戈斯群岛上达尔文地雀类的戳记。原因很简单，它们长时间地存活必须依赖弹性需求。它们居住在火山爆发形成的荒漠般小岛上，环境严酷而多变，这些环境提供的生存质量，每月、每年随时都在变动。每逢雨季植物丰盛，食物较多，地雀的食料便多样化。同一岛上的许多鸟种，在解剖结构上不但彼此相似，食性也相当接近。到了旱季食物少了，物种间对食物的选择也有差异，有些物种变为专吃某类食物的特化物种，其他的物种则增加取食的类别。

特征置换

面积不大的大达芙尼岛（Daphne Major Island）有两种留鸟，勇地雀（Geospiza fortis）及仙人掌地雀（G. scandens）。两物种都分布在浓密的仙人掌丛中。雨季，仙人掌满开花朵之时，这两物种大致寻觅一样的食物，吃花朵的蜜汁与花粉，以及各类种子与昆虫。到了旱季，随着食物供应量的减少，仙人掌地雀则专吃仙人掌可食的部分；勇地雀的取食范围比雨季时更多样化，碰到可食的都照单全收。

假如有这样的两种物种放进同一个群落时间够长，便能进行进化。起初两者颇具弹性，靠着食性上的差异减少竞争。这种差异属于表现型，即是环境而非基因的结果。生态压缩出现在较易改变的遗传特征上，多半是其中之一或两种物种让出部分的栖息地或是食料。随着世代的演替，发生了遗传差异，而后成了两物种间的固定差别。每只鸟也会发现，被迫迁入的新生态区位并不会更差。那些具有如此遗传趋向而又成功者，引发了整体种群的特化，例如吃某种食物或在某类栖息地筑巢、繁殖等。这两物种间的差异，逐渐出现在解剖结构与生理特征上。然后这两物种间的竞争日趋降低，最可能是失去了若干原有的弹性。这种进化变迁的经历称为"特征置换"（character displacement）。

特征置换的典型例子是达尔文地雀类鸟喙大小与食性的改变。加拉帕戈斯群岛上 13 种地雀间的适应辐射多靠鸟喙的厚度，而这个性状部分是靠特征置换而来。进化的择汰压力是要在特化过程中改善效率。鸟喙与头部接合愈深厚，喙的切割缘与喙尖的力道就愈大。粗喙可以啄开硬果实，啄裂更大、更坚脆的种子，薄喙虽然只能对付较软的食物，但能取得窄缝内的食物及处理细小的食物。这有点像人类使用的钳子，要快速扭动粗螺栓或要弯曲粗铁线，就需要靠钢丝钳或老虎钳，要处理细螺栓与细电线便要用细长的尖嘴钳。

达尔文地雀置换与辐射现象并非只是鸟喙形状变化而已。下颚肌肉的大小、摄食时地雀刻板定型的动作，甚至消化系统的化学作用，也都是物种间部分食性特化过程的改变。但是鸟喙厚度是最特殊与容易测定的特征，也是一种替代的研究方法，借此研究特化改变上更大的综合特征。

要检验特征置换是适应辐射动力来源的说法，最稳健的方法是采用某些分处两地的地理模式所呈现的进化现象：某些物种在其相会的地域有彼此进化分离的现象，但是当其分别独处时却不然，甚至还走向趋同进化现象。在达尔文地雀的特例中，我们在多物种相处的诸岛屿上寻找各物种间强化的差异特征，尤其是可令其特化与减少竞争的特征（如鸟喙的形状）。我们还需要一个对照组：在另一个只栖息着单一物种的岛屿，竞争者之间的特征应当更相近，物种竞争也会更激烈。假使这两类模式的对比强烈而且表现令人信服，我们就可合理地认定，某物种处于竞争的压力之处，它会与其敌手分途进化，以占据某特定的生态区位，而在缺乏竞争之处，进化就停滞，甚至与敌手朝相同的方向进化，以占据两者的生态区位。

为了检验达尔文地雀的特征置换说法，格兰特（Peter Grant）采用了某些地雀物种分布在加拉帕戈斯诸岛的许多事实。他研究的许多岛上有近亲关系的两配对物种共 13 组，发现其中有 11 组鸟喙的厚度有差异，独处于一岛者远低于共处同岛的差异。但是此证据仍嫌不足。格兰特认为，特征置换也可以在没有竞争的情况下发生：隔开各种物种成为独特基因库的那些种间差异，在生殖行为的强化下会更加明显，造成特征置换的结果。假使两物种相会并进行某种程度的杂交，杂交后代有缺陷或不孕，则两物种完全避免杂交自然较为有利。其中一个设计可能是进化出某种特征（例如鸟喙的形状），提高个体选择同种配偶的准确度。格兰特利用雌鸟标本做试验，虽然标本不会动，但雄鸟还是以为是真的，前来求偶。他还发现有近似物种共栖之处，该雄鸟偏好有正确喙形的雌鸟。然而岛上只有该物种时，雄鸟却较不挑剔。换言之，鸟喙形状的确是雄雀用作选择同物种的标志，而繁殖强化确是一种进化过程。格兰特仔细衡量各因素后，认为特征置换的主因是竞争，而繁殖强化则是次级效应；这表示，一旦鸟喙因竞争而进化区分，其他近亲的达尔文地雀类，也利用这项差异，避免发生杂交。

在其他例如蛙、果蝇、蚁、蜗牛等生物群，虽然也有具说服力的特征置换现象之文献记载，但要将之视为一种普遍性的生物程序，尚有一段遥远的路要走。特征置换可在各处稍做压缩，也可让区域性群落内再稍微容纳数物种。特征置换代表这样一种程序，群落在这里可略微群聚，及提高一般生物多样性。

增加生物多样性的因素方面，还应加上捕猎一项。潘恩（Robert Paine）在华盛顿州海岸进行一项相当有名的试验。他发现肉食动物非但不会摧毁其捕食物种，反倒会保护它们免于灭绝，从而挽救了物种的多样性。例如橘色海星（Pisaster ochraceus）是海岸潮间带岩石上捕食多种软体动物（包括贻贝、笠贝、石鳖）的关键种，同时也捕食状似软体动物但实际上是固定不移动、具有硬壳覆被的甲壳动物——藤壶。在潘恩的研究地区内，只要有橘色海星之处，就有15种软体动物与藤壶与之共处。当潘恩拿走橘色海星后，物种数却跌到8种。这个结果虽属意外，事后想来却是合理的。少了橘色海星的捕猎，贻贝与藤壶的密度会异常增高，并挤掉了7个其他物种。这个例子说明了捕食者比起竞争者还安全些，所揭示的会聚法则是：某捕猎物种的加入，可让更多的定栖型动物物种随之进入该群落。

共　生

还有另一个复杂的层面是因共生现象而起的。广义的共生是指两种物种以上形成紧密结合体的现象。生物学家将共生分为三大类：第一类是寄生，共生体依靠宿主而生存，宿主虽会受到伤害，但不会丧命。换言之，寄生是一种捕食行为，捕食者（寄生生物）猎食其猎物（宿主）之部分而非全部，所以宿主常常还能健在。

一个宿主物种能养活某物种的整个族群，有时还能同时养数种物种。例如一位没有就医的病人身上就可能（至少在理论上）寄生着头虱（Pediculus humanus capitis）、体虱（Pediculus humanus humanus）、阴虱（Pthirus pubis）、人蚤（Pulex irritans）、蜇人马蝇（Dermatobia hominis），还有多种蛔虫、绦虫、扁虫、原生动物、真菌与细菌，这些寄生生物的代谢作用都已调适配合人体的生活。各生物物种，特别是每一种较大型的植物或动物，都是它们专属食客的宿主。例如，大猩猩有其专属的阴虱（Pthirus gorillae），与寄生智人的阴虱颇为近似；在南美洲军蚁的兵蚁后腿上，发现有一种完全靠吸血维生的寄生螨。一种小型的蜂幼虫寄生在另一种蜂的幼虫身上，而该被寄生的蜂幼虫又寄生在某些种蛾的毛虫体内，而该种蛾则专门吃一种寄生在其他植物上的寄生植物。

提高多样性的方式还有靠共栖的共生生物。共生生物栖息在其他物种体内或巢中，却与这些物种无利害关系。大多数人的额头上有两种螨，而且感觉不到它们的存在，那是蠕虫般体形细长、有蜘蛛状头部的生物，小到肉眼几乎看不到。一种为毛囊蠕形螨（Demodex folliculorum），住在毛囊内，另一种为皮脂蠕形螨（Demodex brevis），分布在皮脂腺内。你可以用下列方法看看自己额头上的螨：用一只手绷紧皮肤，从皮脂腺挤出一点油质，用长柄匙或涂奶油用的刮刀（避免用锐利的物体，如玻璃边缘或是利刃）沿皮肤表面小心刮一下。接着把挤出物刮到一片盖玻片上，再把盖玻片面朝下放到一片事先滴了浸润油的载玻片。然后用普通的复镜式显微镜观察挤出物。这样你就会看到令你起鸡皮疙瘩的生物了。

除此以外没有他法可以看到我们额头上的螨。这些蜱螨与其他的共栖共生生物，把薄镍形的身体溜进宿主，利用其宿主几乎无用的少量营养与能量，过着心满意足而卑下的安逸日子。它们的生物量极少，多样性则极高。它们无所不在，但需要特别的眼力才能见着。热带雨林的树叶上有扁平、一厘米见方的地衣、苔藓与叶苔等园地。这些叶附生植物（epiphyll）上有成群繁茂、细微的螨、弹尾虫与树皮虱，这类动物有些吃叶附生植物，有的被食青饲料的动物捕食。因此，乔木上的一片叶子，虽然往往只占该巨树的万分之一，却是具体而微的动植物群生态系统。

所有物种间最紧密的关系称为"互利共生"（mutualism），此远超过人类"社会"（Community）所蕴含的共生关系。这第三种关系，才是真正的共生，是两种生物互助互惠亲密地共生死。我们说"枯木的大部分是靠白蚁分解的"，其实不尽然，分解工作主要是靠栖息在白蚁后肠内的原生动物与细菌类生物。然而，也非全靠这些微生物，因为它们需要白蚁提供栖息地，还要白蚁先将木材嚼成木浆并不中断地供应。因此，正确的说法是：枯木的大部分是靠白蚁—微生物共生体分解的。白蚁取得木料，但无法消化；微生物能消化木材，但无法取得。可以说，历经数百万年，白蚁饲养了能做特殊工作的微生物。这有点接近于大生物沙文主义。但是，从另一个角度来说，白蚁被微生物的需求所主宰也说得过去。互利共生的本质就是这样：为达到最紧密的关系，所有伙伴要融合为一个生物体。

互利共生不只是生物学家追寻的趣事。陆地生物大多数都必须仰仗这一类关系：菌根菌是真菌与植物根之间紧密而互相依存的共生生物体。大多数的植物（从蕨类、针叶树到开花植物），都养护了真菌，它们专门从土壤中吸收磷与其他化学结构简单的营养。菌根菌分出这些重要营养的一部分给它们的植物宿主，而植物宿主报之以提供栖息地与碳水化合物。植物若失去这些真菌，就会发育滞缓，许多植物甚至活不了。

有的真菌进入其宿主植物的根细胞外层，有的用浓密的网络把整个根包起来，要视物种而异。在世界各处随意拔起的一棵植物，都可看到细微纤维缠结着若干土壤颗粒。这些挂着的东西，有些可能是植物的须根，但是菌丝般细丝却是共生真菌的菌丝。在许多种植物的进化过程中，真菌的菌丝完全取代了其须根的功能。

少了植物与真菌的伙伴关系，4亿到4.5亿年前高等植物与动物盘踞陆地的事件，就可能无法完成。那时荒芜又被暴雨冲刷的土壤，除细菌、简单藻类与苔藓等植物外，其他较复杂的生物体是难以生存的。最早的维管束植物是一种无叶与无种子状，外观类似现今的木贼与水韭类的植物，它们经由与真菌联手合作，才能立足陆地。这些先驱植物，有的进化成古生代煤源森林的巨大石松类乔木与有种子的蕨类，它们也成为现代针叶树与开花植物的祖先。这些后裔植物群发展到目前的全盛时期，孕育了前所未有的、从古至今最为多样的动物生命。可能涵括了地球一半以上的动植物物种的热带雨林，就生长在一层菌根真菌的网络上。

海中的珊瑚礁相当于陆地的雨林，也建立在互利共生的基础上。水螅类的活珊瑚，覆在石灰石礁体外，与水母是近亲。这类水螅群落（即珊瑚）与水母及其他腔肠动物，利用羽状的触手捕捉甲壳类与其他小动物。它们的能量也依赖单细胞藻类的供应，而这些腔肠动物会保护其组织内的藻类，并提供所猎食生物的部分营养。大多数珊瑚物种的每个水螅，会构筑一具碳酸钙质骨架圆柱，包住并保护其柔软的躯体。珊瑚群落靠水螅虫分芽而增殖，其杯状骨架依次层叠，各物种构筑成其特有的几何构造，结果会集结成整个珊瑚礁的各种复杂骨架结构，由珊瑚、脑珊瑚、鹿角珊瑚、烛台珊瑚、海扇及柳珊瑚组成纠结的礁石场。随着群落增长，水螅虫老死，完整的石灰石外壳遗留下来；活的水螅则在遗骨上形成一层新生命，经过一段时间，礁石的遗骨也逐渐增厚。许多遗骨巨岩已有数千年岁月，是若干热带岛屿形成的主要地质物，尤其是火山岛外缘的珊瑚礁以及火山冲蚀后所留下来的环礁。珊瑚礁成为数千物种聚集的群落（从海蜂、虾蛄到须鲨等），提供了物理基石与光合作用的能量。

复杂食物网

到现在为止，我们对群落聚集了解到什么程度了？很显然，我们知道物种之间关联上有巨大的组织结构，但是究竟有多大呢？我们对任何一个群落都不知有多大，例如，一处阔叶树林、珊瑚礁或沙漠涌泉中拥有多少生物，答案是不知道。我们仅知道若干关键种，若干会聚法则，若干竞争现象与共生过程，这些组成了微弱的凝聚力。

我们也知道两三物种如何能一起生活的状况，但不知到整个群落是如何紧密共处的。随着研究愈来愈精进，提供了若干说法。整个群落可视为一个食物链，靠其内的某物种吃另一物种联结着。当某物种灭绝了，会单纯地从食物网上消失吗？如前面提过的海獭例子，这会产生什么效应呢？根据野外研究与数学模式的推导，生态学家已找出几种食物网最常见的一般现象。他们知道组成食物网的食物链长度相当短。假使你调查食物网上各环节谁吃了谁，你会发现食物链不会超过五个环节。例如，美国中北部的一个沼泽，短角蚱蜢吃拂子茅，金蛛吃短角蚱蜢，金蛛又被棕榈林莺吃掉，而白尾鹞又吃棕榈林莺。因为拂子茅是植物，不吃任何生物物种，而白尾鹞没有吃它的物种（除了其尸体为细菌与其他分解生物分解外），这两种物种位居食物链的两端。第二个现象是，食物链上的环节数并不因为群落规模加大而增加。不论群落中有多少生物物种，从某植物物种到该顶端的捕食者之间的平均环节数并不会增加。

我引述了这两项具有普遍性的现象，虽然说明了群落生态学更具体的原则，然而也凸显了这些原则的缺陷与弱点。如果把沼泽食物链的棕榈林莺除掉，那条食物链就不那么完整了，但是生态系统或多或少地维持着原状，因为食物链上的每一物种还接上其他数条食物链。沼泽内其他鸟种还会吃更多的蜘蛛，而白尾鹞无形中改吃其他的鸟类、啮齿类、蛇以及其他动物。只长在棕榈林莺身上的羽毛螨、鸟虱与其他共生生物，是另一条食物链的一部分，则会随着其宿主（棕榈林莺）而消失，但是这丧失无损于整个群落。

现在将此想法增加为消除两种林莺类，然后是所有林莺类物种，最后是群落内所有的燕雀。当消失的物种愈多，影响也会扩大加深，群落损及面大到难以确知的程度。把蚁类等主要捕食与食尸动物的昆虫和其他小动物除掉，这个影响会更大，造成的细微影响则更加难料。食物网内的鸟、蚁及其他植物与动物等大部分的物种，联系了多类的食物链。要判断哪些存活物种会填补消失的物种及其功能，是极为困难的。物理学家可以叙述单一粒子的行为，也有信心预测两个粒子的交感互动；到了三个以上的粒子，就开始没有把握了。请记住，生态学是比物理学更为复杂的学科。

物种灭绝过程的反面是物种添加。生态学家尚无法预测哪些物种能进入某群落，以增其多样性。随意找一个栖息地。里面物种数的密度多少？稳定多样性的上限何在？没有人为干扰下最多能有多少物种数？用人为力量不断引进物种增加局部地域的多样性，例如把兰花固定在树干上，动物园饲养的虎放归丛林，但是这些物种大多最后还是无法生存下去。若无经常地横加干涉，大多数超量物种的群落势必回跌到较低多样性的状态，至于会不会回跌到原始的多样性，就很难说了。

一个行星只容许做一回实验

　　群落结构因传统食物网之外物种的加入，造成更多的不确定性，唯此不确定性尚无可靠的定律与法则可资依循。竞争（尤其是在竞争之下，某物种排除了另一物种的状况）更是不易断定。还有消失食腐动物与共生生物产生的影响，也同样难以断定。尤其最难断定的是评估物种长期逐渐变更物理环境所造成的冲击，例如，优势树种过于繁茂，变更了其他植物与动物生活所需的温度与湿度状态。筑冢的白蚁翻动土壤，使土壤肥沃，改变了环境化学元素的组成，并促使在其地底蚁穴附近生长的植物种类、螨与弹尾虫的族群暴增，而真菌孢子与腐殖质则相对减少，所有这些造成的结果都是极难以确定的。

　　生态系统之不可逆料，是生态系统物种特异性所导致的。每物种都是一个具有独特进化史、独特基因组合的独立单元，因此每物种对于群落内其他物种的反应，往往有其特殊的方式。我将以自己偏好的"摧毁定律"为例，为本章收尾。

　　树洞往往会积雨水，成为动物与微生物的小水域栖息地。美国西海岸有一种树洞蚊虫，叫塞拉伊蚊（Aedes sierrensis），它的幼虫吃微小的纤毛原生动物（Lambornella clarki），此为一种类似大家在生物课上熟悉的草履虫。这种原生动物原是吃树洞积水内繁殖的细菌与其他微生物。但当原生动物接触到蚊子幼虫气味的一到三天内，便对其施虐者展开了反击。一部分原生动物蜕变成为寄生生物，侵入蚊子幼虫的体内，开始吃幼虫的组织与血。如此，食物链的某环节整个翻倒过来，产生了一个某物种同时是其他物种的捕食动物与猎物的食物循环。

　　蚊子和原生动物捕食与反捕食的循环，是群落生态学必然走向的标识，亦即把生态系统从下往上做详尽的分析。生物学家正以一种新的使命感回到博物学研究上来。他们以往从上往下，从整个生态系统的性质（能量流、营养循环、生物量），推论其群落与物种的特性的研究方式，将难有进展。要能开创新原理与新方法，要准确地描绘在人类的攻击下生态系统未来的发展，唯有详尽了解生命史与大量构成物种的生物学。

然后，才能回答人们最常问我的有关生物多样性的这个问题：假使消失物种够多，生态系统是否会崩溃？大部分其他物种是否随之灭绝？现有的答案是：有可能。但是，等到我们有了肯定答案之时，可能已经回天乏术了，因为一个行星只容许做一回试验。

第十章
生物多样性的巅峰

THE DIVERSITY
OF LIFE

—

Biodiversity

Reaches

the Peak

—

最多样化的动物群不仅体型小，
同时机动性也高，
它们因而能取得最多种类的
食物与其他资源。

30 亿年前，陆地上是没有生命的，更甚的是，它根本就不适合居住。大气平流层中没有臭氧层，而臭氧的前驱氧分子，在近地面的空气中也太稀薄了，无法制造臭氧。短波的紫外光辐射长驱直入，毫无阻挡地照在地表的干燥玄武岩上。紫外线无情地攻击敢从海中爬上来的生物，关掉它们体内的酶合成机制，周遭的毒性物质破坏它们的细胞膜，撕裂它们的细胞。

不过在水中，因能免于紫外线的致命威胁，所以有微小生物群集着。它们近似现今的蓝绿氰细菌（cyanobacteria，以前称为蓝藻）、各类细菌及类似细菌的物种。大部分是单细胞且为原核生物（prokaryote），仅有一些是由细胞串成的细线。这些简单的生物没有核膜、线粒体、叶绿体及赋予高等植物与动物细胞结构复杂的其他细胞器。

生命发端于微生物垫

早期的生命形态，大部分集中在薄薄浮渣状的片块内，称为微生物垫（microbial mat）。在垫的底下，这些生物堆积成特殊的岩石地层称为叠层石，类似叠在一起的床垫（即叠层意义之来源），散生在浅海海底，就像是堆在仓库地上的货物堆。这些上面长了成堆生物的岩石，目前的世代仍然散见于数处，例如生长在下加利福尼亚半岛与澳洲西北部的浅水潮间带水域叠层石。有些很软，用猎刀就可以割开，有的因受到相当量的碳酸钙渗入，硬化成化石叠层石，十分坚硬。它们的形成是通过外部增长的方式。叠层石上的活生物不断地被间歇性的浪潮与风暴带来的泥沙及碎石掩盖着。生物继续向上繁殖，冲破污秽的堆积层后才能接触到洁净的海水与阳光，如此便在叠层石上方年复一年地增高。

现代的微生物垫下面并非都有厚实的石柱。许多在物理环境十分恶劣、捕食性与竞争物种稀少的边际栖息地（例如温泉、咸舄湖、南极湖泊、深海沉积淤泥与陆地上湿岩石表面等处）长成的薄层是无法固着稳定的。与大多数的生态系统比较，它们是数量少、分布又很分散的系统。但是，30亿年前，所有可用的浅海空间，恐怕生长的都是各种这类微生物岩层，每种都特化成适应当地生态区位的日光、温度与酸碱度的种类。

自从有了生命，微生物垫上就已盘踞了相当复杂的生物群落。平凡的外表往往会让人看走眼。我们若向下纵切一片垫层，并切成薄片，在显微镜下观察时，可以见到表面1毫米的厚度内，充满着进行光合作用的生物。光源透过这薄薄的1毫米厚度，亮度就削弱成原来的百分之一。折损之能量相当于阳光从茂密树冠到地面的削减量。

此两者的相似之处还不只是这些：垫层群落的组织近似森林。捕捉阳光能量的各类蓝绿菌的分布，有如森林中自上而下地分布着各类植物一般。喜光性的物种分布在近表层，最耐阴的则分布在底层。它们利用日光能，将水与二氧化碳结合成有机分子，其间并释放氧气。底层相当于幽暗的林内（或是光照表水层的深海）的微环境，分布着硫氧化菌。这种进化上比蓝绿菌还古老的早期生物，并非一种光

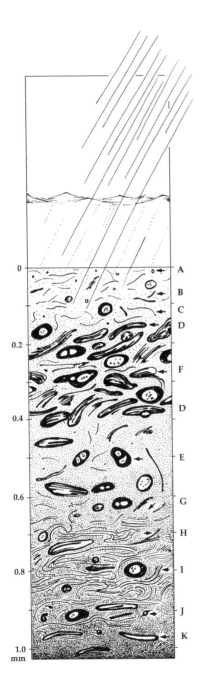

地球上最原始生态系统之一便是微生物垫，属于微生物的会聚群，地质年代上几乎接近于生命的发轫期。在浅海水的活垫层，其一毫米厚的微生物，因所处深度不同，而依次分布着不同的物种，是依照能提供的光度与营养量不同而分布的。（莱特绘）

A 矽藻（微藻类）

B 蓝绿菌甲（Spirulina）

C 蓝绿菌乙（Oscillatoria）

D 蓝绿菌丙（Microcoleus）

E 非光合作用细菌

F 混合的单细胞蓝绿菌

G 细菌黏液

H 绿屈挠菌（Chloroflexus）

I 固硫菌（Beggiatoa）

J 未能鉴定的食菌菌类

K 蓝绿菌脱落的鞘

合生物，无法利用太阳能把水裂解为氢与氧，但是可以在黑暗中切断硫化物内键结力不很强的化学键。

在古老的微生物垫层周围漂动的，几乎可以确定就是蓝绿菌族群与其他非垫层微生物的原核生物。其中若干生物靠光合作用营生，其他的则捕食原核生物或以捡食死细胞维生。在显微镜下的生命，势必早已多样化了，并且取用相当多的能量与营养。然而早期的生物类与现今的生物群比起来，多样化的程度就没有这么高了。当时没有森林与草原来襄助数百万遍布大地的动物物种，海岸边也没有充塞的褐藻，没有捕食蔚蓝海洋中鱼群的麇集燕鸥。假使我能让时光倒流，旅行于远古海洋的岸边，并涉水而行，以肉眼寻觅当时的植物与动物，我们找不到高等生物的证据；只有遇到棕绿色的藻类浮渣与岩石上来历不明的黏滑物。能清清楚楚看得见的生物体与高多样性是很后来的事。

古老年代的生物垫层，在进化力量下，生物多样性已经增加了千倍之多。进化进展的时代有明显的四大跃进：

◆第一阶段是生命的产生，约在39亿至38亿年前，从无生物之前的有机分子自发而来。最先的生物是单细胞类，因此极为微小。叠层石生态系统早在35亿年前即已产生。

◆第二阶段是真核生物（eukaryote）的产生。约在18亿年前出现。细胞的DNA外面已有薄膜包裹着，而且其他部分含有线粒体与其他已成形的各种细胞器。最初，真核生物是单细胞生物，与现代的原生动物与较简单的藻类相似，但是很快地便发展成许多由真核细胞组成的较复杂生物，由许多组织与器官构成。

◆第三阶段为5.4亿到5亿年前的寒武纪大爆发。极多新的大型、肉眼可见的动物，以辐射方式进化出现今存在的主要适应型生命。

◆第四阶段为约从100万到10万年前人属进化的晚期，人类的起源。

有些生物学家与哲学家对"进化进步"（evolutionary progress）一词有意见。当然，这个表示法实在有欠准确，充满了人本主义的微妙之处，但是我也用这种表示法来阐明生物多样性似矛盾而可能正确的重要说法。严格地说，进步的概念隐喻着一个目标，而进化是没有目标的。目标并不存在于 DNA 中，天择的客观力量也没有暗示这些目标。目标反而是行为的一种特化形式，是包括骨骼、消化酶与青春期等外在表现型的一部分。一旦在天择的聚集下，人类与其他有知觉的生物才规划目标，作为他们存活策略的一部分。因为目标是生物面对环境困境所做的事后反应，主宰生命的是过去的瞬间与面临的现在，而非未来。简单地说，经由天择发生的进化与目标无关，因此似乎也应与进步无关。

然而"进步"还有另一层意义，确实与进化有相当的关联。生物多样性容纳了极多（从简单到复杂的）情况。进化是从简单起始，当然在进化过程中虽然不乏逆向而行，但从整体的生命史而言，一般是由简单与少数往复杂与繁多之路进化。整体而言，过去 10 亿年间，动物的体型大小、取食与防御敌人的技术、脑与行为的复杂性、社会结构与环境控制的精准度等都往大处进化，无论在哪一方面，都比其较简单的前代更远离无生命的状态。更精确地说，这些总平均特性与它们的上限都提增了。

那么，从任何直觉的标准上看，"进步"便是整体生命进化的一种特性，包括动物行为目标的设定与意图，把进化与进步判定两独立事件并不合情理。还是让我们倾听一下皮尔斯（Charles Peirce，1839—1914，美国哲学家、自然科学家，实用主义创始人）的肺腑之言："别用哲学外衣来否定真心认为的事实。"

回首进化长路

进步进化趋势确实通过逐渐加强对地球环境的主宰，增加了生物多样性。启用侦测 30 亿年前形成的古沉积岩石中极微小化石的新方法，采用分析古环境的化学与统计方法，来估算已灭绝物种的相对量。过去 10 年里，地质化学家与古生物学家更清楚地呈现出这段历程。

距今 20 亿年前，地球生物中有大部分经由光合作用产生了氧气。氧是今日生命的要素，然而当时并未累积于水与大气中，而与当时大量、饱和、溶解在海水中的铁结合，形成不溶于水的氧化铁，沉淀到海底。此现象就如舍普夫（J. William Schopf，加利福尼亚州大学洛杉矶分校的古植物学家）简明的陈述："地球生了锈。"

因为铁的氧化、沉淀，用去了氧，地球上的生物只好维持缺氧状态。新陈代谢作用的有氧过程，原是取得与调配自由能的高效率方式，那时最多也只能算是进化的一种辅助性适应罢了。到了 28 亿年前，海洋中的铁已部分被沉积，若干局部栖息地开始有了低浓度的氧分子。原核单细胞的好氧生物群大约在此时出现。以后的 10 亿年间，全球的氧气浓度增加了，达到约为大气组成的百分之一。

到了 18 亿年前，第一个真核生物群出现了：它形如藻类，是现代海洋中主要进行光合作用的生物的先驱。至少到了 6 亿年前，约在元古代（Proterozoic era）即将结束之际，第一类动物进化出来。那是一种身体柔软、扁平、属于埃迪卡拉动物群（Ediacaran fauna）的生物，因为第一个化石标本出自南澳洲的埃迪卡拉丘（Ediacara Hills），故以之命名。它们略似某些水母、环节动物及节肢动物，而且这些生物可能还是埃迪卡拉动物群的子遗动物。

寒武纪大爆发

大约在 5.4 亿年前，我们现处的显生宙（Phanerozoic eon）的最早期，也就是在寒武纪初期，在当今生命史上发生了一件大事：动物躯体变大与急剧多样化。当时大气中已含有百分之二十一的氧分子，此已接近今日的浓度。这两项趋势彼此有关联。原因很简单，即大型、活跃的动物要有充裕的氧气供其呼吸作用所需。

在百万年内，化石记录几乎保存了每一个现代无脊椎动物分类的门。那些动物长约 1 毫米多，有骨架结构，因此容易保存而为后世发掘。有很多现代动物的纲与目中，有一大部分在那时就已出现了。如此发生了寒武纪大爆发，是动物进化上的大爆发。细菌与单细胞生物至此也达到如现今相同的生化复杂度。而今在戏剧化的新辐射扩散下，这类微小的生物大量繁殖，将生存的生态区位扩张到新近进化出现的动物躯体上与动物产生的废弃物之内，成为一个由病原体、共生菌与分解菌构成新而微小的国度。大约于 5 亿年前，海洋生命约已形成像现代的景象了。

到了这个时代，浓厚的臭氧层筛滤了致命的短波辐射。潮间带与旱地已成为生命的庇护所。到了 4.5 亿年前的奥陶纪末期，可能是从多细胞藻类衍生的第一类植物开始侵占陆地。此时地形大体平坦，缺少山脉，气候温和。动物很快就接踵而至：目前尚不知道的某些无脊椎动物，钻入原始土壤中。（古生物学家会发现它们留下的痕迹，但仍未找到躯体。）过了 5000 万至 6000 万年便进入了泥盆纪。

早期的泥盆纪，先驱植物群在大陆如厚地毯般遍布地面，形成了厚实的垫层与低矮的灌丛。小型而真正适于陆地生活的第一类蜘蛛、螨、蜈蚣与昆虫开始群聚。继这些堪称为从事陆地上专业生命的小型动物后，从总鳍鱼类进化的两栖类动物，再进化出当时陆地上的许多脊椎动物，接着便开启了爬行类动物的时代。纲与目的分类层阶持续巨变着，直到哺乳类动物与人类的时代，才先后分别建立起来。

距今 3.4 亿年前，先驱植物群将领地让给以石松类乔木、有种子蕨类、树木贼以及许多种蕨类为主的石炭森林。生命已达到其所能的

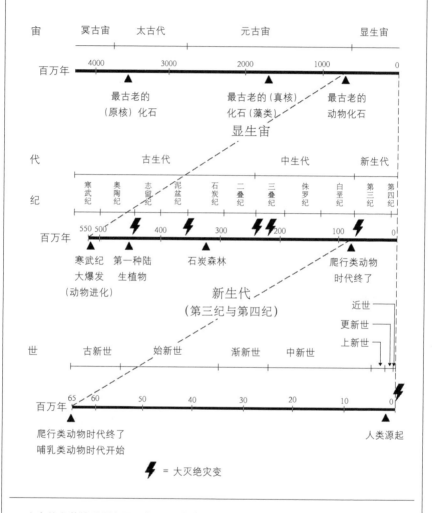

生命的完整历史

| 宙 | 冥古宙 | 太古代 | 元古宙 | 显生宙 |

百万年 4000 3000 2000 1000 0

▲ 最古老的
（原核）化石

▲ 最古老的（真核）
化石（藻类）

▲ 最古老的
动物化石

显生宙

| 代 | 古生代 | 中生代 | 新生代 |

| 纪 | 寒武纪 | 奥陶纪 | 志留纪 | 泥盆纪 | 石炭纪 | 二叠纪 | 三叠纪 | 侏罗纪 | 白垩纪 | 第三纪 | 第四纪 |

百万年 550 500 400 300 200 100 0

▲ 寒武纪
大爆发
（动物进化）

第一种陆
生植物

▲ 石炭森林

▲ 爬行类动物
时代终了

新生代
（第三纪与第四纪）

近世
更新世
上新世

| 世 | 古新世 | 始新世 | 渐新世 | 中新世 |

百万年 65 60 50 40 30 20 10 0

▲ 爬行类动物时代终了
哺乳类动物时代开始

▲ 人类源起

⚡ = 大灭绝灾变

生命的完整地质历史可回溯至 35 亿多年前，从第一个单细胞生物出现算起。将进化的主要记事都划分在地质年代内的各阶段：宙（eon）下分为许多代，代（period）下分为许多纪（era），而纪下又分为许多世（epoch）。图中的闪电符号表示生物多样性因大灭绝灾变的发生而急遽降低。

最大生物量了，生物的有机物量更是空前之丰盛。森林中栖息着成群的昆虫，包括蜻蜓，甲虫以及蜚蠊。

到了古生代末与中生代初，约在 2.4 亿年前，大多数的成煤植物，除了蕨类外，都已灭绝。在新近组合的、大部分是热带植物群的蕨类、针叶树、苏铁与类苏铁植物盛行期间，恐龙出现了。

从 1 亿年前开始，开花植物横扫天下，主宰着陆地植物群，重新构筑全球各地的森林与禾草原。在这个本质上已属现代的开花植物群霸权下，正当热带雨林达到空前最丰盛的生物多样性之时，恐龙灭绝了。

过去 6 亿年间，即使历经数次大灭绝事件，生物多样性却持续地成长与增加。海洋动物在寒武纪与奥陶纪时增加到超过 100 多目，其后的 4.5 亿年间变动不大。科、属与种的数目，于 2.45 亿年前古生代末期，也就稳定下来了。

这些分类群在古生代末期的大灭绝灾变中锐减。5000 万年后的三叠纪有一个较小规模的灭绝灾变。然后，生物多样性急速爬升，在中生代结束时再次下跌，而在之后数百万年间达到空前多样。陆地植物与动物的多样性，在此后 1 亿年间平稳地过了一段时间后，陆地生物会聚逐渐发生，直到现代仍未停止。

每次大灭绝灾变后减少最多的是物种数，最少的是纲与门数。分类层阶愈低，灭绝数愈多。古生代末期，多达百分之九十六的海洋动物与有孔虫类物种消失了，但只灭绝了百分之七十八到百分之八十四的属，以及百分之五十四的科，门并未灭绝。

这种依分类层阶愈高灭绝数愈低的关系实则人为的现象，是生物学家采用的层阶分类生物法直接造成的，却是一种值得推敲与实用的人为方法，其缘由可用所谓"战争状况"来说明。例如 18 世纪的步兵进攻时，采用成排挺胸持枪开火射击的战术。每一个步兵有如一种物种，其上是一个排（属），而排则是连（科）的一个单元，连又是营（目）的一个单元，一直到师（门）。每位单兵中弹的概率都一

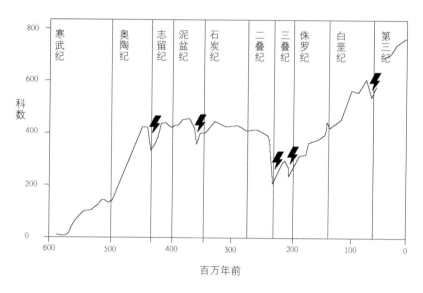

生物多样性历经地质年代递增，偶历全球大灭绝灾变而下降。以知有五次（图中闪电标示者）这种大灭绝灾变事件发生。本图为海洋生物"科"数量的变化。第六次大灭绝灾变已因当代人类活动而开启。

样。当一位中弹阵亡时，他所代表的物种就灭绝了，但是该排（属）的其他士兵则继续前进，所以即使人数减少了，排（属）并未被消灭。战争持续着，某排的所有士兵可能都灭绝了，但是其他排的残余物种还未倒下，因此连（科）继续推进。在这持久的生死搏斗中，大多数的种、属、科、目，甚至纲可能都灭绝了，但是只要众多的物种中的一种未死，这个门就未灭绝。

　　整个6亿年的显生宙进化，物种的更替率几乎是百分之百。百分之九十九以上曾经在各个时代生存的物种都已灭绝，取而代之的是存活者衍生的更多后代。这就是生命历史改朝换代全程演替的本质。演替通常是因大灭绝灾变引起整连（整科）、整营（整目）的消失。"百分之九十九"并不是一个了不起的比例。试想古生代的古两栖动物，上千的物种灭绝了，而某存活的物种繁殖出了原始的爬行类动物。之后上千物种的爬行类动物也灭绝了，但是仅存的物种便成为中生代恐龙的祖先。依照这个秩序，物种的存活率是二千分之一。换言之，衍生的 2000 亲系中，仅有其中一种亲系未灭绝，生物多样性照样蓬勃发展。

这个现象提示了一项值得注意的可能性，亦即生物界的门从未灭绝过。让我换另一种更易懂的方式说一次：灭绝事件的发生绝不会高到灭绝门的地步。虽然有许多目与纲都灭绝了，但是我们无法确定一个门下的所有纲都被消灭了。倘若真正灭绝了一个门，最可能是发生于寒武纪动物多样性大爆发的一个门。那或许是环境产生了某种现象（极可能是大气中有可供呼吸的氧气出现）的缘故，使得海洋开始有大型动物栖息。全球的水域成为一个新大陆，长 1 厘米多的动物可以在其中进化，并进行适应性的辐射分布；确实如此，衍生了我们所知的留存至今的大多数或全部的门。

很多人相信寒武纪大爆发是一场狂野的实验时期，从事前无古人、后无来者的各种基本躯体设计。所有的设计一再发明了又一再被扬弃。假使这个观点是正确的，若干设计最极端的生命，如昙花一现的短寿物种，必定符合灭绝门的条件。如此一来，门的多样性在寒武纪大爆发时，必定达到巅峰，随后又降到目前的数目。这个说法从加拿大哥伦比亚省的伯吉斯（Burgess）页岩层中，找到保存良好的寒武纪早期至中期化石群，而获得佐证，这些化石似乎不能归类到任何既知的门中。在欧洲、中国大陆及澳洲，也分布着其他同样特异的伯吉斯类化石群。

从整体看这些化石群，寒武纪无疑出现过许多异常的动物类型，且在不久后便消失灭绝了。以分类学而言，要灭绝一个门，而此门以下即使已有目与纲的出现，也仅能持续数百万年的生命，但是这些化石还不能肯定地告诉我们，基本的新躯体型——能成为分类的

"门"的新发明——是否真的被创造与扬弃过。1989 年一位研究伯吉斯页岩动物群的顶尖权威莫里斯（Simon Conway Morris，剑桥大学古生物学家）认定，那些古老的化石群中有 11 类物种在现代动物的门重现，另外有"19 类明显不同的躯体设计，彼此相当不同，也与现存动物的门是截然迥异的生物"。莫里斯又说："这类短暂的物种辐射也存在于现今的节肢动物门。伯吉斯页岩的节肢动物门中形态各异似乎是层出不穷。总让人觉得那一张极大的拼图，是各物种依照数目不同与类型各异的节肢、节数、背甲融合度，以及身躯整体的比例拼凑而成。"

从寒武纪化石中的节肢动物物种，知道了当时生物多样性仍然低于现代活节肢动物的总多样性，而且可能低得相当多。留在海洋的纲与目数量仍然极为众多，那些会钻穴、游泳与精于飞行的昆虫，有许多尚未遍布旱地与淡水水域。但我不由得想，假使我们只从某一纲（例如昆虫纲）的四种现存物种（例如墨蚊的蛆、大宽吻蜡蝉、雌蚧及扁泥甲虫），并将之以伯吉斯页岩化石相同的保存方式保存着，这些残骸也许会被误分成四个独立的门。因为从它们外表乍看之下是完全不同的躯体型设计。

古生物学家用令人敬仰的审慎态度处理伯吉斯页岩化石的动物群。他们把那些体型无法归入现代动物门的化石称为"待释动物"（problematica）。要在发现保存更佳的化石标本或有更进步的方法研究旧标本时，待释动物的数目就可稍微减少。例如一些有甲胄的生物，属于幻觉虫（Hallucigenia）、微网虫（Microdictyon）与外异虫（Xenusion）等属的化石生物，近年归类到有爪纲（Onychophora），它们是外形像毛虫而被认为是介于节肢动物与环节动物之间的动物门。有一种可以说是集怪异于一身的 Wiwaxia corrugata，长得像背上冒出钢刺的有鳞甲的蛞蝓，现也已证实是属于环节动物门多毛纲（Polychaete）蠕虫的残骸。

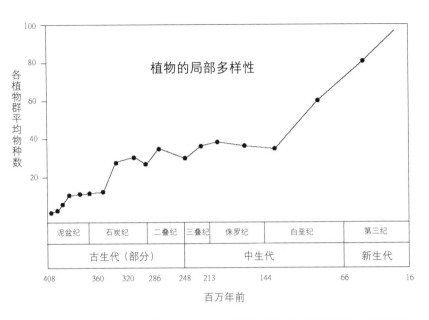

地方性植物群中平均物种数，自从 4 亿年前植物登陆后就稳定地增加。这种增加反映了世界各地陆地生态系统日趋复杂与多样化。

　　现在就此浩瀚的知识做个简要说明：现存的动物共有 33 门，每门皆有海域代表物种。其中大约有 20 门的动物，体型够大，数目也够多，能够保存在海底，形成类似伯吉斯页岩的化石。有把握确认的寒武纪动物有 11 门，且均未灭绝。寒武纪大爆发后，海栖生物的多样性渐次增加，陆地因石炭森林与其昆虫及两栖类生物会聚后，多样性也渐次增加。一般来说，生物多样性增加最快的时段是在过去 1 亿年间。

生命宝库聚集热带

　　尽管生命史历经主要与次要的暂时衰减，尽管有数次种、属与科几乎全盘替换，为什么生物多样性还是有一路向上增加的趋势呢？部分的答案是大陆板块的变迁提增了物种的形成。古生代末期，地球的表面还是一个超级大陆板块——盘古大陆。到了中生代早期，盘古大陆裂成两大块，居北的劳亚古陆（Laurasia）与居南的冈瓦纳古陆；印度则裂成数小块，并逐渐北移与喜马拉雅山弧缘会合。约在1亿年前，现今的数个大陆已形成，唯大陆间的海域还在逐渐变宽。在深海的隔绝下，主要的动植物群分别进化着。海岸线不断地加长，因之近岸底栖生物栖息地面积逐次增多。浅海时而盖过陆地，时而成为旱地，轮替地创造与摧毁新的栖息地，引起生物群的适应辐射发生。这些生物栖息的世界，是所谓"动物群与植物群的地盘"，虽然过去一再地丰盛与败坏，但是，我们今日生存的时代位居丰盛巅峰。

　　新生代的全球生物多样性达到顶峰的原因，首先是有氧环境的产生，其次是大陆板块的分裂，但是全部的原因还不止于此，还有在特定栖息地（如浅海海湾与热带森林等）内共栖的物种数，时辍时续地增加着。过去1亿年间，海域生物的物种数至少增加一倍，而陆地植物增加了三倍。这种变化趋势意味着更多的物种聚居于当部的群落之中，也就是新物种急速形成或是灭绝速度渐次放慢。

　　要了解局部地区的群落多样性在历经地质年代中渐次繁富的原因，我们必须重新审视活着的动物群与植物群，进一步仔细看看各物种的生物学中容易被忽略的细节。

　　我们可以先比较一下物种稀少与物种繁富的活群落间之差异。我们看到的主要线索是纬度上的多样性递变现象，从两极往赤道接近之时，物种（或其他分类群单位）数递增了。

　　以下是北半球陆地面积相近的种鸟物种数随纬度递变的情形：

格陵兰	56 种
拉布拉多	81 种

作者在巴拿马的巴洛科罗拉多岛上寻找雨林中附生植物上的昆虫。[莫菲特（Mark W. Moffett）摄影]

热带生物多样性研究

上图：这一片海葵触须、珊瑚、罐状海鞘、贝介以及其他无脊椎动物，满覆在巴拿马的巴斯蒂门多斯岛（Bastimentos）国家公园海中的红树根上。[穆拉夫斯基摄影]

下图：斯里兰卡的亚当峰（Adam's Peak）上有几种稀有的 Stemonoporus 属乔木，该图是该属其中的 S.oblongifolius，仅分布在斯里兰卡，并有灭绝的危险。[莫菲特摄影]

在巴西的马瑙斯以北，在辟为草原的大地上留存的一块方形雨林。这块方形试验区是许多清除前与清除后进行监测的试验区之一，以决定保护区面积对物种存活的影响。[莫菲特摄影]

自然风暴造成的伤害，通常在原生植物的再生下，很快地就弥补修复过来。这张照片是1989年，飓风侵袭波多黎各雨林后六个月，图中已看出植物重新长出来。[穆拉夫斯基摄影]

各处的小空间都有微型野生栖息地。例如这个马萨诸塞州林地上的一堆栎实。许多栎实死于象甲虫（左图）。接着许多种昆虫与其他小生物随之侵入栎实内部，形成具体而微的食素者、分解者、掠食者以及寄生者的生命群落。

右页图：这是一只马陆在废弃的虫瘿上觅食，图中还有一只蜗牛壳，而在另一侧，一种绿色真菌覆盖在腐烂的栎实果肉上。靠近一点观察（左下图），可以看见一只甲螨正爬上蜗牛壳，可能在搜寻真菌孢子。在数年间，这类生物从繁盛到消失，直到残留的木质硬壳终于分解成腐殖质而后已。[莫菲特摄影]

果实

雨林植物的果实常常像花朵般显眼。它们鲜艳的颜色与形状用以吸引动物或靠风散播种子，开启新的世代。这些是哥斯达黎加与巴拿马的物种。[穆拉夫斯基摄影]

花卉

巴拿马雨林中的花卉。在新大陆热带气候区的许多这种栖息地，一座橄榄球场大小的试验区内可找到好几百种植物。[穆拉夫斯基摄影]

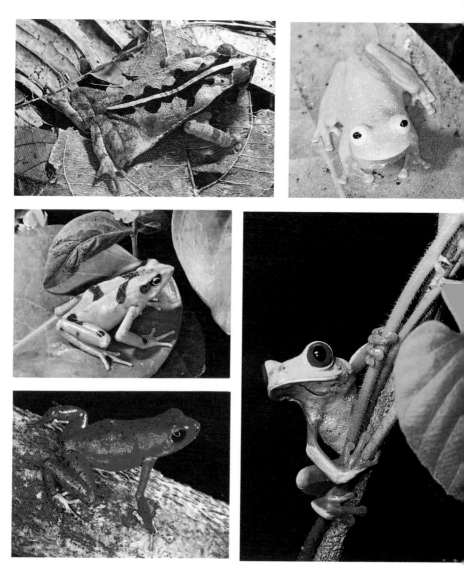

蛙类

巴拿马雨林中的蛙类包括肤色与落叶混杂难分的地栖类、在绿色植物上探望的树蛙以及用鲜艳色彩向掠食者宣告自己有毒的箭毒蛙。[穆拉夫斯基摄影]

真菌

据信全球大约有 150 万种真菌，其中仅百分之五有学名。那些
在巴拿马雨林中可见到的种类中有寄生在蚁与其他昆虫身上、
状丝般的虫草（冬虫夏草属，Cordyceps），以及偶尔从切叶蚁
巢穴上冒出的硕大白鬼伞（Leucocoprinus gongylophorus）。
[穆拉夫斯基摄影]

蝶类

像许多其他植物群与动物群，蝶类的多样性也在热带地区（特别是在雨林）最高。在新大陆的热带地区，某些地方有 1000 多种的蝶。这里列出的数种仅代表中美洲庞大蝴蝶动物群中的一小部分。[穆拉夫斯基摄影]

蜘蛛

这些是分布在全球的跳蛛科（Salticidae）。跳蛛离开蜘蛛网到外面追捉猎物，并用特殊的颜色来求偶。这些物种都来自斯里兰卡。

[莫菲特摄影]

甲虫

甲虫是所有陆栖动物中最多样化与最古老的动物群，全世界已知的甲虫就有 29 万种，不过这才是所有甲虫物种中的一小部分而已。局部地区多样性极高，在中美洲与南美洲森林中的一棵乔木上，可找到 1000 多种甲虫，从肉食到钻木与食叶甲虫都有。图中所列都是分布在哥斯达黎加与巴拿马的成虫。[穆拉夫斯基摄影]

蟹类

海栖的甲壳类在形态多样化与栖息的生态区位上，是与陆栖昆虫等量齐观的群体。这些来自哥斯达黎加与巴拿马的蟹类，包括行动迅速、分布在海滩与潮间带的物种。一只寄居蟹居住在一个被抛弃的蜗牛壳中（右上），几种行动迟缓但甲壳厚重的蟹在岸边水域中栖息。[穆拉夫斯基摄影]

亚马孙之梦。秘鲁的乌斯科－阿亚尔（Usko-Ayar）亚马孙学校的原住民马林（Roxana Elizabeth Marin）捕捉到的雨林内生命的繁荣景象。该校由阿玛林果（Pablo César Amaringo）所创。他是该地区的美洲印第安人与欧洲人的混血萨满巫之一，是靠着植物获得知识与能力的人。他利用当地的卡拔木（Banisteriopsis caapi）萃取出一种叫"死藤水"（ayahuasca）的迷幻剂，人若服用后可召唤动物、植物与精灵的梦，包括从现实到幻觉的神智，从现实的自然演变史到部族神话。

秘鲁巫师阿玛林果绘制的两幅幻境。上图为丘喇迦基之聚会（The Session of the Chullachaki），此时森林之精灵丘喇迦基对野兽与飞禽传达指令。下图为密林中一条隐身难见的巨蛇——萨查玛玛（Sachamama）。

纽芬兰	118 种
纽约州	195 种
危地马拉	469 种
哥伦比亚	1525 种

全世界有 9040 种鸟，其中约有百分之三十分布在亚马孙河盆地，另有百分之十六分布在印度尼西亚。这些动物群的分布，大多局限于雨林及与雨林息息相关的栖息地，例如河滨与林泽。

事实上，物种随纬度递变的大部分原因是热带雨林有异常的繁富度。雨林是全球物种主要的栖息地形态，生态学家称栖息地形态为"生物群落区"（biome）。雨林栖息地的环境条件为年降水量 200 厘米以上，且四季分配要均匀、足以让阔叶常绿树木繁茂孳生的森林区。

热带雨林由许多层次构成。30 多米（也有少数 40 多米）高的树木，参差零星地分布在大片森林内，其高度在一般乔木冠层之上。乔木冠层之下为高低不等、高度及胸的下层灌丛。森林内的树干上有藤本与缠勒植物环绕着，并从高高的枝干往下垂悬，连着地面。兰花丛与其他附生植物，在大树的粗枝干上盎然着生。雨林与中下的冠层，总有棕榈植物，让步入林中的人有种枝叶扶疏、平和亲切的错觉。纵横交错的树冠，有效地遮蔽了阳光，下层植物便缺乏能源的供应，长得有如桧柏林地一般稀落。

在这种雨林内，你可推开茂密棕榈叶与树枝，绕过大树，弯腰躲开垂枝与藤条，毫无困难地行走其间。完全不像一般人印象中的丛林，要用砍刀劈掉纠缠的植物，辟出路径。砍刀只是用在次生林与林缘地带的真正丛林。雨林有如绿色矗立的大教堂，类似大家所熟悉的、柔和的温带森林，只是树较高，充满神秘与自然野性而已。

在雨林深处，地面少有阳光，薄薄的枯枝落叶与腐殖质层零星地散布着。间有寸草不生的地面；阳光照不到的地方，地表幽暗难见，要靠手电筒贴近地面才能研究昆虫、蜘蛛、潮虫、马陆、盲蜘蛛与其他密密麻麻的小动物，它们组成清理死尸的公墓队伍，其间不乏会捕捉它们的捕食动物出没。

热带雨林的面积虽然只占陆地面积的百分之六，却据信孕育了地球上一半以上的生物物种。我用"据信"一词，是因为不论是全球或某特别的雨林，都没有确实估计过其多样性。这个一半以上的数字，只是纯粹靠专业论文及与保护专家讨论后达成的共识，再经由生物多样性理论家的专业知识的判断与合逻辑推演的结果。我得承认，这个数字大体得自零星事件与零碎的研究分析，但是综合各种知识的结果，这项谨慎获得的证据，已愈来愈具有说服力。

这里举几个"过半论点"的推理要件。我采用鸟类物种数说明，纬度多样性递变是生物学的一项真实的通则：物种最多的地方是南美、非洲与亚洲的赤道带地区。另一个明显的例证是维管束植物的分布区域。维管束植物（包括开花植物、蕨类以及一些较少的如石松、木贼与水韭）的植物群，总共占了陆地植物物种的百分之九十九以上。全球大约 25 万种维管束植物中，17 万种（百分之六十八）分布在热带与亚热带，尤其是在雨林内的物种特别多。

全球植物多样性最高的地区是安第斯山所在的三个国家（哥伦比亚、厄瓜多尔与秘鲁），加起来的植物群，也就是说地球陆地百分之二的面积上就有 4 万多种植物。乔木多样性的世界纪录是詹特瑞（Alwyn Gentry，密苏里植物园热带植物学学者）在秘鲁的伊基托斯（Iquitos）附近做的雨林调查所创下的。詹特瑞在两处面积均为 1 公顷的试验区内，均发现了 300 多种植物。另外阿施顿（Peter Ashton）在婆罗洲取了 10 处共 10 公顷的样区，总共发现了 1000 多种植物。此与整个美国与加拿大相比，北美洲的每一个主要栖息地类型（从佛罗里达的红树林泽到拉布拉多的针叶林），总共才不过 700 种特有种植物。

雨林中蝴蝶的繁富度更是多得离谱。全球最多蝴蝶群的分布纪录是秘鲁东南部的马德雷德迪奥斯河（Rio Madre de Dios）流域。到目前为止，拉马斯（Gerardo Lamas）与他的研究小组，在 55 平方公里的坦博帕塔保护区（Tambopata Reserve）内，登录了 1209 种蝴蝶。紧接着，埃梅尔（Thomas Emmel）与奥斯汀（George Austin）在巴西西部的隆多尼亚州（Rondonia）附近，一片方圆仅数平方公里的法曾达庄园（Fazenda Rancho Grande）鉴定了 800 种蝶类。

这些研究结果，若加入尚未透彻研究的群类可能的物种数，他们估计蝶类总数在 1500 至 1600 种之间。1975 年 10 月 5 日在邻近的雅鲁（Jaru），一位昆虫学家在 12 小时内，目睹了令人惊讶的 429 种蝶类（该地现已被开垦成农田，原有的蝴蝶几乎都已消失）。相反，整个北美洲东部大约只有 440 种蝶类，欧洲与北非的地中海沿岸合计也不过 380 种。

蚁随纬度的剧变可与蝴蝶媲美。在坦博帕塔保护区，欧文用"虫子弹"收集雨林中一株豆科乔木上所有的昆虫。我鉴定样本中的蚁类，发现有 26 属，43 种蚁，相当于整个英伦三岛上所有的蚁群物种总数。然而蚁多样性还远不及甲虫的多样性。欧文估计 1 公顷的巴拿马雨林中，就有 1.8 万多种甲虫，其中大多数是科学上未知、没有学名的物种。而整个美国与加拿大，也才仅有 2.4 万种甲虫，全世界已知的甲虫总共也不过 29 万种。

以此类推，陆地的生物多样性如金字塔状，逐渐向热带增多。虽然有少数植物与动物（包括针叶树、蚜虫与蝾螈）的物种多样性在温带较大，但其多样性并非很大。例如，全球已知的蝾螈物种数也不到 400 种。其他植物与动物群大多分布在热带，但也有些特化种分布在沙漠、草原与旱地森林。这些地区的生物多样性也低于邻近的雨林。

浅海环境的生物也是有相同的纬度分布趋势：浮游与底栖生物

愈近热带多样性愈高，物种分布密度最高的栖息地是珊瑚礁。珊瑚礁相当于海洋的雨林，其多样性绝对最高，且大部分未经探究。一座珊瑚岬，就相当于一株雨林的乔木，庇护着数百种的甲壳类、环节蠕虫及其他无脊椎动物。

总而言之，目前全球的物种多样性分布形态是随着纬度递变的，愈往赤道愈高，这是一项不容争议的通性。在陆地，生物多样性密集于热带雨林。单就雨林中昆虫动物群，就可能有数千万物种，甚至超过珊瑚礁的繁富度，而此仅昆虫一项，足以知道全球有一半以上的物种分布在热带雨林的推断是合理的。

ESA 理论

鉴于热带之于进化生物学的重要性，衍生了一个重大的理论问题。生物学家一直着眼于气候、太阳能、栖息地地形与类型、环境干扰度与干扰频率、动物群与植物群隔离度，以及历史复杂的特质。许多学者认为这个问题无法追究，问题的答案在数不清的原因内纠结着，或是所仰赖的答案被过去的地质事件抹杀了，所以不知深藏何处。然而并非一线曙光没有，许多不容推翻的分析与严谨理论，足以呈现一个比较简单或至少是一个易懂的答案，就是：生物多样性的"能量－稳定性－区域理论"（Energy-Stability-Area Theory），或简称"能稳域"（ESA）理论。简单地说，太阳能愈多，多样性愈高；气候（不论月或年变化）愈稳定，多样性也愈高；最后，区域的面积愈大，多样性就愈高。

这个理论的证据来自数端，并且不仅告诉了我们许多关于生物多样性的情况，同时也说明了物理环境对于生态系统架构的重要性。例如，柯里（David Currie）研究了北美洲各区许多的环境变量对乔木与脊椎动物种数的影响。这个北美大陆是多因素分析的极佳实验区，因为全区地处温带，各地都有同样变化分明的四季，自东往西有极大的降水与地貌变化。在这种环境（现在暂且不考虑热带环境）之下，最重要的影响生物的因素是全年的太阳能与湿度。能兼顾此两变量的是蒸发量（即是从水表面蒸发的水量）。蒸发量依靠热能将水分蒸发而来。此热能来自太阳热能，再综合周围气温与干空气流动来决定。在北美洲，温暖与潮湿的环境可孕育较多的乔木物种。陆地脊椎动物（包括哺乳类、鸟类、爬行类与两栖类）的多样性，随着太阳能量的增加而递增，但是受湿度的影响较低。简言之，干旱不利于林木生长，对脊椎动物的影响却较小；对林木与脊椎动物而言，太阳能愈多，多样性愈高。

全球全年最高温之处便是赤道附近的热带区域，而最高温与最多雨栖息地，就属热带雨林了。若在营养条件相同的情况下，最热、最湿的地区也是植物与动物体每年增加量最多、最具生产力的地区。因此，生物量产生愈多，同群落中能共栖的物种数也就愈多。换言之，面饼愈大，切下的片数愈多，每片也愈大，能维持的各物种生命也可能愈多。

然而，只是能量与生物量两者，并无法解释热带生物多样性为何具有如此的优异性。是什么因素阻止某大部分类群（例如某开花植物、某蛙类、某蛀木甲虫等）的超级适应物种盘踞整个栖息地呢？事实上，类似的情况见诸两种最具生产力的湿地——红树林泽与大米草泽。这两栖息地的单一物种就占了该处百分之九十多的植物群。但从全球来看，单纯的生态系统只是罕见的例外，常见的是多样化的生态系统。

要更完整地解释纬度递变现象，必须分析季节的功能。在温带与极地，生物每年经历很大的温度变化。它们的适应性要纳入大幅度的物理与生物环境。冬季来临，它们分别实行冬眠、先结实后枯死、落叶、迁移到山麓、下树到地面、钻入更深地下、改以耐寒植物为食、昼行改夜行等行为模式，或者，如候鸟与黑脉金斑蝶集体飞离。翌年春季，动物吃大量的嫩植物，待至夏末的干旱，植物减少，迫使它们迁往有新的食物之栖息地。

因为寒冷气候区的动物与植物物种，能适应变化较大的局部环境，因此地理分布区的面积也较广大，尤其有些分布可跨越较广的纬度。假使某种蝴蝶能生活在美国新英格兰区域的冷湿春季，那它应该就能忍受佛罗里达州的冬季，这种行为法则称为"拉波波特法则"（Rapoport's rule），为1975年阿根廷生态学家拉波波特（Eduardo Rapoport）提出。这个法则的意思为，当你在北美洲往南走或是从温带南美洲往北走时，愈近赤道，各种物种的分布范围愈小。同样重要的，山区物种的垂直分布愈近赤道也愈窄缩。因此在等量的空间里，热带比较冷的温带可挤塞更多的物种。

在变化较小的环境中会有较高的能量、较多的生物量与地理分布面积变窄——这些性质都在进化的漫长历程中，提高热带的生物多样性。但是启动热带繁富的动力，尚有更多的其他因素。季节变化不显著的稳定气候，让更多物种在小面积的环境中特化，胜过其周围的普化物种，并维持着较长久的时间。物种挤塞得如此之紧密，似乎没有任何生态区位是空着的。特化的程度很可能被推至力与美的极致。

中美洲阳光照射的雨林空地内，有硕大、直升机般的蜻蜓，在静止无风的空气中飞翔，透明翅翼上的条纹，展翅时像是绕着它们的身体回转的直升机螺旋桨。它们的若虫并非栖息在一般蜻蜓生存的水塘与溪流中，却生长在树冠高处附生植物积水的叶腋内，成虫捕食蜘蛛网中的蜘蛛。

邻近有一种军蚁，它的兵蚁后足上贴附着一种世界上其他地方没有的螨。它们一方面吸食蚁血，一方面是蚁的义足；蚁踩在这些寄生生物的身体上，两者并无不适的感觉。包在蚁脚爪上的螨，是蚂蚁夜间筑巢时当挂钩用的，而使得蚁的自身脚爪成了无用之物，但是不要紧：这些螨有钩曲的后足，尺寸与蚂蚁脚爪相当，而蚂蚁就用这些爪代为行事。

巴布亚新几内亚山地雨林植物群内，有一种象鼻虫，大约有人类大拇指一半大，动作迟缓、生命长寿的象鼻虫背上背有藻类、地衣与苔藓植物。在这个小小的活动庭园内，居住着特定的微小螨与线虫物种。这类生物的故事说也说不完，可以从一个国家谈到另一个国家——热带生物学的文献数据总有谈不完的千奇百怪的故事。在占满传统生态区位后，具有创业性格的物种似乎总会开创新的生态区位。

踩在热带雨林的林地上，不论探索什么生物群（不论是兰花、蛙，还是蝶）的标本，你会发现每隔 100 或 1000 米，标本就会有微细的不同。在某处甚为普遍的物种会渐渐变少，终至消失，而代之以另一种颇为类似但刚才未见过的物种。然后，幸运乍现，出现了某物种的单独个体，是在整个地区前所未见的。你要小心采集或至少拍照存证，因为你下次可能见不到它了。在中美洲的雨林中，蛱蝶科的 Dynamine hoppi 蝶是一个美丽的物种，前翅有大白点，后翅边缘是金属光泽的蓝色，过去只被见到过三次。鳞翅目学家德夫里耶斯（Philip De Vries），在 7 月时的哥斯达黎加的拉塞尔瓦农庄（Finca La Selva）一处森林空地中采集到一只雌蝶的标本。那是他在该森林进行 6 个月蝴蝶研究期间，见到的唯一一只这种蝴蝶。第二只雌蝶是第二年，也在 7 月于同一地点采集到的，然后就从未再见到了。假使你每日或每年回到同一雨林，拿着捕虫网与望远镜巡视与仔细搜索，你登录单上的兰花、蛙或蝶的名录就会增加、再增加。

森林内的多样性景象，让初次入林的人感到异常迷惘，但过了一段时间，便可以看出它其实有一定的模式：大部分的物种多是分散于各区块内，还有许多稀有罕见的物种，包括 D. hoppi 蛱蝶在内。像这样"偏斜统计曲线"是如何发生的呢？

若干稀有罕见物种是濒临灭绝的物种，尤其是在受到人类干扰或被砍伐的林地，但是还有另一种更可能的解释。大多数的物种特化成适应森林中某种特定组合的环境，某种乔木每天受到阳光直射的时间、根系生长坡地的排水情形、土壤的共生菌根菌的条件，都可影响该乔木物种的生长良窳。假使这三种环境中有一项改变了，这种乔木可能就会被其他物种取代。当枯木腐朽到某种程度（例如，木质尚属坚固，但已可用手掰断，而树皮尚未脱落），某些特定昆虫物种就会繁衍于其上，当枯木更加腐朽（木质松散，树皮自行脱落）时，这些昆虫都会消失。腐朽的过程是动态变化的。

根源与沉沦的平衡

从空中飞行的飞机窗往外看，雨林似乎十分整齐划一，但是走在林内却是无止境地变化着的，有着瞬息变化的局部物理环境与界限不明的物种分布，构成不知所以然的迷宫。个别物种只生长在对它们最适应之处，它们的族群数在该处茂盛与增殖，并向外四处拓殖。这种地方是占着地利之物种的"根源区"（source area）。而外来的拓殖者常处在较不适合的地方，它们或许能存活甚至繁殖一时，但无法维系稳固。这些地方称为"沉沦区"（sink area）。在生态学的根源—沉沦模式中，成功的族群补助失败的族群。假使你随意划出一块试验区，不论是 1 公顷还是 100 公顷，该试验区是某些较常见物种的根源区，同时也是其他较稀有物种的沉沦区。各类栖息地内均有根源区与沉沦区，这对热带雨林的生物多样性最有帮助。热带雨林内进化过程中的物种对环境需求，就这样被这些区域限制着。

"根源与沉沦的平衡"是胡贝尔（Stephen Hubbell）与福斯特（Robin Foster）在巴拿马的巴洛科罗拉多岛上 50 公顷试验区内进行的树木多样性的杰出研究期间，发现的关键性特征之一。研究者与他们勤奋的助理，追踪了 303 种的 23.8 万株树木与灌丛，为期一年。根据获得的数据，胡贝尔与福斯特得到的结论是：

> 试验区中的稀有物种（总个体数少于 50）之中，有许多
> （至少三分之一）无法自行维系族群。它们的出现，似乎是自
> 试验区外的许多族群中心移入的结果，并且它们的数量不多，
> 可能是试验区内不利的繁殖条件与缺乏适宜的栖息地，或两
> 者兼而有之的结果。

除了充足的日光能与稳定的气候之外，尚有一种增加生物多样性的方法，那就是栖息地内物种的容纳量。气候温和与环境变化小，可容纳在较严酷气候不易生存的较大型生物。其他极多样的较小的物种，则依靠着许多此类大型生物体而生存。热带雨林（非温带落叶林与针叶林）有许多木质藤本植物，这些植物在林地上还是草本植物，其长枝条依附在邻近大树干与任何其他可利用的植物群上，向上延伸。俟成熟后，消失了所有昔日的源头踪迹。它们变得像粗重的锚索，从地面的根部一路延伸，直到高处的枝叶会与它攀附的树木之枝叶绞缠着。它们制造了一种辅助式的植物群，是动物的食料来源与隐匿处所，少了这些木质藤本植物，某些动物就无法存活。这些藤本植物旁边还长着另一蔓藤类的攀缘植物，用吸盘般的根，把自己贴附在树干上。其中最显著的一群是海芋属植物，包括喜林芋属（Philodendron）与蓬莱蕉属（Monstera）植物。这些植物有巨大心形的叶子，并极能耐阴，这些特质使它们成为广受欢迎的室内植物。雨林中，攀缘植物茂密地团团紧贴在树干表面。其茎与根上堆积了一层土壤与腐朽的有机物，又成为另一群独特的小植物、昆虫、蝎子、潮虫与少见的无脊椎动物的家园。这一系列生物适应的生活方式，在温带几乎是不存在的。

然而，增加热带多样性大部分是靠附生植物（epiphyte），那是长在树上但并不从树木吸取水与营养的植物。兰科植物是附生植物的大宗，但是跟兰花在一起的植物还有各种蕨类、仙人掌、苦苣苔科植物、海芋类、胡椒科植物以及其他类植物。共计 84 科 2.8 万种，相当于所有高等植物的百分之十不到。这些附生植物把树木的枝干转变为巴比伦的空中花园。每一株附生植物都是一个小栖息地，堆积着进入空气中的灰尘形成的土壤，栖息着的动物从螨类、线虫到蛇与小哺乳类动物都有。美洲热带的池形菠萝科植物，在其硬挺上卷的叶内，可积到 1 升的水。在这些水池中，栖居着世界其他地方没有的水栖动物，包括树蛙的蝌蚪、蚊与蜻蜓的特化幼虫。

纳德卡尼（Nalini Nadkarni）与其他植物学家，在哥斯达黎加的蒙特韦德云雾林保护区（Monteverde Cloud Forest Reserve），遇到了可称上是世界上最大的容纳现象，以及实质上是全球最复杂的树栖生态系统。在若干较粗壮的平展枝干上的附生植物花园所呈现的茂盛与复杂的景象，简直有若具体而微的茂林。甚至是一般长在地上的小树，居然也长在此茂林上。这个原是松散的纸屋，已变成高塔了，成为地球生物繁茂的标志：大树上长着兰花与其他附生植物群，附生植物群的根系上长着小树、地衣。其他小植物则又生长在小树的叶子上，螨与小昆虫吃叶面上的微植物，而原生动物与细菌则栖息在这些小昆虫的体内。

面积、时间与气候稳定

面积对多样性的增加相当重要：森林、沙漠、海洋或其他可界定的栖息地，其面积愈大物种数就愈多。经验告诉我们，面积增大 10 倍，物种数就增加 1 倍。假使一个森林面积 1000 平方公里的岛屿

上有 50 种蝴蝶，邻近的森林面积 1 万平方公里的岛屿上，就可能约
多 1 倍，亦即 100 种蝴蝶。这种对数关系增加的原因很复杂，但有两
个明显的因素。以蝴蝶来说，较大的岛可以孕育较大的族群数，并且
因此可容纳较多稀有的物种。同时较大的岛屿可能让有些物种能找到
更多的栖息地。岛上可能有一座中央山脉，该处的降水量较多，温度
较低，提供了一个封闭区的雏形，给适应那种气候条件的特化蝴蝶提
供了生存空间。所以，热带地区拥有大面积的陆地与浅水域，能作为
极度多样性进化的各个舞台。

　　其次很重要的一点便是时间。这个时间是指进化所需的时间，
要够长的时间让共生交易完成，竞争程度和缓，灭绝率降低，物种得
以会聚众多，才能出现大容纳量的生物群。我们又回到气候的稳定度
因素上，只是这次牵涉的范围更大。热带雨林不像大部分的温带林与
草原，曾历经冰川时代的大陆性冰川的破坏。热带雨林从未被冰层覆
盖过，热带植物也从未被迫迁离原分布范围外数百公里之遥的新地
区。但当较高纬度的地区处于冰川期之际，而全球出现长期的干旱，
使得低地雨林确曾退缩，并沦为草原，有若干地区成为沙漠。这变化
在赤道非洲特别剧烈，然而，在有河流之域、在持续有中等雨量的局
部区域、在云雾缭绕的山脉残留山地，仍然有相当多的避难栖息地，
能勉强地维持完整的物种会聚。每当整年降水回到赤道河流集水区
时，热带雨林就扩张，覆盖大地。一件值得注意的历史事实是，从
1.5 亿年前开始，当这些开花植物盘踞的森林，一直分布在各大陆的
广大地区。在未有人类出现之前，该森林面积约有 2000 万平方公里，
超过陆地面积的百分之十。而在更早时代，森林面积还要再多些。在
6000 万至 5000 万年前的始新世，当时的大陆边缘（是现今的英伦三
岛），其森林的特征大体类似现代越南的森林。

　　让我们测验一下气候稳定的重要性。假使进化过程中，大面积
区域要能创造高生物多样性的先决条件，是要有稳定的气候，我们应

当预期在所有气候稳定的区域，不仅仅是热带森林，都有高多样性。最理想的测验区域应当是一个很稳定的环境与能量很少的区域，如此则可排除能量因素，而更有信心地鉴定稳定性的功能。深海海底正符合地理与历史的条件。因为这区域的面积有 2 亿多平方公里，且大部分区域已有数百万年（没有冬夏季之分与干湿季之别）未经干扰的历史。除了若干零散偏远的火山口以及从上方的日光照射区不断沉下的极微量的有机残渣外，就没有其他能量进入了。海底的动物大多数是小型的环节蠕虫、海星与其他棘皮动物、双壳软体动物。深海生物与栖息在浅海及有光照的这些生物比较起来，其个体数量较少，动作较迟缓且寿命较长。但是符合稳定环境的假说，多样性非常高。深海海底的物种数多达数十万种，甚至可能有数百万种。生物多样性一般原则内的稳定度，因而令人惊异地确立了。

那么深海海底这些物种可以栖息的生态区位分布在哪里？该处既无森林亦无溪河。海底地貌看起来平坦、广袤，生物杳然一如沙漠。事实上，从生物学角度看上去的海底，实在是变化非常多端的。假使以小动物与微生物栖息的 1 毫米为检视单位，海底有十分细小与隔离的生态区位，其间生物可以适应特化。沉积物堆积成小丘，钻穴蝎虫与双壳类的孔穴又造成高高低低的微地形。只要相隔远一点，食物量变化就极大。几乎所有的能量都靠上方飘下来的动物与植物残骸供应。每一片残骸（鱼头、吸饱水的碎木、海藻丝）都是海底动物群聚的食料，是细菌与其他微生物繁衍的珍宝。捕食它们的动物也聚集着，逐渐形成具体而微的局部小群落。此群落之组成，往往相隔数米便又不同。不只是局部食物不同，延伸数千平方公里的海底区域都有变异。近大河河口的区域，有顺流入海的木头与树枝，有陆地的雨水带来的较多与营养较丰富的泥水。在北大西洋回归线无风带（北纬30 到 35 度）附近的深海海底，是马尾藻海域的坟场，承受了从上方高处水面独特的澄清水域生态系统直落下沉的植物与动物残骸。

甲虫看天下

陆地或海洋栖息地，不论物种多寡，生物个体的大小对于其内物种数的影响都很大。个体很小的植物与动物的多样性，远高于大型生物体。草本与附生植物类多样性超过乔木类，而昆虫类多样性超过脊椎动物类。这项法则也同样适用于较低的分类单元上：对全球已知的4000种哺乳类动物而言，体重大约减少1000倍，物种数大约会增加10倍。换言之，如果大小以鹿与鼠为例，鼠的物种数约是鹿的10倍。

以物种躯体大小搭成的多样性金字塔，是基于小型生物比大型生物更能将环境区隔成更小的生态区位。1959年时，生态学家哈钦森与麦克阿瑟（Robert MacArthur，1930—1972，宾夕法尼亚大学与普林斯顿大学教授）认为，物种数直接随动物躯体表面积的减少而递增，或随其体重减少的平方而递增。这个法则的道理在于，栖息于地面的动物需要的空间是其体长的平方数。换言之，动物的移动既非线形，也非垂直上下的三维空间，而是平面性，因此体长每增加1毫米，就需要增加1平方毫米的空间，以寻找新的功能、开发新的生态区位及分裂为新的物种。因此，一种动物的体长愈长，物种数就随其体长的平方而减少。

这数学计算虽然相当有趣，但并非十分正确。自然经常是变幻莫测的，无法用简单数学表示其无常的行为。要了解为什么是这样子，以及为更了解真相，你先假想一只5厘米长的大甲虫，栖息在树的一方。当它在树上绕圈吃地衣与真菌时，它围着树干爬了5米的距离。但是它无法了解其脚边更小的世界，它不知道树皮上1毫米大小的小空隙、凹凸不平的树皮里栖息着另一种甲虫，体型很小，以空隙为家，它们生活在一个尺度完全不同的空间。树皮上的凹凸对它们非常重要。当它们爬下小裂缝的一侧，再爬上来时，它们对树干的周长的感觉，大约是那只不知道有小裂隙的大甲虫对树干周长感觉的10

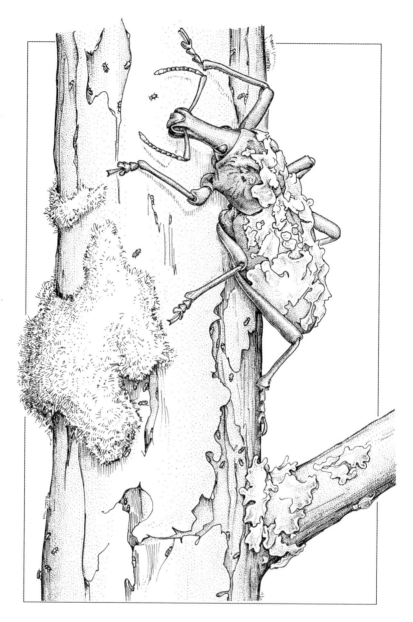

多样性进化历程中，体型较小表示物种较多。某动物群（例如昆虫）中最小型的生物体能找到更多的生态区位，因而在局部小群落内可栖息着较多的物种。巴布亚新几内亚山地雨林的象鼻虫（Gymnopholus lichenifer）的背上，有一个地衣园，是栖息数种螨与弹尾虫的微栖息地。它的脚上有自成世界的栖息地，其上有许多未命名的小型窃蠹。（莱特绘）

倍。树干的表面积对小甲虫而言则是大了 100 倍，那是小甲虫认知的树干周长与大甲虫认知的树干周长差别的平方。这种差别便是有更多的生态区位。不同的小裂隙有其特定的湿度与温度环境，而栖息其上的藻类与真菌便成为昆虫的食物了。因此，小甲虫有更多的栖息地与食物，有助于它们特化，结果进化出较多的物种。

让我们再往下探究显微镜下的世界。小甲虫的脚边还有藻类与真菌栖息在更细小的裂缝处，因为太窄，小甲虫进不去。然而，里面却栖息着还不到 1 毫米长的最小的昆虫与小盾顶甲螨。靠近树皮外表，仔细看看其质地结构，便会发现这个微细动物群的物种，其生活的树干表面的面积，比它们大一级的中型甲虫所栖息的表面积大上 100 多倍，更比再大一级的大甲虫所生活的表面，大上数千倍了。最后在藻类膜层与苔藓假根上的沙粒中，又有极小的昆虫与螨，而这一颗沙粒上，可能又有十几种的细菌物种群落。

我不断强调这个真实世界中树干微宇宙的现象，是认为物种在无障碍下会不断繁衍，其生存空间并非以古典欧几里得几何表示的，而是以不规则的碎形维度（fractal dimension）来度量的。尺寸概念是依所丈量用尺的跨距而定，更精确地说，是视栖息树上的生物躯体的大小与觅食的面积而定。

在不规则的碎形世界里，鸟羽上有一个完整的生态系统。在该特别环境的羽毛中，栖息着有名的林禽刺螨（像蜘蛛的生物），显然以羽毛分泌的油质与死细胞屑维生。林禽刺螨的个体非常小并有领域性，故可以终其一生大部分的时间，栖息在一根羽毛的某一部分。每一种林禽刺螨都特化成适应某类羽型与羽毛的某部位，例如主翅外缘的羽根，或是鸟体身侧羽毛的毛片上，或在绒羽的内面，等等，这些栖息地对林禽刺螨而言，相当于树林与灌丛。以某鹦鹉物种为例，墨西哥的绿锥尾鹦鹉身上就寄居了 30 种林禽刺螨。每种都有四个生命阶段，所以全部就有 100 多种的生命形态。每个生命形态皆有其偏好的栖息地与行为模式。一只绿锥尾鹦鹉身上有 15 种之多的林禽刺螨，同一根羽毛的各处甚至栖息着 7 种。墨西哥国立大学的佩雷斯（Tila Pérez）近年从灭绝的卡罗来纳鹦鹉博物馆标本的羽毛上，采集到 6 种林禽刺螨。假使这些几乎要用显微才能观察到的动物群，确实是这种鹦鹉身上的（这似乎相当可能），那么 1930 年代末，最后一只该鹦鹉物种死于南卡罗来纳州桑地林泽（Santee Swamp）时，这些林禽刺螨物种也就随之消失了。

昆虫早已称霸世界

统计分析显示，最多样化的动物群不仅体型小，同时机动性也高，它们因而能取得最多种类的食物与其他资源。这个原则的最佳例子是昆虫。昆虫的多样性之高与数量之众，是我们想象中的最后胜利者。在核战争后，一只蟑螂站在一个被炸开的啤酒罐上，四处瞭望着焦黑的大地。昆虫学家常被人问到，假使人类毁灭了自己，昆虫是否会接掌地球呢？但这个问题的本身便是错误的，自会得到一个不相干的答案：昆虫早已接管世界了。昆虫约出现在 4 亿年前的陆地，到了 1 亿年后的石炭纪，它们已适应辐射成多种类型，几乎已达到今日的多样化程度。从那时起，昆虫就主宰了全球的陆地与淡水栖息地。它们轻易地躲过了古生代末期的大灭绝灾变，当时生命所经历的劫难超过全面核战争所造成的打击。现今大约有 10 亿乘 10 亿只昆虫活在全球各地。以一个位数的误差来说，这等于 1 万亿公斤的生活物质，超过全人类总重量。它们的物种大部分尚无学名者有数百万之多。人类掌控地球的力量极为薄弱，且仅有 200 万年不到的历史，是居住在众多的六足动物之间的新到者而已。昆虫可以不靠人类而繁衍鼎盛，但是人类及大多数陆地生物一旦少了它们，就无法生存而趋向灭绝。

索斯伍德（Richard Southwood）用三个名词解释昆虫的突显性与超高多样性：大小、变态与翅翼。大小决定了众多小生态区位及形成许多物种。变态现象可使昆虫由一个生命期转换到另一个生命期（从幼虫或若虫到成虫），因而昆虫不止有一个栖息地，同时还创造了更多的生态区位。至于翅翼，则是为了散布到陆地环境的偏远角落，穿越湖泊与沙漠走廊，到最外围的叶尖与偏远的安身之所，昆虫因之能轻易取得更多的食物来源，到达可交配与避敌的地方。此外，昆虫还有优先权：因为它们是最早遍及所有陆地区位的生物（包括空中的动物群），它们的地盘显然固若金汤，不会为新来者占领。

当地球迈入显生宙后的5.5亿年时，在全球生物多样性达到历史的最高峰时，人类来到这个世界，是物种辐射的晚近产物。颇符合《圣经》的想法——人类诞生于伊甸园。而非洲则是人类的起源地。地球最近的地质史上大部分时期，从中生代到大约1500万年前之间，非洲大陆的北边和欧洲及东边与亚洲间隔着的是热带水域的特提斯海（Tethys Sea，古地中海），西东分别是大西洋与印度洋。随着特提斯海缩成今日残存的地中海，非洲、欧洲与亚洲接上后，非洲成为世界大陆的一部分。借着勉强连接的生物地理区，主要的植物与动物族群得以散布。在那时之前，非洲是一个岛屿大陆，面积与隔离程度，有如今日的澳洲及南美洲。像那些隔离的大陆板块，非洲也发展出独特的哺乳类动物群：象、蹄兔类、长颈鹿、跳鼩以及很重要的人猿与最早的真人。其中有些类群是非洲特有物种，其他（包括大型猫科类与灵长类）在整个欧洲与亚洲兴盛的动物群时常会侵入非洲。在那里，偶发的种系随后在第二次大进化中分支成众多的物种。人猿与早期真人是后特提斯（post-Tethyean）灵长类动物次级辐射的最终产物。它们直立着走上舞台，承载着普罗米修斯之火——自觉以及从诸神处得来的知识——万事万物都随着改观了。

第三部

人类造成的冲击

THE   HUMAN   IMPACT

第十一章
物种的新生与死亡

THE DIVERSITY
OF LIFE

—

The Life and

Death of

Species

—

即使物种在局部栖息地消亡了，

只要出缺的栖息地尚保留着，

该栖息地的物种常能很快地恢复。

但是如果该物种能用的栖息地减少太多，

那么整个物种系统就可能会瓦解。

每种生物都有着自己独特的生活方式，而每种生物也都以不同的方式死亡。新西兰的一种槲寄生（Trilepidea adamsii）是一种美丽的植物，有透着淡绿色的光滑叶片、红中带黄绿的管状花朵，以及鲜红椭圆的果子。不过它已于1954年的北岛原产地消失了。此物种是当地天然林下层的灌丛与矮树的寄生植物，天生数量就很少，即使在第一批欧洲植物探险队的时代，也只在奥克兰附近北方半岛上的几个地方发现其踪影。

此物种的灭绝是综合数种因素的结果，况且100年前谁会料想得到呢。

槲寄生的栖息地在森林被破坏后缩小了。起先是原住民毛利人在岛上居住了1000年，而后19世纪晚期，英国的移民加快了森林面积缩减的速度。槲寄生面临的险境还不止于此，因为许多人知道此物种的罕见，而更殷切渴望取得它，使槲寄生的族群益发变小。由于当地的鸟群栖居的森林受到人为的清除，以及引进外来动物的捕食行为，造成当地鸟类族群减少，这种槲寄生的繁殖传播更见减弱。然而槲寄生需要靠鸟，把种子从一株寄主树木或灌丛传送到另一株寄主植物上。

已经灭绝的新西兰槲寄生（莱特绘）

到了 1950 年代早期，此物种已是濒临绝种了。它弥留前的日子是怎么度过的，就无人知晓了。仅存的几株可能被环尾袋貂拿来果腹了。环尾袋貂是一种树栖食叶哺乳类动物，于 1860 年代被人特意从澳洲引进，建立皮毛贸易。在槲寄生繁茂鼎盛时代，环尾袋貂的数量是构不成威胁的，但是槲寄生族群垂危弥留的最后一段日子，便经不起这些动物的轻轻一击而灭绝了。

诞生与死亡的真相

让我们想想生物多样性的一个古老而令人迷惘的问题：过去地质史上会有的物种，如今几乎都已灭绝，然而现在的物种数却又超过往昔的任何时代。要解答这个矛盾并不困难。物种的生与死已历经了 30 亿年的时光。倘若大多数物种的平均寿命是 100 万年，那历经这漫长的地质时间，大多数物种都应寿终正寝了。就像现在的人口虽然比过去任何时代都多，但是过去 1 万年间曾活过的人都已作古。如果将这种情形放大成朝代的更替，那么一种物种分化成许多新物种，而新物种大多数又让位给新近爬升的族群，那么物种替换的速度还会更快。

进化确实是改朝换代式的，而百万年的时间也接近许多物种实际的寿命。值得准确测定的不是个别物种的岁数，而是物种的"进化枝"（clade）的寿命，也就是指祖先物种第一次从他物种分化出来算起，直到该物种的最后生物体消失为止，包括其间所有后代整个历经的时间，称为该物种的进化枝寿命。时间物种灭绝，或伪灭绝则不算数。假使某生物族群进化到生物学家认为是一个新物种（即时间物种），其实该物种并未灭绝，只是改变了很多。该物种进化枝的生命还在，其特定基因的传承并未消亡。

　　每一大类之下的生物，似乎都有其特别的进化枝寿命。由于浅海沉积物中有较多的化石群，其间生活的鱼与无脊椎动物进化枝的寿命，通常才能比较有信心做出正确推断。在古生代与中生代，大多数进化枝平均有100万至1000万年的寿命，例如，海星与其他棘皮动物为600万年，笔石类为190万年，菊石类是120万至200万年。陆地上中生代开花植物这大类之下的进化枝寿命，似乎也介于100万到1000万年的范围内。至于哺乳类动物则视其地质年代而异，从50万到500万年不等。

　　进化枝内物种历经时间灭绝的可能性大致不太会变动。因此当某进化枝内的物种存活得愈来愈久，到了某个程度，就会以一种指数衰减函数下降。我们用一个极其简化的例子来说明：假设某个进化枝发展到100万年时，约有一半的物种还活着，这群存活着的物种的一半（原来的四分之一）可活到200万年，其后约再一半（原来的八分之一）可活300万年，依此类推。这种级数关系往往因气候变化，加速了灭绝与随后再分化的脚步。此现象不但包括了终止古生代与中生代的大灾变，也包括了较小规模、较频繁与较局部性的灾变。非洲撒哈拉沙漠以南的野牛与羚羊群的进化枝，已历经10万到数百万年。但是约在2500万年前，有许多灭绝了，而其他的新物种则几乎同时出现。造成灭绝发生的灾变，显然是一段时期气温下降、降水量减少，草原面积因而扩大到非洲大陆的大部分地区。

　　局部地区气候的动荡只是其中一个原因，我们不宜用化石记录内的物种寿命以偏概全地骤下通则。两似种间的解剖结构细节部分非常相近，无法由化石上得悉物种发生与灭绝的快速进化现象。体型小的局部地区物种，因为生命太短，未及形成化石，例如沙漠、谷地与小岛内陆等地方，没有留下任何物种存在过的证据。

　　我们知道现代安第斯山脉北端的云雾林中物种的形成，既繁茂又不易形成化石。在哥伦比亚、厄瓜多尔与秘鲁的山区栖息地中，仅因地理位置此一项因素，就使得植物与动物的族群易于快速进化与早早灭绝。它们栖息的岭脊彼此孤立，并且其温度、降水以及当地群落的物种组成也各不相同，各族群都很小。根据詹特瑞与多德森（Calaway Dodson）的估计，该处若干兰科物种在短短的 15 年内便能繁殖到极盛，换言之，这些物种的寿命可能也很短促，不过才数十或数百年。兰科植物的物种多样性是目前所有活植物中最高的，少说也有 1.7 万种，占所有开花植物的百分之八。其中许多是罕见种且局部性分布，而它们可能快速发生与灭绝，不留丝毫遗迹。

兰科植物的一般生物现象都易于湮灭其历史，如它们大多栖息在化石记录少的热带气候区，又大多为附生植物，长在森林的树冠上，那是一个植物体难以形成化石的栖息地。兰花又与多数其他开花植物不同，它们的花粉不以单粒状散布，如此落入湖泊或河流中的花粉粒数量就会很多，便有机会形成微化石，易于科学家研究。兰科植物的花粉粘成一块，称为花粉块，由昆虫传播于花朵之间。这快速分化形成的物种与不易形成化石的特性，使得兰科植物群几乎未曾留下记录，我们无法寄望于测定其物种寿命。

这并非只见于兰科植物。这类生物只是让我们知道，除了那些化石显示寿命为 100 万到 1000 万年间的物种之外，还有很大一群隐藏未知的物种，以极快的速度出现又消失。新物种的分布范围大多很小，从少数先驱个体登上岛屿的岸边或偏远的山脊开始。假使这种为时甚短与抗力甚弱的族群灭绝率高，那么这些生物的新生小生命在严酷的环境里大都会夭折，不会留下它们存在过的记录。大多数物种的诞生与死亡，藏在人为观察方式造成的薄纱之后，真相难明。只有一些分布水域较广或靠近水域的族群，经常形成化石，供我们直接测定。在这层薄纱后面有许多物种，曾经生活在局部的小栖息地，而我们永远无法直接接触到。

为了揭开这层薄纱，一窥罕见物种的诞生与死亡的真相，我们必须采用一个迂回的方法，先回到生态学原则与博物学上，从现在活着的或新近灭亡的个别物种的生物学细节上获取数据。先考虑生态学的原则，即呈现在族群学（demography）方程式内。某物种的植物或动物族群数目，是由新个体的出生率、繁殖年龄及死亡年龄来准确地决定的。族群的年龄层分布（新生儿、幼儿、青年与老年个体的数目），是由族群中个体出生与死亡的时间来决定。这项时间表本身就因族群大小不同而相异，更精确地说，是受族群密度的影响。例如聚集在一片林中的鸟只数目，或是粘在湿石块上的藻细胞数目，会受到食物供应量、掠食动物与病原菌压力的强度、被迫延后繁殖的程度、个体的寿命及那些竞争者加入到群落之强制程度等的影响。

所有这些外力会有一个重要的后果：假使生态学终究是关乎族群学的，那么族群学最终势必成为博物学，是可用某特定的时期与地点的函数来表达的参数。族群学的方程式是根据其内涵而定的。

岛屿生物地理学

当我们回到某特定物种的诞生与死亡时就是如此，生物多样性法则写在物种形成与灭绝的关系式内。生态学家与古生物学家已开始探索这些法则，因为他们认识到物种的出生率及繁衍后代的进化枝寿命等数据的重要性。得到的关系式逐渐开始类似生态学的式子，而且内涵也因博物学的翔实知识而更充实。

假设有一个海中新生的岛屿 [例如 1883 年的喀拉喀托岛、1963 年的冰岛外海的叙尔特塞岛（Surtsey），或是 500 万年前夏威夷的考爱岛]，开始时岛上空无生物，但是不久就有植物与动物登上岛来，空中的浮游生物也纷纷落入，或在其他风暴刮吹下上了岸。起初岛上的新物种数增加得较快，在强势扩散者先建立了据点后，物种增加率势必下降。邻近的岛屿与大陆还有其他物种可以跨海而来，但是这些拓殖类群对岛上已有的生物造成的威胁不大。当岛屿上的鸟、爬行类动物或禾草等这类生物族群日益增加，新来的物种数到达率就会愈来愈低。开始时可能每年平均增加一种新物种，过了百年后降到每十年一种新物种。与此同时，争夺可用空间与资源的物种愈来愈多，物种灭绝率因而上升。

经过一段时间，已在岛上的物种灭绝率稳定下来，若用每年有多少物种数来表示，灭绝率将会约等于新物种的移入率，岛上的物种数量是处于动态的平衡状态。新物种到来，老物种消失，岛上动物群与植物群的物种组成不断地变更，但是岛上任何时间的物种数仍维持不变。

这一个移入率与灭绝率间平衡的简单模式，是"岛屿生物地理学理论"（island biogeographic theory）的基础，由麦克阿瑟与我在1963 年发展出来的。我们注意到世界各地岛屿上的动植物群有某种不变的关系，亦即岛屿面积与岛上栖息的物种数之间有恒定的关系。岛屿面积愈大，物种数就愈多。例如古巴就比牙买加有多得多的鸟、爬行类动物、植物及其他物种，而牙买加又比安提瓜岛（Antigua）的动物与植物群物种要多。

几乎所有的岛屿都有这种关系，从英伦三岛到西印度群岛、加拉帕戈斯群岛、夏威夷群岛、印度尼西亚群岛与西太平洋群岛皆然，并且所遵从的恒定数学法则为：物种（鸟类、爬行类、禾草类）数随着面积每增大 10 倍就约增加 1 倍。以世界各地的陆地鸟类为例，面积 1000 平方公里的岛屿平均有 50 种鸟，而在 1 万平方公里的岛上则约增加 1 倍，即 100 种鸟。

更精确地说，物种数随"面积—物种数"关系曲线 $S = CA^z$ 而增加，式中 A 是栖息地面积、S 是物种数，而 C 是常数。z 则是另一个生物学上有趣的常数，视生物类（鸟类、爬行类、禾草类）而定。z

值同时也视这个群岛是否与源头地区或接近（如印度尼西亚群岛）或遥远（如夏威夷与其他东太平洋群岛）而定。

简而言之，z 是一个参数，其值因某特定的生物类与其栖居岛屿而定。譬如西印度群岛的鸟类，其 z 值为某一常数，但是改为其他岛上的其他生物，例如印度尼西亚的禾草类，则为另一常数。全球的动物群与植物群之间的 z 值约介于 0.15 到 0.35 之间。一般说来，以面积每增加 10 倍、动物群与植物群物种数就增加 1 倍的关系而言，就等于 z 等于 0.3，或等于 $\log_{10} 2$。请注意，这点对环境保护很重要，因为我们可以反过来说明这个法则，即面积缩减 10 倍就会丧失半数的物种。

"生物多样性随岛屿面积的增加而提高"，称为"面积效应"，依循平衡模式直接计算而得。想象一下，假设沿大陆外侧有一排新近冒出海面的群岛，各岛距该大陆的海岸都是一样远，但各岛的面积不同。随着物种逐渐登满这些岛屿，这些列岛群岛都会有相近的移入率（每年有相同的新物种数），因为群岛与大陆间的距离一样。另一方面，较大岛屿上的灭绝率上升得较慢，因为面积较大，表示空间较多，较多空间则各物种的族群数便较大，最后，族群数较大，表示该物种预期寿命较长。如果你一开始就富有，那你完全破产的可能性就低得多，趁居民变穷之前，其较大面积的土地上还可多挤进一些族群。因此较大岛上有许多物种拓殖后，岛上的灭绝率才会等于移入率，而在平衡时，较大岛的物种数也比较小岛多。

至于"距离效应"便是指岛屿距离大陆与其他岛屿愈远，该岛的物种数就愈少。像"面积效应"一般，这个生物地理学上的趋势，可以用基本的平衡模式直接诠释。仅改变岛屿的排列，现在使各岛面积相同，但与大陆的距离则各自不同。当各岛屿登满了鸟类、爬行类与禾草类物种所有岛屿的灭绝率大致以相同的速度增加（因为面积皆相同）。但是距离大陆较远的岛屿，其上的物种增加较慢；生物抵达

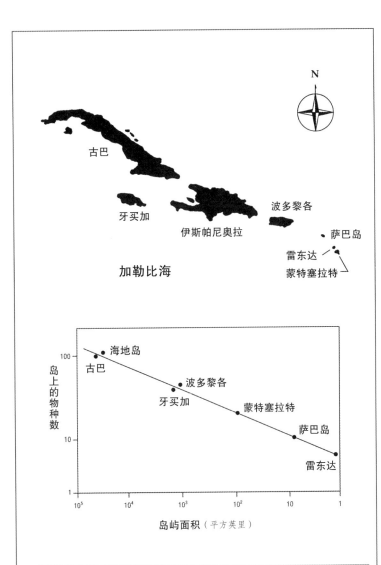

生活在岛上的物种数随着岛屿面积的大小而增减。图中的西印度群岛爬行类动物与两栖类动物的多样性就很典型：其岛屿的面积减少百分之九十，就会灭失百分之五十的物种。

所经过的距离较远，所以它们的移入率（每年登岛的新物种数）较低。于是当其出现灭绝率与移入率平衡时，物种数会较少。故偏远岛屿达到平衡时的物种数，比邻近大陆的岛屿少。

佛罗里达群岛试验

即使逻辑无懈可击与言之成理，但总归还只是理论，像物种数增加等复杂的生态过程，还无法用此理论圆满阐释，必须要靠试验来确证理论的预测，尤其是生态方面，要揭示这些预测，直抵博物学的领域。然而这类试验如何能行之于群岛及所有的动物群与植物群？

答案是采用微模型。1960 年代早期，我费日旷时地仔细研读美国地图，梦想能找到若干可以经常登临并能操控的小群岛，作为测试岛屿生物地理学的模型。我考虑再三，最后选择了昆虫作为实验对象。昆虫体型小到能在封闭紧密的空间维持大族群数。一个充满鸟或哺乳类动物群的岛屿，可能需要像根西岛（Guernsey）或是马萨葡萄园岛（Martha's Vineyard）这般大的岛屿，但是蚜虫与树皮小蠹虫在一棵树上就能大量繁衍。我最后选择了佛罗里达群岛，特别是散布在紧邻佛罗里达湾之西、浅海中长着红树林的小群岛，岛上耐盐的红树林从仅有一株到面积达数百公顷的密林都有。小岛星罗棋布，从海湾北部的万岛群岛（Ten Thousand Islands）到沿着下群岛（Lower Keys）北缘伸展的一大串繁多的小群岛。

1966 年，现在是佛罗里达州立大学杰出的生态学教授的辛伯洛夫（Daniel Simberloff）是哈佛大学研究生。他与我共同尝试把红树小群岛变为户外实验室。我们需要有一系列小喀拉喀托岛，可以完全灭除岛上的昆虫、蜘蛛及其他的节肢动物，然后逐月监视它们。其目的是要从开头始就监测生物再移入的过程，并了解生物多样性是否达到平衡。

在获得国家公园署的许可后，我们选择了四个都长着约15米宽的红树林的小岛屿进行试验。为了测验距离效应，我们分别选了离大岛只有2米及533米的两个小岛，中间还有两个小岛。2米的距离看起来似乎没有什么意义，还不及职业篮球队后卫的身高，但是那距离相当于1000只工蚁的总长度，或是换成人类的标准，大约是1英里的距离。我们开始进行试验，走遍每一个岛屿，从烂泥底到树梢，检视每一毫米的叶面与树皮，每一个裂隙与夹缝，摄影并采样，我们尽可能完成了四个小岛上所有昆虫与节肢动物物种的记录。此时，距离效应昭然若揭，最近的岛屿物种数最多，最远的岛屿最少，而两个中间岛屿的物种数居中。

此后，我们雇了一家迈阿密的灭虫公司，用一种常用熏蒸整幢建筑物的方法，消灭岛上所有的节肢动物。工人首先用橡皮尼龙帐篷盖住整个小岛，然后他们以特定的药剂浓度与预定的处理时间，用溴甲烷熏杀节肢动物而不会毒死红树林。当帐篷拿走时，我们就有了四个空无动物的小喀拉喀托岛了。

不出几天就有动物登上小岛。不到一年，这些岛上的动物群已恢复到原先的程度。它们再度按照距离效应排列：最近的小岛从原先的43种恢复到44种；最远的小岛，从原先的25种恢复到22种；居中的小岛也大约恢复到早先的物种数。到第二年年底，物种数都已保持着十分稳定的状态。物种也呈动态平衡现象，许多节肢动物进入某小岛，一两个月后便消失了，然后再度出现，或是被一两个类似的物种取代。其间所监测到的动物群变化极大，虽然物种总数变动不大，总维持着某种平衡，但是物种组成一直变动着，就像进进出出机场的旅客。试验进行一半时，新移入者仅有百分之七到百分之二十八之间的物种，与熏杀前的物种相同，这百分率因岛屿而异。

从佛罗里达群岛的试验获得了新知识，显示了各类群小型生物群有不同的移入率与承受力。蜘蛛纷纷空降到小岛。有些个体不小，显然是用丝线御风渡海过来，但是其中有很多物种不久便无法生存下去。它们的远亲蜱螨类，来得较晚，有如气流中的尘埃，不经意地被风吹来（实际上这些小虫也算是灰尘的一部分），但是它们的个别物种活得较久。各种蜚蠊、蟋蟀、蛾及蚁登岛较早，并且建立了稳固的据点。小岛上的蜈蚣与马陆，熏蒸之前虽然很多，但是监测的两年内从未再出现。

森林碎裂计划

这项红树林的试验是受到喀拉喀托岛及科学上对清除陆地上所有动物的现象发生兴趣的启发。第二种测定多样性平衡的方法是减小岛屿的面积，观察物种数平衡点的减少。1970 年代末期，洛夫卓伊（Thomas E. Lovejoy）采用这种做法，后来成为有史以来最大规模的一项生物学试验。他利用了一项巴西法律，那项法律是规定亚马孙地区雨林地主，至少必须保留其林地的百分之五十为森林；地主可以随意变更另一半林地为牧场或农庄。在世界野生生物基金会与巴西政府的赞助下，洛夫卓伊开始观察逐渐清理后残留在林地上的生物的多样性变化。他说服了马瑙斯的博阿·维斯塔（Boa Vista）公路沿线的地主，留下 1 公顷到 1000 公顷不等的方形林地。一位鸟类学家同事毕利加德（Richard Bierregaard）是计划试验地主任，而其他的专家则被邀为客座研究员，共同推动这项庞大的计划。这些生物学家开始调查各试验区还是原始林状态的多样性，然后再到森林采伐后变更为岛屿状的林地。其中一块林地就是第一章中我坐着观望暴风雨的迪莫纳庄园。

这项大计划的名称最早叫作"生态系统最小临界面积计划"

（Minimum Critical Size of Ecosystems Project，简称 MCS），因为它最终的目标是决定雨林保护区最小的面积，而能维系毗邻范围内原生植物与动物物种。譬如要知道需要多大的林地面积，才能维系原先百分之九十九的物种 100 年？稍后这项研究加入"森林碎裂的生物动态学计划"（Biological Dynamics of Forest Fragments Project），期望最终能涵盖巴西所有的栖息地，计划试验人员称之为"森林碎裂计划"，很多巴西人则称之为"洛夫卓伊计划"。靠近马瑙斯的监测工作始于 1970 年代末，林地正要进行皆伐作业（指林地上所有树林全部砍伐的收获作业。——译者注）前，计划全程预期是跨世纪的。

马瑙斯计划中收集到了堆积如山的数据，虽然这些数据必须经过精选研究，但是即使在头 10 年（1979—1989）已获得许多合乎科学的新事实。如同预期的，较小的"岛屿"多样性下降最快。原先未料想到的日间风，会深入试验区而加速了物种的灭绝，森林边缘被风吹干，风干效应并深入林内 100 米，使林内深处的乔木与灌丛枯死。较小试验区内的许多植物与动物物种消失了，但也增加了其他某些物种的数量。改变的理由有时明显易懂，但是令人困惑的时候居多。

军蚁维持其军力族群需要 10 多公顷，而在 1—10 公顷的试验区内，它们消失了踪迹。有 5 种蚁鸟专靠吃受 10 米宽捕食蚁队驱迫而骚动蹿飞的昆虫为生，它们也一并消失。喜好林荫的蝶类，也因风干效应而迅速减少，但是栖息于林缘与次生林的其他特化蝶种则增多了。若干体型大、带绿与蓝色金属光泽的长舌蜂，是兰花与其他植物的主要授粉者，则在小于 100 公顷的试验区受到严重的打击。吃果实的狐尾猴离开 10 公顷的试验区。但是吃叶子的红吼猴，反而因食物的增加，仍然没有离开。较大型的地栖哺乳类动物，包括长尾虎猫、美洲虎、美洲狮、无尾刺豚鼠与西猯，只得远离较小的试验区，从动物群中消失了。

到了 1980 年代末，整个食物网出现了次级效应。随着西猯的消失，就没有动物去形成临时的林地积水洼坑。没有了水坑，三种叶水蛙（Phyllomedusa）无法繁殖而消失。由于哺乳类与鸟类族群的减少，粪便与腐尸变少了，专吃这些东西的金龟子物种数与其族群数也减少了。记录了这些变化的克莱因（Bert Klein）预言，动物群落环节之间还会有更多的冲击波（包括栖居在甲虫身上并吃蝇蛆的肉食性螨），对哺乳类与鸟类的致病生物有更深远的影响：

> 若干金龟子数量遭到第一波变迁的直接干扰，无疑造成螨传播的第二波变迁，因而又造成靠粪便与腐尸繁殖的蝇族群的第三波的变迁。因为蝇数量的变化可能引起第四波变迁，这有待进一步研究。金龟子科生物在吃食及掩埋粪便与腐尸之际，会杀死线虫幼虫与其他脊椎动物消化道中的寄生生物，因此，金龟子群落的改变，可能扭转某些原是在碎裂森林内或生物保护区内被隔离的寄生现象与疾病的发生率。

经由干扰传递到物种间产生互相影响的第三波以上的结果，使得较小森林试验区的生物多样性往下降，至于会不会降到前所未有的水平，目前还无法预知。我们知道的仅止于：将亚马孙森林切割成许多小面积的碎裂林，就会剩下枯槁的残骸而已。

枝上最后的鸟影

理论证实了常识的判断，所拟出的定理为：在时间的考验下，某物种的平均族群愈小，繁殖的世代族群增减波动就愈大，该族群凋零与灭绝的速度也较快。如果平均有 1000 只雀鹀的一个岛屿，每百年会发生一次或两次族群数增减 100 只的概率。另一个有 100 只同种雀鹈的小岛，而此族群也是每百年一次或两次增减 100 只。第二个族群较小，波动又较高，则物种的寿命就较短。更精确地说，许多像这类的族群，比许多其他同物种但是族群较大者会灭绝得早。

皮姆（Stuart Pimm）、琼斯（Lee Jones）、戴蒙德（Jared Diamond）在英国与爱尔兰外海小岛群，严谨地研究 100 种陆鸟，证实这种推论无误。他们发现该小岛的鸟类族群的生命周期，确实会因族群变小而缩短。生命周期也因族群数经历时间有较大的波动而缩短。

为了要以更广泛的角度来透视族群数的重要性，想象我们要保护某地区的族群免于灾难性毁灭，让栖息地保持完整，食物来源要确保无虞，并且不受重大疾病的侵袭或是掠食动物的横行。那么该族群内个体数目的增减波动，就只受到诞生与死亡概率的控制，亦即每年受精雌性的只数、幼雏存活率等等。概率本身是许多其他事件（多为无法预知的降雨、温度、食物量及天敌等）的综合结果。根据这类稳定状态的族群史的数学模式显示，族群大小与波动程度对物种的寿命有很大的影响力。族群大小平均增加 10 倍（例如个体数从 10 增加到 100），即可能平均增加物种寿命几千倍。更实际些说，族群数有个阈值，低于此值时，则整个族群到下一年度随时有灭种的危险。较乐观的想法是，濒危物种常能经由略微增加栖息地面积，以增加平均族群数，从而自这个警戒状态拯救出来。

因为物种灭绝是一去不复返的，稀有物种便成为保护生物学（conservation biology）的焦点。这门新科学领域的专家从事研究的焦急心态，不亚于急诊室医生的焦虑。他们寻找延长物种寿命的快速诊断法与实施步骤，等待推行可从容运用的补救措施。他们了解某物种的族群可能原本就很小，也容易消失，但是另有其他的族群以同样的繁殖速度拓殖到新栖息地，并且倘若这新族群数量颇多，那么此物种本身尚无特别的危机。因此，稀有性需要多方界定才能切实地说清。此概念的真义可借界定北美洲三种最濒危的鸟类来说明。

黑胸纹虫森莺（Vermivora bachmanii）：假使某物种分布的范围很广阔，在活动区域内却稀少，就是濒危物种了。黑胸纹虫森莺就属于这类情况。就该鸟种在其北美洲地理区域内每平方公里内的个数而言，它们是最罕见的鸟种。体型小、黄胸、橄榄绿背羽，雄鸟喉部黑色，曾经在从阿肯色州到南卡罗来纳河岸林泽的浓密灌丛中繁殖。目前它的繁殖活动范围与族群数均不详，假如还有的话也近乎濒临灭绝。

黑纹背林莺（Dendroica kirtlandii）：假使某物种只有数个族群，且密集局限分布于小范围内，该物种便属于稀有种。其中黑纹背林莺便是一种。这种鸟有柠檬黄的胸、蓝灰有黑色条纹的背，雄鸟头部有暗色羽毛。它是散居性的鸟种，繁殖领域只限于密歇根州的南半岛中北部短叶松林中。于 1961—1971 年间，确知的族群数从 1000 只降到 400 只。减少原因显然是受到褐头牛鹂（Molothrus ater）把卵产在林莺巢中的寄放行为增多所致。黑纹背林莺在其分布的地区还像以往一样多，但是分布的范围逐渐缩小，濒临灭绝边缘。

红顶啄木鸟（Picoides borealis）：某物种即使分布范围辽阔，并且在局部地区也很多，但是其特化成栖息在某少有的生态区位，因而成为稀有鸟种。例如有斑马纹的背、有黑斑的白胸、白色双颊各有一个洋红点的红顶啄木鸟就是极好的例子。它分布在美国东南部的大部分地区，但是需要栖息在有 80 年以上树龄的松林中。这种鸟由一对繁殖的鸟及数只后代构成小群落，并由后者协助亲鸟共同保护并养育较年轻的同窝幼鸟。每群鸟平均需要 86 公顷的林地，才能猎得适量的昆虫。红顶啄木鸟的巢要筑在活的、80—120 年成熟的长叶松老树的洞内，那时老树的芯材已被真菌腐蚀掏空了。南方的松林中已不再容易找到这种条件的环境。1986 年估计，红顶啄木鸟繁殖族群总数仅有 6000 只，并且只数还在逐步减少中。在得克萨斯州减少速度是每年百分之十，其他地区减少速度也大约相去不远。除非立即停止砍

最稀有的燕雀——美国东南部的黑胸纹虫森莺，它们不是已消失了就是濒临灭绝边缘。这幅啁啾的雄鸟是根据最后拍摄的一帧照片所绘。（莱特绘）

伐这些最老的松林，否则此物种难逃厄运。

　　濒临灭绝的物种中，大部分是因为具有特有性与受到栖息地缩减的压力。黑胸纹虫森莺在美国整个南部非常稀少，其原因并不难了解，尽管不缺可供繁殖的河边林泽，但是其越冬所必需的栖息地——古巴西部及其邻近的柏尼斯小岛（Isle of Pines，意即松之小岛），其上的所有森林地已开垦为甘蔗田。即使美国有较丰美的夏日环境，可供幸存的森莺栖息，不易克服的关键是越冬栖息地的沦丧与饥馑。

　　特伯（John Terborgh）写了一篇他本人与最后幸存的黑胸纹虫森莺相遇的心酸故事。1954 年 5 月，他当时还是个 18 岁的观鸟者（现在是顶尖的鸟类学家），知道有人在离他家不远的弗吉尼亚州的波希克溪（Pohick Creek）见到一只黑胸纹虫森莺雄鸟。有人告诉他，黑胸纹虫森莺的叫声类似黑喉绿林莺的叫声，在叫声结尾时下沉为：唧——唧——唧——唧——楚。

我走到他人告知的地点，竟然听到它的啁啾，真令人难以置信！那只鸟就在我的面前。那是一只丰羽的雄鸟，站在离地约 20 英尺高的开阔树枝上叫着，我一目了然。我在那里逗留了两个小时，它几乎叫个不停。在我不得不走开的时候，心里还想着，这种际遇是否此生不再，果然一语成谶。

另一个观鸟者之后证实，这只雄鸟在接下来的两个春天都回到同一地点，但从未有雌鸟加入。这只黑胸纹虫森莺雄鸟的激情，说明了它正处于旺盛的繁殖状态，但是命中注定无法被同种的任何雌鸟所发觉。

我想象中的每个春天，仅存的数只鸟，飞越墨西哥湾，并飞散到美国东南部的广袤地区，结果有如松林里的几枚松针。最后的结局是族群中大部分的雄鸟，很可能像波希克溪那一只，从未被雌鸟发现过。事情发展到这个地步，在野外的该物种就回天乏术了。

相同的，黑纹背林莺在巴哈马群岛北部的两个小岛——大巴哈马岛（Grand Bahama Island）与大阿巴科岛（Grand Abaco Island）——的松林越冬。特伯曾写道，不管如何竭尽努力保护密歇根州的黑纹背林莺与其栖息地，它的命运却操纵在巴哈马的利益商手中。以迁移性的鸟而言，全美的候鸟都像受到伤害的林莺，它们的环境恶化了：越冬栖息地因伐木与焚烧而被摧毁。对于依赖急速缩减的墨西哥、中美洲以及西印度群岛森林的物种而言，前景尤其暗淡。

特化适应的温柔陷阱

我稍早谈到的特化现象，是进化机会主义者的温柔陷阱，也是物种在天择影响之下的后果。一旦有了某种丰富的资源，某物种就去适应并利用，为了拥有这项资源而对抗所有的竞争者，也为了保持优势，该物种的成员放弃竞争其他资源的能力。受到天择的驱使，这些成员的世代在此好处下，物种退缩到一个较小的活动范围，因此也就更易受到环境变化的伤害。有些拥有特化基因的生物个体，曾经一度获胜，但是该物种整体终归失利，全体灭种。

例如在古生代时期，整个宽角螺科（Platycerids），因为附着在海百合这类棘皮动物的肛门而繁盛一时。它们吃寄主的粪便，实在是方便而又少有竞争。但是当海百合灭绝时，所有这些种类繁多的聪明宽角螺也就跟着完蛋了。

在佛罗里达州西部阿帕拉奇可拉河（Apalachicola）河岸，高高的易碎悬崖上长着仅有的几株小型下层针叶树，称为佛罗里达榧或臭柏（Torreya taxifolia）。这种树是寒冷气候的遗迹植物。最后一次冰川期迫使北方林地的物种南移到美国的东南部，当冰川在1万年前消退后，大多数的植物与动物都迁回繁衍，最终遍布它们原先分布的广阔区域。但佛罗里达榧无法扩散，部分原因是它们依赖上了石灰石的肥沃、润湿的土壤。在1950年代末期，一种真菌病害侵袭了这个阿帕拉奇可拉河的佛罗里达榧族群，并把这种物种推向灭绝的边缘。

环绕在垂死的佛罗里达榧林的阿帕拉奇可拉集水区的溪流中有一小族群巴氏地图龟（Barbour's map turtle）。那是一种好看的动物，

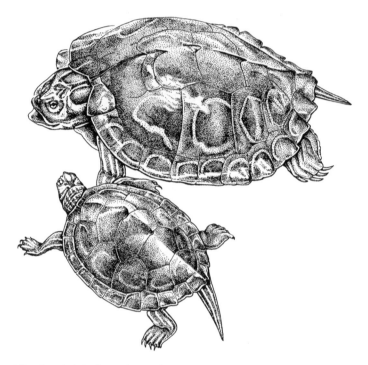

巴氏地图龟是濒危物种，只分布在佛罗里达州的阿帕拉奇可拉河流域及临近的阿拉巴马州与佐治亚州部分地区。雌地图龟的体型比雄的大得多，并且有一个很大的头。（莱特绘）

龟背中央贯穿了一条大锯齿，龟的腹侧边缘镶了旋曲的花纹。雌龟很特殊，长得比雄龟大，有一个滑稽的大头。此物种只在这水系内进化，不曾扩散到其他地方。然而因为佛罗里达的淡水环境最近受到的干扰愈来愈严重，使得巴氏地图龟有灭绝的危险。

　　当地泉水水源区的有机淤泥底下，隐居着单指两栖鲵（one-toed amphiumas），那是巨蝾螈属的一个小号物种。我去看这仅存的佛罗里达榿林的同一天，也拜访了这稀有的、可能是濒危物种的栖息地。

我与另一位博物学家顶着大太阳，穿过一片苦栎树林的平地，那是美国东部最恶劣的环境之一，我们来到了我所要找的泉水源头，那是一个 20 米深、窄小的峡谷。谷地有如绿洲，谷壁上长满了阔叶树林，上天赐给峡谷一片阴凉。一条涓涓细流蜿蜒穿过泥泞的谷底，这就是不愿会客的单指两栖鲵的家。它们捕食的食物同样地与众不同，是一种仅分布在这个栖息地的水生蠕虫。我们找到了蠕虫，但没有留下来找两栖鲵，因为即使在大白天，蚊子仍然狠凶悍，令人觉得苦栎林平地毕竟还比较能令人忍受些呢。

分布在那些阿帕拉奇可拉这种狭小地理范围的特有种，格外地面临灭绝的危机：只要发生一次动物流行病、森林火、厚冰霜，或是几台链锯作业一天的工夫，都能把这些物种推上不归路。即使是分布辽阔的物种，特化也是有危险的信号，只要是局部活动的族群，不论是数量多还是分布范围广，个别都较易濒临灭绝，直到有一天所有族群都碰上问题时，该物种就灭绝了。

琥珀中的蚁

化石记录指明了这个普遍的现象。最近我研究了中新世早期，大约 2000 万年前，保存在多米尼加共和国琥珀中的蚁。这些丰富的琥珀都是树脂的化石，是加勒比海国家珍藏的一项珍宝。哥伦布在 1493—1494 年第二次航行时，交易得来的若干琥珀，即来自今日圣地亚哥附近一处还在开采的矿区。透明澄澈的金黄琥珀底质中，最多的是蚁，有如珠宝巧匠将之嵌在淡色玻璃内，精美地保存着。

我曾从一位中介商那儿，获得了一批 1254 颗含标本的琥珀，我把这批琥珀切片、打磨，在显微镜下从几个不同角度观察。我研究这些蚁的细微构造并绘制成图，数着蚁脚上几乎看不见的纤毛，丈量头宽（百分之一毫米的精确度），记录牙序规格（蚁牙的形状与排列，可用来鉴定物种，甚至可区分每只蚁）。将生活在今日美洲热带的蚁与琥珀中的标本比较后，由于其最近的活亲缘，不是只捕食某些特定的猎物（例如马陆或节肢动物的卵），就是在特殊的地点筑巢，于是我将若干琥珀中的蚁归类为特化与较稀有的物种。我发现多米尼加共和国与西印度群岛的其他地区，其特化物种及其后代的灭绝现象超过普化物种。

同样的，数目多就有利于生存，此现象也由史坦利研究过。他发现距今约 200 万年的更新世，分布在北太平洋沿岸的软体动物族群总数，是维持其生存最重要的控制因素。

这与蚌类生存方式中有一种类型（海底钻穴动物）有关。在过去 200 万年间，具有虹管的物种比没有这个构造的物种，存活率高得多。虹管是肉质的管道，泥底的动物能靠着虹管让海水流过身体。有虹管的物种在泥底藏得较深及钻穴的速度较快，因此比无虹管的物种易逃避掠食性生物。结果造成会钻穴的双壳蚌类物种大都具有虹管构造，并分布广泛；无虹管的物种变得罕见。事实上，太平洋地区有虹管物种的存活率（百分之八十四）是无虹管物种存活率（百分之四十二）的两倍。这种类型呈现的概念，符合物种丰富度是决定其灭绝概率的最重要因素。

这一原则也广泛地适用于动物界：体型大，有如特化一般，表示其族群较小且灭绝较早。北美洲与欧亚大陆的大型哺乳类动物，最先沦丧于猎人的攻击。狼、狮、熊、野牛、驼鹿与羱羊大多消失了。狐、浣熊、松鼠、兔与老鼠却繁殖兴旺。皮姆与其同事分析英国沿岸小岛的陆鸟时发现，体型大的物种（像鹰与鸦）与体型较小的物种

（像鹟鹩与雀鹩）比较，前者在局部地区灭绝的现象更为常见。较大型鸟类的脆弱性，部分是由于其族群个体数较少。

当然并非全然如此，即使排除族群大小因素（不论物种，只考虑同大小的各种族群），体型大的物种的脆弱性仍然存在。较大型物种的脆弱性显然源自其较低的繁殖率。鹰与鸦的雏鸟数目比鹟鹩与雀鹩少，一旦碰到高死亡率，复原较慢，再受到打击时，可能一路滑到灭绝的末路。

然而，如果大、小型鸟的族群都很小，明确地说，两者都只有不超过 7 对繁殖个体时，事实上两者都已濒临灭绝的边缘，此际，上述的不利因素就倒反过来了。这时，每只较大型的鸟有较长的寿命，便成为决定性的因素。鹰比雀鹩活得久，只要有一对能抚养后代成长，族群便不会灭绝。

走上近亲交配的不归路

当族群只剩下几个个体时，就会出现遗传学家称之为"近交衰退"（inbreeding depression）的现象，这时灭绝便缠上了身。举一个鸟类族群的极端例子，譬如说命运多舛的一种林莺吧，当数量只剩下一对可繁殖的同胞手足时，这一对各带有一个隐性致命基因，是"异型合子"。这表示每只鸟的某染色体都带有一个致命基因，以及其对应的同源染色体同一位置上有一个"正常基因"。如果正常基因胜过致命基因，该鸟大约能维持健康状态。假使它们都带有一对致命基因，此两只鸟唯有死亡一途。当同胞手足交配后，任一精子有一半的概率带有致命基因，任一卵子也有一半的概率带有同样的致命基因：每次交配的结果和掷硬币出现反面的机会是一样的。后代获得两致命基因而无法活命的概率，与连掷两次硬币都是反面的概率是一样的：

二分之一（坏精子）乘二分之一（坏卵子）等于四分之一（受害后代）。这个族群这么小，使得繁衍后代的希望少了四分之一。

为何近亲交配会造成生命与繁殖的衰退？因为兄弟姊妹、堂表亲及双亲与子女的关系非常相近，他们极可能具有相同的致命隐性基因。人与果蝇可算是这方面的典型生物，每个人、每只果蝇平均都带有一到数个致命的隐性基因，在整个族群有那么多种致命基因，但每种致命基因是在每百人甚至数千人中才会遇到一个。若两个没有亲戚关系的交配个体，同时都带有同样缺陷基因的概率则极小。在人类之间，这类基因配对的机会很渺小，致命的遗传疾病（像泰—萨氏综合征与纤维化囊肿），也就命中注定是罕见的案例了。但是，假使小孩的双亲彼此是近亲，这类遗传疾病发病率就会大增，而假使该族群数小或封闭，很可能就会发生这种基因并陈的机会了。

这些就是近交衰退的基本概念。但是真实世界的族群以迥异与不可思议的方式对付这项近交衰退。

有害基因中只有一小部分是致命的，大多数却是"半致命"（sublethal）或"半活性"（subvital）的。有害基因会干扰生物发育，削减体力，降低繁殖力到各种不等的程度。也就是这些基因使动物园的猎豹与羚羊早夭及不孕；繁殖的可卡小猎犬（cocker spaniels）也因血统过纯，让先天性心脏发育不全的有害基因表现出来。

族群遗传健康法则

保护生物学家曾试图发出族群大小的危险警示，表示某物种族群大小若低于此警示会因遗传缺陷使之处于高灭绝风险中。他们粗略地订出"50—500"为族群遗传健康法则。这法则指出，当有效的族群数低于50并有缺陷基因时，近交衰退往往就足以降低族群的增加。

饲养牲口的人会知道，在牲口族群有效个体数超过 50 只时，一般都不担忧会发生近交衰退；但是低于 50 时，便认为会出问题。

当有效族群个体数低于 500 时，基因漂变（基因百分率的随机增减率）就会强到足以消除若干基因，并减少整个族群的变异度，同时，突变率又不会高到补足所消除的基因的损失。也因此，该物种不断地丧失适应环境变迁的能力。近交衰退的压力会逐代加强，缩短了物种的寿命，数代后，其基因资源也逐渐贫乏。简言之，族群数大于 50 的法则只是短期适用，而要有 500 才能让该物种在遥远的未来都能生存与健康。

我采用"有效族群数"一词始能恰当诠释遗传劣化问题。这个名词在保护生物学理论上是一个相当重要的尺度。举一个例子，例如苏格兰梅岛（Isle of May）上的麻雀，该族群都是雄性，则其有效族群数是零。或者，该岛有 1000 只太老而无法繁殖的成鸟，以及有可随机交配的健康雌、雄鸟各 5 只，则其有效族群数为 10。某族群的有效数是一个理想化由可随机交配的个体组成的族群，其基因漂变与真实的族群的基因漂变量。在此假想的例子中，虽有 1010 只麻雀，但是过了繁殖期的个体不算数。每只麻雀的族群遗传与只有 10 只在一起生活的族群遗传是一样的。当老化或其他原因增加了不孕率，有效数就下降。如果成鸟放弃随机交配行为，转而在亲缘间寻求繁殖，此时的有效数也可能降低。

重点是，生物个体的年龄、健康状况及繁殖行为，对该族群的遗传发展轨迹及最终族群的存亡有重大的影响力。即使森林中与田野间充满某植物或动物的物种，该物种还是很可能注定要灭绝的。

保护生物学家与遗传学家对此仅有概念性的了解，他们蒙在实验室与动物园研究的一知半解下，提出了一个架构松散的理论。他们知道如果适应性衰退源自近亲交配，且已经大量存在的有害基因迅速并存，该族群立即处于濒危边缘。事实上，如果近亲交配和缓，该族群就较能突破危机。况且，过了许多世代之后，天择会排除族群中的有害基因，近交衰退自然会缓和下来。因为在生物个体内最有害的基因出现同型合子时，这些生物个体便会遭淘汰或被弭除，而其有害基因在全族群出现的频率就会下降。

族群事故

然而，某物种灭绝的因素，在大多数状况下，并非缺陷基因削减了族群数，而是族群的大小及其分散各地的方式。"提高该物种有效族群数到 500 就安全了"的认知是危险的。假使该物种只剩一族群，且禁锢在一个避难栖息地，即使该族群有 5000 个体，一场火就可能结束它们。还有感染疾病或一场要命的寒冻，依赖的食物物种灭绝了、关键授粉者消失等可能性，就可置该族群于死地。这些事件称为"族群事故"（demographic accidents）——因环境变迁造成族群数产生无常而剧烈地减少，并且可能有致命的恶果。当小族群通过窄隘狭道时，斯库拉（Scylla）妖魔吞噬造成的族群事故之危险性，对该物种而言，可能比近交衰退的卡律布狄斯（Charybdis）造成的巨大漩涡更有过之而无不及。（斯库拉和卡律布狄斯是希腊神话中两个长生不死、凶猛强悍的妖怪，危害希腊英雄奥德修斯外出漂流时所经过的狭隘水域。斯库拉吞食任何敢接近她的东西。卡律布狄斯则伺伏在离对岸一箭之地，每天吞吐海水三次，形成巨大漩涡，对来往船只危害甚巨。——译者注）

有少数是只分布在一个栖息地且脆弱的物种，这些物种如巨型、不会飞的拟步甲虫（Polposipus herculeanus），分布在塞舌尔群岛（Seychelles）的小军舰岛（Frigate Island）上，只靠枯死树木为生。考西威树（Hibiscadelphus distans）在夏威夷考爱岛干石崖上只有 10

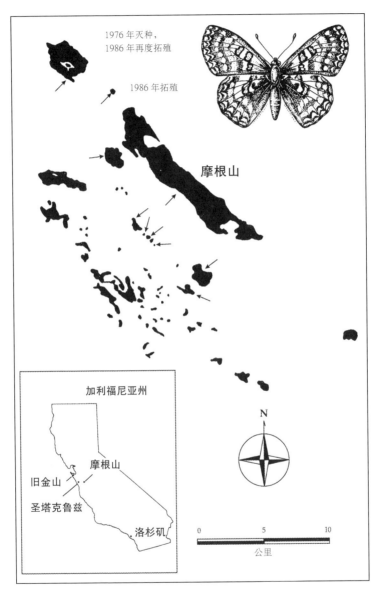

旧金山以南珠芽蓼草原的蛱蝶超族群分布情形。黑色表示其栖息地位置；1987年的分布区块以箭头表示。超族群栖息的合适环境区块逐年递变。

棵，高 6 米。最令人惊奇的也许是索科罗潮虫（Thermosphaeroma thermophilum），一种水栖甲壳类，已无天然栖息地，却活在新墨西哥州一处荒废的澡堂。大多数的物种并不处于这类情形。若干案例中，某物种的许多族群，因隔绝而彼此不再往来。其实更多情形是，该物种已成为"超族群"（metapopulation），即同物种的许多族群内之个体偶尔来往于各族群之间。

以长时段的角度来看，超族群的物种可想象成一片漆黑地面上闪烁的灯海。每盏灯亮代表一个活族群，其地理位置是该物种的栖息地。当某栖息地内有该物种时，灯就亮起；没有时，灯就熄灭。我们以数个世代的时间来看这片土地，某局部发生族群灭绝时，该处的灯就灭了。其后该处又有从其他亮灯处过来的物种，灯又亮起。在某种程度上，就可以分析与度量物种的生与死了。如果某物种代代相传之时，能点亮与熄灭同样多盏的灯，就可永续延寿。当灯熄灭率大于点亮率时，物种就会陷入万劫不复的境地。

物种存在的超族群概念令人悲喜交集。即使物种在局部栖息地消亡了，只要出缺的栖息地尚保留着，该栖息地的物种常能很快地恢复。但是如果该物种能用的栖息地减少太多，那么整个物种系统就可能会瓦解，即使尚有若干栖息地留存着，所有的灯还是会熄灭。认真保护几个保护区可能是不够的。当能迁移到空栖息地的族群变得太少时，该物种就无法往他处拓殖，因而灭绝了，整个系统不得不急转直下，灯海就此一片漆黑。

正在崩解的一个超族群例子是卡纳灰蝶（Lycaeides melissa samuelis），栖息于纽约州北部奥尔巴尼松林（Albany Pine Bush）的荒瘠地。该松林相当贫瘠，沙土与沙丘上长着林木与灌丛，主要是北美油松、冬青叶栎与山栎。当地的植物常遭闪电劈击而发生火灾。这片荒瘠地内的卡纳灰蝶的族群是分布在小面积的局部地区，形成一个松散的生态系统。各族群只分布在其幼虫唯一食物的野生羽扇豆

卡纳灰蝶与它的寄主植物野生羽扇豆（莱特绘）

（Lupinus perennis）之处，无法离开。野生羽扇豆本身就是零散的小片分布着，是火灾后的先驱性植物。也就是说，在野火烧毁植物后，地面有更多的空地可照到更多的阳光，能让许多小型草本植物生长。因此火对卡纳灰蝶而言，真是福祸难分。火会烧死某些局部地区的卡纳灰蝶的许多族群，但是同时也为该蝶后世的再繁殖而铺路，甚至助长族群更兴旺。局部小面积的栖息地焚烧过后，羽扇豆再度繁茂滋生，邻近幸存的卡纳灰蝶的成蝶族群就会飞过去。换句话说，生态学家称这种蝴蝶是"逃亡物种"，因为它是一种被进化套牢于动荡生态区位中东赶西奔的物种。

奥尔巴尼松林地一度有 1 万公顷的面积，足以让卡纳灰蝶的超族群，永远玩这种赌命游戏。但是奥尔巴尼—斯克内克塔迪（Albany-Schenectady）地区的都市开发后，松林面积只剩下 1000 公顷，无法维系卡纳灰蝶的超族群生物。除非残存的栖息地能完整保持现有的范围，同时除非经由人类特意焚烧及谨慎控制火势的经营方式，要能确保羽扇豆与蝴蝶两族群的健康状态，否则这种蝴蝶恐怕会步往昔曼哈顿岛的一个类似族群的后尘，而烟消云散。卡纳灰蝶的处境，正如其他数千不知命归何处的物种：它必然不可能再是真正的野生物种，否则只有灭绝一途。

巴西金刚鹦鹉的挽歌

每种物种在恶待它的人类做伴下，以其独特的方式与世告别。我以新西兰的槲寄生做开场白，然后谈了因纽约州都市发展而毁灭的一种脆弱蝴蝶，最后以巴西金刚鹦鹉（Cyanopsitta spixii）收尾。

巴西金刚鹦鹉是世界上最濒危的鸟种，也是最美丽的鸟种之一。它全身通蓝，头顶深蓝，腹部一抹淡绿，柠檬黄的眼珠镶在黑色的脸上。巴西金刚鹦鹉的特征非常特殊，故在分类上自成一属。数量一直不多，只分布在近巴西中部的帕拉州（Pará）之南到巴伊亚州（Bahia）的棕榈丛与河边森林中。它在养鸟的人无度索求之下变成了罕见的鸟种。到了 1980 年代中期，每只鸟索价 4 万美元。捕捉巴西金刚鹦鹉的巴西人说，鸟的减少因非洲种蜂的引进而加速，因为这些蜂的巢穴占据了鹦鹉偏好的树洞。这说法虽有推卸责任之嫌，不过也有几分实情在内。这在博物学上是有其可能的，但以外行人的想象力，未免牵强得有点离谱。无论如何，买鸟的人与卖鸟的人才是杀鸟的主力。

到了 1987 年，野外只有四只巴西金刚鹦鹉了，1990 年底只剩下一只雄鸟。国际鸟类保护委员会（International Council for Bird Preservation）的朱尼柏（Tony Juniper）报告说："这只最后的巴西金刚鹦鹉急迫地想繁殖。它察看所有的巢洞，并呈现所有繁殖的行为特征。"据最近的报道说，这只雄鸟已与一只雌的蓝翅金刚鹦鹉（Ara maracana）配对，没有人预期它们会生出杂交物种。

第十二章

濒危的生物多样性

THE DIVERSITY
OF LIFE

—

Biodiversity

Threatened

—

人口增加造成的砍伐原始森林
及其他不幸事件，
是威胁全球生物多样性的大敌。
人类可从大型生物体身上，
在最短时间内获得重大利益，
故多为人类所觊觎。

隐秘在厄瓜多尔的安第斯山脉西麓，离帕伦克河（Rio Palenque）几公里，有一座鲜为人知的小山脉——森地内拉（Centinela）。这个名字若冠以"静悄悄地流血的生物多样性"当之无愧。该处的森林在十多年前遭砍伐时，灭绝了许多罕见的物种。就这样，原是完整健康的许多生物族群不出数个月就没有了。在全球，只要是静悄悄的灭绝事件，便称为"森地内拉式灭绝"（centinelan extinction），这类事件的发生从未间断，这与众目睽睽的急救疗伤不同，却是神不知鬼不觉的暗箱作业事件，看不见的重要器官组织淌着鲜血。森地内拉事件的消息是不巧为人目击而走漏了风声。

目击者是在圣路易的密苏里植物园工作的詹特瑞与多德森。他们是天生的博物学家，因而揭发了这起重大事件。我的意思是，他们是专业田野生物学的核心研究员，那些人不是为了追求成功去研究科学，而是为研究科学去努力追寻成功，这就是科学的本质。即使他们自掏腰包，也会径赴田野作生物学研究，在栉风沐雨中钻研进化现象，因此送给世人"森地内拉"这类地方的永恒记忆。

当詹特瑞与多德森在1978年初履斯土时，还是第一队前往森地内拉山脉调查该地植物的学者。森地内拉只是巴拿马到火地岛（Tierra del Fuego）之间长 7200 公里的安第斯山山脉两侧无数籍籍无名的支脉与马鞍形山谷之一。在低纬度中高海拔的山脉上，尽是云雾山林。从整体上看，这都是生态岛屿，其间被无树的高山稀疏草原切断，其下为低地雨林包围，各岛隔着深谷，就如汪洋中的许多岛屿。如此，它们就自行进化出特有的植物与动物物种，成为该岛的特有物种，在其他任何地方都见不到，充其量最多仅在毗邻的几个小岛上可见。

在森地内拉，詹特瑞与多德森发现约有 90 个这类植物物种，大多数是林冠下的草本植物，以及树干与树枝上的各种兰花与其他附生植物。其中几种有黑色的叶子，这种极度稀有的性状，至今仍为植物生理学上未解之谜。

1978 年，山谷的农民正沿着一条新开的私有道路进山，砍掉山上的森林。这在厄瓜多尔是司空见惯的开垦程序。安第斯山脉面向太平洋的山坡，整整有百分之九十六的森林地已开垦为农田。厄瓜多尔国外的保护人士多未注意，当地政府也未采取限制措施。到了 1986 年，森地内拉全区已被完全开发，种上了可可与其他作物。可可树下还挺着少数特有种植物，邻近山脊的森林也还有几种，却也岌岌可危地有遭砍伐之虞。我不知道是否有某黑叶植物物种还活着。

森地内拉的意外揭露，与名单中日渐增加的其他这类地点，显示出物种灭绝的恶化情形，远超过田野生物学家（包括我在内）先前的认知。许多稀有局部分布的物种，正在我们看不到的地方一种种地消失，就像格雷（Thomas Gray，1716—1771，英国诗人）的《挽歌》（*Elegy*）中的死者，从此无人过问，最多只留下一个名字，在世界的偏远角落的一声微弱的回音，他们的真才实学便付诸东流了。

太平洋列岛灭绝事件

即使是硕大、更受人瞩目的生物，其灭绝程度也比一般认知的大。过去 10 年间，研究化石鸟类的科学家，特别是奥尔森（Storrs Olson，美国国立博物馆古生物学主任）、詹姆斯（Helen James），与斯特德曼（David Steadman，纽约州立博物馆动物研究资深科学家），发现人类大量摧毁太平洋岛屿陆鸟的证据，那是在欧洲人来到之前的早一批的人类所为。这些证据数据是科学家从沙丘、石灰岩洞、熔岩管、火山湖底以及考古贝冢中坠落或被人丢弃的鸟尸骨的化石与准化石上获取的。太平洋群岛上这些堆积物的时代可溯自 8000 年前，乃至接近现代都有，覆盖了波利尼西亚人登岛之后的这段时期。尤其是外环太平洋岛屿（从西部的汤加王国到东部的夏威夷），科学家认定波利尼西亚人上岛之后，至少灭绝了其中一半以上的特有鸟种。

这条长长的太平洋列岛，当时为现代波利尼西亚人祖先的拉皮塔族（Lapita people）所占据。他们来自美拉尼西亚（Melanesia）群岛外岛，或是东南亚某处，不断地逐岛往东迁移。他们勇敢冒险及不计生死地乘单人小船（一种带有舷外托座的浮船）或双人独木舟，横越了数百公里的汪洋。大约 3000 年前，他们在斐济、汤加与萨摩亚诸岛定居下来。然后逐岛迁移，最后是夏威夷，至于太平洋诸岛中适宜人居、最偏远的复活节岛，则在公元 300 年才有人上岸定居。

这些来到岛上定居的人，不但靠船上带去的农作物与牲口生活，而且也仰赖当地能捕获的动物为生。他们捕鱼、捉海龟及丰富的野鸟。这些野鸟（包括斑鸠、鸽子、秧鸡、椋鸟及其他残骸现今才出土的鸟种）从未遭遇过这类猎人，因此易于被捕捉。其中许多是特有种，仅在拉皮塔人发现的岛上才有。这些移民逐岛吃掉波利尼西亚的动物群。

埃瓦岛（Eua），即现今的汤加，在没有移民前（约公元前 1000 年）的森林里有 25 种鸟，而今只剩下 8 种。在波利尼西亚人占据前的诸岛，几乎都有几种特有、不能飞的秧鸡。现只在新西兰与皮特凯恩岛（Pitcairn）东北方 190 公里无人的亨德森（Henderson）珊瑚岛才有。人类一度认为亨德森岛是一个难得大到可住人而未有人住过的原始小岛。但是最近在岛上发现有人工制品，显然波利尼西亚人曾经居住过亨德森岛，可能在他们耗用岛上的鸟到无以为继之后，才弃岛而去。在这类没有可耕土壤的小岛上，鸟是最容易得手的蛋白质。移民削减了鸟的族群，其间又灭绝了一些物种，然后不是留下来挨饿，就是驾舟离去。

波利尼西亚人的最后伊甸园是夏威夷，以消失的进化生物而言，损害最惨重。自库克船长（James Cook，1728—1779，英国海军上校，太平洋和南极海洋的探险家）于 1778 年到达夏威夷之后，便进入欧洲移民时代，当时岛上特有种陆鸟约有 50 种；其后的两个世纪，灭绝了三分之一。现今鉴定骨骼残骸后，又加上 35 种，还有 20 种的记录较欠缺，这些也很可能是被夏威夷的原住民灭绝了。鉴定出的种类有雕类（类似美国白头海雕）、一种不会飞的朱鹭及几种短翅与长腿的奇怪鸮。最瞩目的是鸭类进化来的一些怪异、不会飞的鸟类，有小翅膀与龟喙状的鸟喙。詹姆斯与奥尔森记述道：

> 这些陆生、吃植物的动物，虽然长得像今日的鹅，但是根据它们具有像鸭的鸣管肉垂，推测这些奇异的鸟可能进化自翘鼻麻鸭科（Tadornini），或更可能的是，从潜鸭科（Anatini）的鸭属（Anas）进化而来。它们的生态功能可能类似加拉帕戈斯及西印度洋群岛的大型龟类。我们现在已鉴定出三个属与四个种，同时因为它们既非进化系统上的鹅，也非生态功能上的鸭，于是我们另创新词，通称夏威夷群岛所有不能飞、像鹅的鸭为"莫阿－那罗"（moa-nalo）。

夏威夷本土幸存的鸟，大多数是外观不起眼的残留种，是一些小型、隐蔽性的物种，只分布于幸存的山地森林。它们是曾经迎接过波利尼西亚的移民，正逢拜占庭帝国的诞生及玛雅文明鼎盛时期的昔日雕、朱鹭以及莫阿－那罗，如今只剩下隐约的残影。

美洲大陆上的灭种悬案

随着人类族群从非洲与欧亚大陆向外扩散，其他的大陆与群岛也出现了森地内拉式的灭绝。人类很快地解决了一些体型大、动作慢又美味的动物。1.2 万年前的北美洲，古印第安猎人尚未跨过西伯利亚白令海峡之际，北美大陆的大型哺乳类动物之多样化远远超过今日世界任何地方（包括非洲）。1.2 万年前，听起来也许像回到了恐龙时代，但以地质时间的标准而言，不过是昨日而已。那时约有 800 万人口四处流浪着，很多人在找新的地方。制作鱼钩与鱼钗已相当普及，兼有栽培野生谷物及驯养犬类。人类在肥沃的新月地带（Fertile Crescent）组建的第一个群落，不过是 1000 年后的事。

北美洲西部，恰在退缩的冰川缘后方，彼处的草原与矮林是个美洲版的非洲塞伦盖地（Serengeti）稀树大草原。其植物与昆虫与今日西部的物种类似——你现在很可能摘下与当时同样的野花，捉到同样的蝴蝶——但是大型哺乳类动物与鸟类就大大地不同了。你站在某处瞭望，例如从河岸林缘放眼开阔的平原，映入眼帘的是成群的马（已灭绝，非现今西班牙人引进的马种）、长角野牛、骆驼、数种羚羊及猛犸象。一闪即逝的剑齿虎，可能像现今的狮群、巨大的恐狼及貘等，采用合作猎捕方式。死马的周遭，可能围着所有适应辐射下的腐食鸟类：大秃鹰、大秃鹰般的硕大怪鸟、腐食鹳、雕、鹭与秃鹰，彼此推挤与相互威胁着，我们从现存物种可以推测。较小的鸟伺机抓走碎肉片，并静待硕大竞争者抛弃后支离破碎的尸骨。

更新世晚期的大型哺乳类动物属，现在有百分之七十三灭绝了

（南美洲是百分之八十），最大型的鸟属灭绝数也相差不远。多样性的瓦解发生在首批古印第安猎人进入美洲新大陆之际（1.2万到1.1万年前），之后人口以年平均16公里的速度往南扩散。多样性瓦解并非是偶尔发生或时增时灭的事件。生活与繁殖了200万年的猛犸象，那时有三种物种——哥伦比亚猛犸、帝王猛犸与多毛猛犸，不到1000年都灭绝了。另外的古生物地栖巨懒，几乎同时消失。穴居大峡谷西端山洞并外出觅食的这些地栖巨懒物种，最终在大约1万年前灭绝了。

如果要审判的话，根据时间上的准确吻合这间接证据，就可定古印第安人的罪行。犯罪的明显动机是食物。猛犸、野牛及其他大型哺乳类动物的残骸和人类的骨骼、火烬炭渣及克洛维斯（Clovis）文化的石制武器等遗留的相关物证，说明古印第安人脱不了干系。这些最早的美洲人是精于猎捕巨兽的人，而他们狩猎到的动物，在进化上还没完全因应这种猎人的经验。灭绝的鸟类也是那些猎人手下最易受害的物种，例如雕与一种不会飞的鸭。还有若干无罪的旁观动物：大秃鹫、怪鸟及秃鹰，取食着当时被猎人屠杀死亡的大型哺乳类动物。

为替古印第安人脱罪，他们的辩护者提出另有嫌犯。更新世末期，不仅发生人类侵占新大陆，同时也正值气候回暖。随着大陆冰川自加拿大退缩，森林与草原迅速地往北扩张，这种大变迁势必对局部地区族群的诞生与死亡有深远的影响。1870—1970年间，冰岛冬季平均2摄氏度，而春、夏温度变化略小。两种北极鸟类，长尾鸭与小海雀，族群减少到几乎灭绝，同时鸽类、凤头潜鸭以及几种南方的物种，在冰岛上栖息并开始繁殖。更新世的大死亡中也有类似的现象。例如，乳齿象显然是特化成适合针叶林栖息的物种，当该处的针叶植物群带往北迁移，连着长鼻动物随之北迁，经过一段时间，它们便集中在东北部云杉林带，然后灭绝了。它们的灭绝可能不只是猎人的过度狩猎，同时也是栖息地的缩减使得该族群不得不分裂成小群与族群变少的缘故。

　　现在让辩方做更有力的陈述：在人类未出现前的数千万年，哺乳类动物的属即已大起大落，但是以漫长的时间来度量，其灭绝与诞生是平衡的。这平衡的改变是受到气候变化（如1.1万年前的现象）的影响，所以平衡也随之发生变更。韦布（David Webb，佛罗里达州立大学博物馆脊椎动物学主任）指出，最近1000万年中有6次大灭绝灾变，铲除了北美洲陆栖哺乳类物种，其中更新世的终结事件兰乔拉布瑞亚冰川[以加利福尼亚州的兰乔拉布瑞亚（Rancho La Brea）命名]，并非最惨烈的。根据可稽的记录，最惨烈的一桩是：

　　　　亥姆菲尔（Hemphillian）末期（差不多500万年前）的灭绝，60多属（其中35是大型动物，体重超过5公斤者）的陆栖哺乳类动物灭绝了，其次才是兰乔拉布瑞亚（大约1万年前）灭绝事件，40多属灭绝了，而且几乎都是大型哺乳类动物的属……若干证据显示，这些灭绝事件与冰川周期性发生有关，故认为灭绝最高峰期，是受了当时极端与动荡气候状况的影响。

　　在两大灭绝灾变中，气候恶化与广阔的大陆稀树草原沦为高草原，消失了以嫩叶为食的大型哺乳类动物。尤其在亥姆菲尔末期，甚至连食草性哺乳类动物（如马、犀牛及叉角羚）都急遽地减少。

　　持人类过猎论与持气候变化论的专家之间的争辩，似乎重蹈另一主题——恐龙王国终结论。不同的是，这次的主角为古印第安人，而不再是大陨石。这项间接证据压过另一项间接证据，而争辩双方都在搜寻确凿的证据。这并非意识形态或意气用事之争，而是研究科学的最佳之道。

在说了这些之后，我撇开中立的看法，而认为持过猎论的人是对的。1万年前北美洲发生的故事较有说服力，克洛维斯族很可能扩散穿越这个新大陆，在几个世纪的狩猎闪电战中，消失了大多数的大型哺乳类动物。若干死定了的物种在绝灭的路上四处逃窜，挣扎了达2000年之久，结果还是难逃此劫：属与种的正常进化周期为百万年计，所以这算是飞速地灭绝。

在暂时接受此项定论前，尚有一个理由要说。马丁（Paul Martin，古生物学家家，亚历桑纳大学教授）在1960年代中期重提这个构想（19世纪时曾针对更新世的欧洲哺乳类动物的灭绝，有过类似的提议），不要忽略这重要的状况：当人类迁移到美洲、新西兰、马达加斯加岛及澳洲后，不论气候是否变化，大部分大型动物群（大型哺乳类、鸟类及爬行类）很快地随之消失了。这项附加的证据是由许多想法迥异的研究人员，历经多年汇集而成，都认为不是气候变化而是人为因素。

约在公元1000年前，人类未迁移到新西兰时，大型不会飞的恐鸟是该岛栖息的特有种。恐鸟有椭圆的躯体、粗大的双腿与长颈小脑袋。第一批毛利人自北方的波利尼西亚家乡到来时，约可见到13种恐鸟，从大火鸡般到230公斤以上的大鸟，后者是进化以来的最大鸟种。恐鸟实际上有进化辐射现象，栖息于许多生态区位，包括原由中型到大型哺乳类动物占据的生态区位，因为新西兰缺乏这些哺乳类动物。

毛利人上岸后大肆屠杀，新西兰到处尽是惹眼的恐鸟猎场。南岛上的杀戮遗址尤其多，弃置的恐鸟尸骨堆可从公元1100年追溯到公元1300年。在这短短的200年间，移民势必靠恐鸟肉获得他们的大部分食物。大屠杀从岛的北部毛利人上岸处揭幕，逐渐南下各地区。几位欧洲人说在1800年代早期还见过恐鸟，然而这些记录无法得到证实。考古学与舆论都认定毛利人应负责任，如同新西兰流行的歌所唱：

没了恐鸟，没了恐鸟，

在那奥特亚罗亚（Ao-tea-roa，白云之乡）老地方，

找不到它们了，

他们吃掉恐鸟，

恐鸟一去不复返，再也不会有恐鸟了！

　　恐鸟的灭绝不过是新西兰大屠杀的冰山一角，还有 20 种其他陆鸟（包括不会飞的 9 种），转眼间也灰飞烟灭。逼到灭绝的还有爬行类动物喙头目（Rhynchocephalia）唯一活物种的斑点楔齿蜥、独特的蛙类与不会飞的昆虫。它们的厄运部分是因为大面积毁林与焚烧，再加上毛利人登陆带来的野鼠大量繁殖，加速了原地种的灭绝，原地种进化上缺乏自卫抗鼠的能力。1800 年代，英国移民者登上了这个景致幽美但伤痕累累的群岛。然而如出一辙，英国移民者的天生劣根性是，继续残害当地的生物多样性。

　　马达加斯加岛是世界上第四大岛，几乎是一个独立的小型大陆，已在印度洋完全孤独地向北漂移了 7000 万年。它与新西兰一样沦为生物悲剧的舞台。尽管马达加斯加岛离非洲大陆很近，但是第一批登上该岛的人类，并非来自非洲，而是来自遥远的印度尼西亚，在公元 500 年左右抵达。只用了一个世纪就解决了这座大岛的巨型动物群。其间并无气候大变化，这灭绝事件是马拉加西族（Malagache）祖先的杰作。

　　其间有 6 到 12 种硕大、不会飞、像恐鸟的象鸟（Aepyornis maximus）灭绝了。象鸟是近代地质史上最重的鸟类，是身披羽毛的庞然大物，几乎高达 3 米，并有粗壮的巨腿，从马拉加西族古文化遗迹四周堆积的蛋的碎片，拼凑成的蛋有足球那么大。同样惨遭灭绝的还有 17 属狐猴中的 7 属。狐猴是现存的哺乳类动物中与猴、猿及人类最近缘的灵长类动物。狐猴曾在马达加斯加岛经历一场精彩绝伦的

适应辐射。而灭绝的狐猴却属于其中最大与最有趣的狐猴，有一种像四足奔跑的狗，另一种是有长臂的狐猴，可能像长臂猿在树林间摆荡穿越。第三种狐猴像大猩猩那么大，会爬树，类似大一号的澳洲无尾熊。灭绝物种中还有一种土豚（一种矮种的河马）及两种巨陆龟。

3万年前，另一原住民也是经由印度尼西亚来到澳洲大陆，重演同样的剧本。一些大型哺乳类动物很快先行灭绝，包括袋狮、高2米半的巨袋鼠，以及其他分别类似地栖树懒、犀牛、貘、北美土拨鼠，或更准确地说，应是我们熟知的世界大陆动物群的混合类型。然而由于澳洲原住民抵达的时间久远、物种灭绝历时较长，以及相关化石与猎杀地点缺乏记录，澳洲原住民狩猎生活的真相不明，实难以陈述狩猎的社会功能。澳洲从1.5万年到2.6万年前确实有段大旱灾，其间极大量的动物灭绝了。我们知道澳洲原住民娴熟狩猎，并会焚烧大片的旱地辅助搜寻猎物。他们现今还是采用此法。人类在物种灭绝上势必扮演了某种角色，人类的影响与澳洲内陆的干旱各自占着何种分量，以我们目前的证据还不足以下定论。

1989年，戴蒙德判决了大型动物群灭绝的起诉案。他说，气候不可能是主犯。他问道：最后一次冰川退缩期间，气候与植物群变迁难道只会灭绝北美洲物种，而不会灭绝欧洲与亚洲的物种？这些大陆之所以有些不同，不是气候改变而是美洲初次有了人类迁入的缘故，这些人对付的是一群对人类毫无戒心的大型动物群。同时，北美洲的大献祭为何发生在最近一次的冰川纪末期，第四纪终结之时，而不是在22次冰川纪结束之前的那一次呢？这再次证明，其差别是古印第安猎人的出现。戴蒙德追问，澳洲的爬行类动物在史前人类入侵下能活下去，而同地区的较小的哺乳类动物与鸟类则否，前者是靠什么本事的呢？最后，澳洲的干旱内陆与雨林，以及邻近新几内亚的湿润山地森林里的那些大型动物，如袋狼与巨袋鼠，大约在同一时间灭绝，又如何解释？

　　因为那些原生动物灭绝的空间与时间，正好是其首度遇到人类出现在该处的空间与时间，所以第四纪的灭绝事件会出现在此特定的空间与时间。更进一步的理由是，那些动物的物种与体型也是经过选择的，因猎人只限于猎捕某些物种（例如大型哺乳类动物与不会飞的鸟），不理会其他的物种（例如小型啮齿类动物）。还有，所有栖息地的物种都普遍产生于第四纪的灭绝，是人类不分地区的狩猎习惯使然。同时猎人不会刻意协助任何物种，除非是因栖息地变迁及除去其他物种造成的意外结局。

　　"猎人不会刻意协助任何物种"是不容辩解的事实，也是整个悲剧的关键。人潮像是一张窒息的冒浓烟的毯子盖到最后的处女地上，例如古印第安人在整个美洲、波利尼西亚人横跨太平洋、印度尼西亚人进入马达加斯加岛、荷兰水手登上毛里求斯岛（为了好奇上岸瞧瞧，并消灭了愚鸽），他们昧于特有物种的生物学知识，又无任何动植物保护的伦理，他们看到的世界，必定像是无边无界的地平线。假使这个岛的食果鸽与巨龟没有了，下一个岛上还找得到。他们看重的是眼前的食物、健康的家庭、酋长的贡物、凯旋的庆祝、重大的仪式、丰盛的宴饮。墨西哥的一位卡车司机，当他射杀了全球啄木鸟中最大、最后两只帝王啄木鸟中的一只之时说："那是一块很棒的肉。"

　　从史前到现在，这部环境启示录中愚昧的骑士一直过度杀戮，摧毁栖息地，引进像野鼠与山羊之类的动物及其身上的疾病。在史前时代，最重要的因素是过度杀戮与外来物种的入侵。最近的几世纪，尤其是这个世代，闪电般加速的与杀伤力最大的是栖息地的摧残，其次才是外来物种的入侵。各项因素彼此强化，形成愈收愈紧的毁灭之网。美国、加拿大与墨西哥，在过去不久的历史时期，已知有1033种鱼类是完全生活在淡水中，其中有27种（或百分之三）在过去百

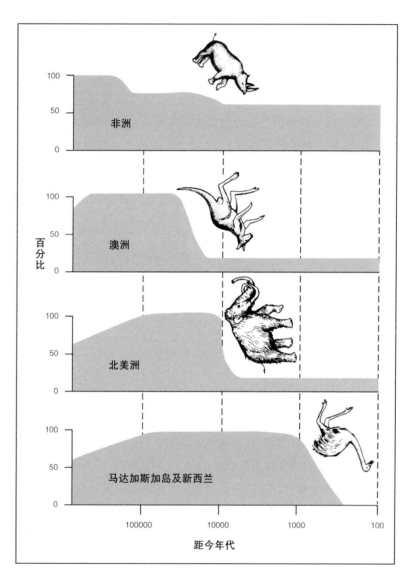

北美洲、马达加斯加岛及新西兰的大型哺乳类动物与不会飞的鸟类的灭绝，与人类到了该处的时间密切吻合，而对于较早期澳洲的情况比较难确定。在非洲地区，人类与动物一同进化了数百万年，其伤害较不严重。

年间已经灭绝了，而另外 265 种（或百分之二十六）很可能会灭绝。这些鱼类分别登记在自然及自然资源国际保护联盟（International Union for Conservation of Nature and Natural Resources，简称 IUCN）出版的红皮书上，分成各类等级：已灭绝、濒危、危急及稀有（罕见）。令其变少的力量为：

栖息地物理环境的破坏	占物种百分之七十三
被引进物种取代	占物种百分之六十八
栖息地被化学污染物改变	占物种百分之三十八
与其他物种及亚种杂交	占物种百分之三十八
过度利用	占物种百分之十五

（上述数字总和超过百分之百，是因为影响许多鱼类族群的灭绝，不只是一个因素造成的。）栖息地摧毁包括宜居地面积的缩减，以及栖息地受化学物的污染。栖息地摧毁占百分之九十以上是最重要的因素。综合上述因素，过去 40 年间的灭绝率一直在增加中。

对于我们知之甚详的鱼类与所有其他生物群，人类的掠夺行为，早在史前与有历史记录的早期即已开始。当时人类就把大型动物在其栖息地就地解决掉。他们登上岛屿，抵达孤绝的山谷、湖泊、河川水系，该处的物种就是较平凡的植物与动物，仍因其族群较小，且无他处可退却，也惨遭人类的毒手。现在轮到我们了。我们装备了链锯与炸药，猛烈攻击生物多样性的大本营——虽然以各大陆为主，但是较次要且日渐扩张地摧毁着海洋。

究竟可不可能评估现行的生物多样性的丧失呢？我无法想象还有哪个科学问题比此对人类更急迫与重要的了。生物学家发觉对生物多样性丧失的概略估计都困难重重，因为首先我们对其本身就不太清楚。灭绝是生物所有过程中最费时与局部性的事件，我们无法目睹某种蝶的最后一只在空中被鸟衔走，或偏远深山老林中某兰花物种的最后一株，因附着的树木颓倒而死亡。我们耳闻某种动物或植物已濒临灭绝之际，或许早已灭绝了。我们回到上次发现的地点去找，并且找了数年之后还找不到该种的个体，我们才宣布这种物种已经灭绝了。但是总还对它们残存着一线希望。一位驾着轻型飞机越过路易斯安纳州林泽的人，自认见到几只惊飞而起的象牙喙啄木鸟，后又没入树林的枝叶之间。"我十分确定那是象牙喙啄木鸟，不是羽冠啄木鸟，我看到背上的两道白纹，且翅膀上的纹带也一清二楚"；也有人听到了黑眼蚊虫森莺在某地的叫声；一位猎人发誓在西澳洲的灌丛中见到了一只袋狼。不过这些可能也只是幻想而已。

要想知道某物种是否确实灭绝了，你必须要非常了解此物种，包括它确实的分布与偏好的栖息地。你必须努力不懈，费尽心血，却又有可能一无所获。然而，我们不了解绝大部分的物种，甚至高达百分之九十的物种还没有学名。因此生物学家同意，不可能知道有多少物种即将灭绝；我们经常是两手一摊说，非常多。然而我们能做的不止于此，我们大约可以这样说："就我们相当了解的少数植物与动物群而言，它们灭绝的步调很快，而且比没有人类之前快得多。鉴于许多例子的严重性，可称之为臻于大灾难不为过，全群都濒临灭绝的地步。"

为了上面的说明，我从无数实例中略举数端：其实只要我们多费一点心力观察，灭绝正在我们的周围发生着。之后，我要用理论性较强的方式，借着"岛屿生物地理学"的模式，推算那孕育全球一半以上的植物与动物物种的热带雨林的灭绝速度。

◆过去 2000 年间，全球五分之一的鸟类，主要是因为人类的登岛而消失的。因此，如果人类并未侵扰这些鸟，现在应有 1.1 万种鸟，而非只有 9040 种。根据国际鸟类保护委员会（International

Council for Bird Preservation）最近的研究，现存鸟种的百分之十一（或 1029 种）是濒危物种。

◆西南太平洋的所罗门群岛有 164 种有记录的鸟类，红皮书仅列了其中的一种为最近灭绝的。事实上，1953 年起，另有 12 种已无发现的记录，且大部分是地面筑巢的物种，特别怕掠食的动物。所罗门群岛的人最有把握的了解是，其中若干物种是被引进的猫灭绝的。

◆从 1940 年代到 1980 年代，美国中部临大西洋各州的燕雀类候鸟族群密度减少了百分之五十，许多物种在局部地区灭绝了。原因似乎是许多候鸟的主要越冬地点（西印度群岛、墨西哥与中、南美洲）的森林被摧毁。如果摧毁森林的行为不加制止的话，黑眼蚊虫森莺的厄运还会落在其他北美洲许多夏季留鸟类身上。

◆全球淡水鱼物种至少有百分之二十不是灭绝了，便是处在濒危衰减的状态。这弥留状态已在若干热带国家中出现。最近调查马来半岛低地河川的 266 种淡水鱼类，结果只找到了 122 种。菲律宾的棉兰老岛（Mindanao）的棉兰老湖（Lake Lanao），在进化生物学家眼中，此处的鲤科鱼类适应辐射现象是最有名的。该科鱼类只分布在该湖，过去已知有 3 属 18 种特有种，最近的调查只发现了 3 种，都是同一属。这项减损归罪于过度捕捞与新引进鱼种造成的竞争。

◆近代历史上灾变性最大的灭绝事件，可说是非洲维多利亚湖中丽体鱼科的摧毁，我在前面曾以丽体鱼科为适应辐射的典范例子。从单一祖先物种进化出 300 多种鱼，几乎分布在淡水鱼所有的主要生态区位。自从人类引进了长到 2 米的大型掠食性尼罗尖吻鲈作为垂钓之用后，大量削减了原生鱼类族群数，并灭绝了若干鱼种。有人估计最后有一半以上的原生物物种惨遭灭绝。尼罗尖吻鲈不仅影响鱼类本身，也冲击湖的整个生态系统。当吃藻类的丽体鱼消失后，湖内植物大量孳生并腐解，耗尽深水层的氧气，加速了丽体鱼、介壳类动物以及其他生物的衰减。1985 年，一个由鱼类生物学家组成的特遣队在观察报告中指出："从来没有因为人类的一次错误举动，同时能置这么多脊椎动物物种于灭种的危机边缘。这一错误举动同时也威胁到了湖滨居民的食物资源与传统生活方式。"

◆美国有全球最大的淡水软体动物群，尤其是贻贝类与鳃呼吸的蜗牛类。由于长期以来即因河川建坝、污染、外来软体动物及其他水栖动物的引进，使得这些物种急遽减少。目前至少有 12 种贻贝动物，已在其分布范围全境灭绝了，其余的贻贝物种中，有百分之二十处于濒危的境地。即使在灭绝尚未发生之处，局部性族群还是在严重的消失中。伊利湖与俄亥俄河水系原本有 78 种密生族群的软体动物，而今灭绝了 19 种，29 种沦为稀有。在阿拉巴马境内的一段田纳西河，马斯尔肖尔斯浅滩（Muscle Shoals）曾经有贻贝类动物群 86 种，它们特化的介壳适于湍流滩或浅滩，分布在碎沙石河床与急流的浅水溪。但自从 1920 年代初，建筑了威尔逊坝（Wilson Dam），蓄水并提高水位后，灭绝了 44 个贻贝物种。另一项类似开发的事件，田纳西河与邻近的库萨河系（Coosa rivers），由于增加蓄水量与河川污染双管齐下，灭绝了 2 属 30 种鳃呼吸的蜗牛。

◆淡水与陆栖贻贝动物大都容易灭绝，因为其中许多物种的生命特化成适于小面积的栖息地并无法快速异地迁徙。看看塔希提岛（Tahiti）与莫雷阿岛（Moorea）上树蜗牛凄惨的命运，充分呈现了这项原则。薄壳蜗牛属（Partula）与萨摩亚属（Samoana）共有 11 种树蜗牛物种，分布在一小面积的栖息地上，呈现着微适应辐射，却遭近年引进的一种肉食性螺消失殆尽。这是天大的愚昧之举，是在权威人士铤而走险心态下犯的双重错误的结果。

事情始末是这样的：先是引进硕大的非洲玛瑙螺（Achatina fulica）作为肉用动物。后来，因为繁殖过度演变成为有害动物。接着又引进另一种肉食性橡子螺（Euglandina rosea），作为玛瑙螺的天敌，结果后者繁殖更快，每年以 1.2 公里的速度扩散。它不但吃巨型的玛瑙螺，也沿路吃所有当地的特有种的土蜗牛。莫雷阿岛的最后一只野生的树蜗牛在1987年灭绝了，邻近的塔希提岛也同样接着发生。至于夏威夷群岛，全部玛瑙螺属物种在橡子螺的威胁下，灭绝了22种，剩下的19种也濒临灭绝。

◆植物保护中心（Center for Plant Conservation）的最近一项调查指出，美国总数约2万植物物种中，灭绝了213到228种。到了公元2000年，还有680种与亚种有灭绝之虞。这些植物物种中约有四分之三只分布在五处：加利福尼亚州、佛罗里达、夏威夷、波多黎各与得克萨斯州。大多数濒危植物所处的困境，可由"Banara vanderbiltii"的做法来说明。到了1986年，生长在波多黎各贝雅蒙（Bayamon）附近农庄，多雨石灰岩森林的两株仅存小树，在最后一刻，科学家取得了几根条枝，现在已成功地在迈阿密的费尔柴尔德热带植物园（Fairchild Tropical Garden）繁殖生长。

◆在1987年，西德（旧称德意志联邦共和国）境内，有10290种昆虫与其他无脊椎动物物种，其中有百分之三十四濒临绝种，奥地利则有9694种无脊椎物种的百分之二十二，英国的13741种昆虫中有百分之十七，属于受威胁或濒危物种。

◆西欧的真菌（至少在局部地区）似乎正处于大灭绝中。科学家在德国、奥地利及荷兰的几处特选地点进行密集采蕈，结果发现在过去60年间丧失了百分之四十至百分之五十的物种。减少的主要原因似乎是空气污染。许多消失的物种是菌根菌，一种能增进植物根系吸收养分的共生生物。生态学家早就怀疑，如果没有了这类真菌，陆地生态系统会受到什么影响，我想我们不久就会知道结果。

处于灭绝边缘的生物（从鸟到真菌）会有两种结局：有许多（像莫雷阿的树蜗牛）好像是死于来复枪的射杀，它们虽被剪除了，但是其栖息生态系统尚完整地保留着；另一种是浩劫，连生态系统都摧毁了。

　　死于子弹与全面摧毁之间的价值差异，可以看看美国的西点林鸮（Strix occidentalis）的例子。这个濒危物种从 1988 年以来，就是全美激烈争议的目标。每对西点林鸮的生存环境，约需要面积 3 至 8 平方公里与树龄超过 250 年的针叶林。这种栖息地才会有大树洞及大面积的开阔林下植物群，供它们筑巢及捕猎到鼠与其他小型哺乳类动物。在俄勒冈州与华盛顿州西部的西点林鸮分布范围，适合它们的栖息地大多局限于 12 座国有林内。这项争议起先还只是美国林业署内部的事，然后演变成大众舆论了，最后成了伐木商（希望继续采伐原生林）与环保人士（决心保护此濒危物种）间的争端。这场争议不但影响西点林鸮分布范围内的当地大工业，而且关系到大笔金钱报酬，争议充满了情绪化。伐木商说："我们当真为了几只鸟而牺牲几千个工作机会吗？"环保人士则说："为了再生产几年木材，我们一定要剥夺后世子孙的一种鸟吗？"

　　这场争夺战中被忽视掉的是整个栖息地，包括原始针叶林及其内数千种其他植物、动物与微生物物种，而其中绝大多数未经研究与尚未命名。其中有三种罕见稀有的两栖类物种，尾蟾与长条无肺螈及奥林螈；还有西部紫杉（Taxus brevifolia），含已知抗癌药物中最具药效的紫杉醇。争议应以另一种方式提出：北美太平洋沿岸西北地区原始林中还有哪些有待发现？

人类暴行

　　人口增加造成的砍伐原始森林及其他不幸事件，是威胁全球生物多样性的大敌。即使根据脊椎动物与植物研究资料下的这一结论，仍然低估了这个情势。大型的生物体最易遭到来复枪弹的射杀、滥猎或引进瞩目的生物物种产生的竞争威胁。人类可从这些生物体身上，在最短时间内获得重大利益，故多为人类所觊觎。人猎捕鹿与鸽而非潮虫与蜘蛛，辟道入林是为了砍伐东部花旗松而非采收苔藓与真菌。

地球上 1 公里宽的栖息地上就有 1000 多种植物与动物。一块雨林与一座珊瑚礁，即使从原始自然的状况沦为残迹，仍然护卫着数万的生物物种。但是"整个"栖息地的摧毁，所有物种几乎随之化为乌有。不仅雕与熊猫消失了，同时连生态系统基础中最小、未被调查过的无脊椎动物、藻类、真菌等一些构成微不可见的成员亦遭相同的命运。保护学者现今一般都认识到枪击与整体摧毁的差异。他们开始重视保存整个栖息地，而不只是其内的若干主力物种。他们体认到，如果清除了爪哇犀牛栖息的残余林地，最后幸存的小群爪哇犀牛势必无法拯救；角雕需要依赖全然免于链锯的雨林。这项关系是互惠的：保护了明星物种（如犀牛与雕），就可以庇护其伞下所有的其他生物。

因此，除受威胁与濒危物种之外，还必须增加完整生态系统内的名单，包括许许多多的物种。以下是若干应立即重视的生态系统：

坦桑尼亚的乌桑巴拉（Usambara）山地林：海拔高度与降水量变化很大的乌桑巴拉山地，是孕育东部非洲最丰富的陆地群落之一。此地拥有大量他处没有的植物与动物物种，不幸的是，该处的森林面积正大幅地减少，在 1954 到 1978 年间，已经减少到原先的一半，约破坏了 450 平方公里。人口膨胀迅速、伐木面积加大及开垦为农田的压力，逼迫着幸存的保护区，陷数千生物物种于濒临灭绝的境地。

加利福尼亚州的圣布鲁诺山（San Bruno Mountain）：旧金山大都会区环境下的一小块保护区，分布着若干联邦政府明令保护的脊椎动物、植物与昆虫。其中若干物种是旧金山半岛的特有种，包括圣布鲁诺细纹小蝶与旧金山束带蛇。本土的动物与植物群正受到越野车的行驶、采石场的扩充及桉树、金雀花以及其他外来植物物种入侵的威胁。

以色列与约旦的死海低地中的绿洲：这些是典型的沙漠地带潮湿保护区，称为格斯（ghors），为靠淡水涌泉支持的孤立生态系统，是有古非洲动植物群存在的水域，由切割形成的约旦裂谷干涸地貌隔离着。格斯中有些物种是南方数千公里外繁茂的物种加入这里，与其他物种均只分布在格斯附近，甚至仅分布于此泉。1980 年，我就其中地点，几乎走完恩戈地（Ein Gedi）全程，穿过繁茂的水湄植物群，惊讶于晶莹清澈的泉涌小溪及溪中特有的丽体鱼与碧绿水藻。这水湄是非洲的一隅，离耶路撒冷仅一小时车程。我在此研究分布在水湄蚁巢的大织蚁。离开溪畔，走 100 米小径，就回到了中东的沙漠。这些格斯具有非凡的科学意义，因为在此区非洲的动植物群可直接接触到欧洲、经中东到温带亚洲的另一群不同物种。但是，这些绿洲正遭到过度放牧、采矿及商业开发的威胁，其中数处政治敏感地区还布有地雷。

十八处危机区

如果孤立的栖息地瓦解时，物种会集体消失，这还比不上摧毁整个生态系统时物种的苦难遭遇巨大。砍伐安第斯山某处山岭的树林，可能消灭数十物种，但是如果砍除所有这类的山林，则将消灭数十万生物物种。

迈尔斯（Norman Myers，英国植物学家与保护生物学家）于1988 年将这类大面积的区域列为"危机区"，属于全球保护的紧急保护区，也就是特有物种多又面临极度濒危之地区，其主要栖息地减少到不足原有面积的百分之十，或在十年或数十年之内，面积会缩减到这么小的地区者。迈尔斯列出 18 处危机区，虽然总面积并不大，只不过占全球陆地表面的千分之五，却是全球五分之一植物物种的唯一家园。这些区域由极多样的森林与地中海型灌丛林组成，分布在南极洲以外的各大陆。每个危机区都值得刻不容缓的特别撰述。

美国加利福尼亚州植物区：这是大家熟知的地中海型气候区，从俄勒冈州南部延伸到巴哈加利福尼亚（Baja California）半岛，是植物学家认定的独立进化中心，孕育着美国与加拿大所有植物物种的四分之一，有一半（2140 种）为世界其他地方都没有的特有种。它们的环境，尤其是加利福尼亚州的中部与南部沿岸地区的面积，在都市开发与农业发展下，急速地缩减。

智利中部：南美洲最出色的地中海型植物群，孕育了 3000 种植物物种，相当于全智利植物群的二分之一强，却密集在全国百分之六的领土上。现在幸存的植物群面积不过是原有面积的三分之一，却不幸地位于该国人口最稠密的地区，这些天然植物在当地居民寻求燃料与牲畜饲料危急的情况下，备受威胁压力。

哥伦比亚的乔科区（Chocó）：南美洲西北部的哥伦比亚海岸平原与低丘森林，连绵纵贯该国。乔科地区依其州名而来，此地区的雨量极为丰沛，是全球最繁富与最少受到勘探的植物群之一。目前，已知的有 3500 种植物，但加上还未知的可能有 1 万多种物种，其中估计有四分之一是特有种，并且虽然总数较少但是有相当重要的部分是科学上尚未知的。从 1970 年代初起，乔科即被许多木材公司蚕食着，又为哥伦比亚的贫民侵占。森林面积已经缩减到大约是原先的四分之三，而且摧毁的步调正日益加速中。

厄瓜多尔西部：厄瓜多尔安第斯山脉以西的低地与山麓湿林，包括过去茂密森林的森地内拉山脉的一小部分，约有 1 万种植物物种，与北方乔科地区类似，其中约有四分之一是特有种。以繁富的兰科与附生植物著称的森林，如今几乎摧毁殆尽。用迈尔斯的说法，这地区是所有危机区中最危机之地区。

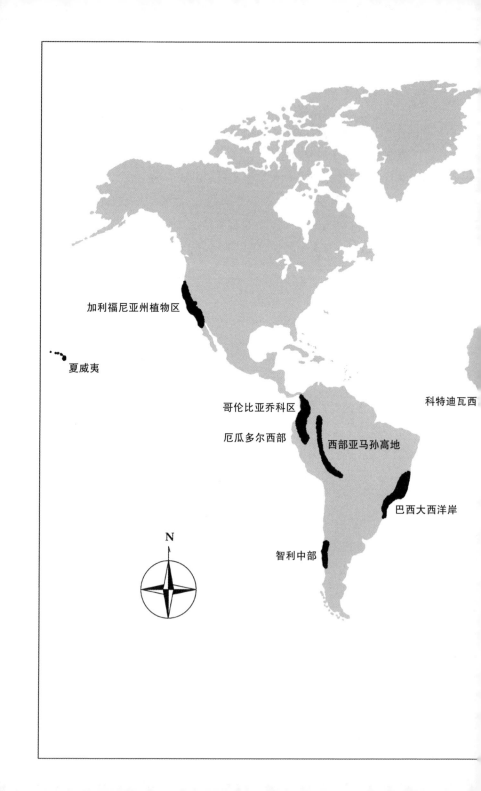

加利福尼亚州植物区

夏威夷

哥伦比亚乔科区

厄瓜多尔西部

西部亚马孙高地

科特迪瓦西

巴西大西洋岸

智利中部

N

东喜马拉雅山脉

菲律宾群岛

西高止山脉

斯里兰卡

马来半岛

坦桑尼亚

婆罗洲西北部

新喀里多尼亚

马达加斯加岛

开普省

澳洲西南部

危机区聚集了许多其他地方所没有的物种，其栖息地因人类活动而处于极度濒危的境地。这里列举的 18 处危机区都是我们详知而可明确纳入森林与地中海型的灌丛林。但是这份根据初步研究制作的分布图是很难一窥全貌的。其他图中未显示的林型，还包括了许许多多湖泊、河流水系及珊瑚礁，也都濒临危机。图中所示面积较大的地区，例如巴西与菲律宾的海岸森林，实际上是由许多零散分布在当地的山岭、谷地与群岛组成的较小危机区所构成。

　　昔日的生物多样性盛况，可从该地区南端的里奥帕伦克科学中心（Rio Palenque Science Center）的现况一窥其貌。该处幸免于难的原始森林只剩下不到 1 平方公里的面积了。这块零碎的森林内现有 1200 种植物物种，其中有百分之二十五是厄瓜多尔西部的特有种。这些里奥帕伦克物种中有多达 100 种物种，提供了科学上的新知识，而其中就有 43 种是该地的特有种。有不少的物种仅存数株个体，有些甚至只有一株了。

詹森（Daniel Janzen，宾夕法尼亚大学教授、热带生物学家）曾把这些及其他少到无法繁殖的物种称为"活的死物"。

西部亚马孙高地：亚马孙盆地之西缘，从哥伦比亚南部弯到玻利维亚之地区，某些生物学家相信这里是全球最大的一处动物与植物群系。而其特有种最繁富的地区便是这块高地，那是沿着安第斯山坡、海拔 500 到 1500 米间的 50 公里宽的地带。各个山岭仍聚集着许多大体上尚未被研究过的当地独特植物与动物。亚马孙高地正如安第斯山西麓的哥伦比亚与厄瓜多尔一样，涌入了大批人口。仅厄瓜多尔的人口，在过去 40 年来，从 4.5 万激增到约 30 万人。大约有百分之六十五的高地森林，惨遭砍伐或变更为棕榈油田。估计到了公元 2000 年，会沦丧百分之九十的森林。

巴西大西洋沿岸：一片从累西腓（Recife）往南经过里约热内卢到弗洛里亚诺波利斯（Florianópolis）的昔日特有雨林，年轻时代的达尔文曾写道："藤藤相绕一如发辫——美丽的蝶——寂静无声——造物主的神奇——宁静无声的极致——高矗的大树……奇观、讶异与由衷的虔敬充沛心灵，并冉冉上升。"这是 1832 年，小猎犬号上的博物学家达尔文首次登上南美洲，在本子上记下的印象之旅。大西洋岸的森林面积曾约有 100 万平方公里。其地理位置与其北方与西方的亚

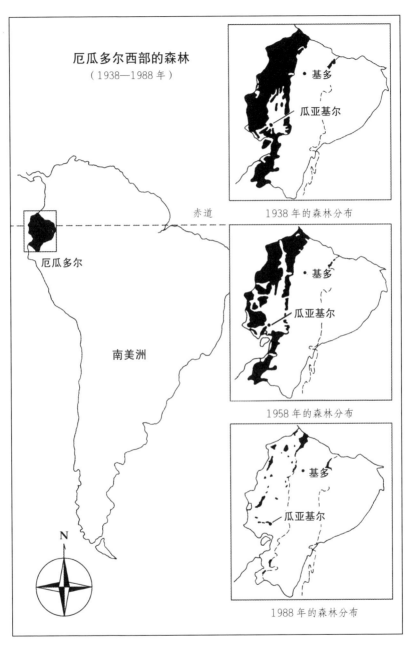

厄瓜多尔西部的森林
（1938—1988 年）

赤道

厄瓜多尔

南美洲

N

基多

瓜亚基尔

1938 年的森林分布

基多

瓜亚基尔

1958 年的森林分布

基多

瓜亚基尔

1988 年的森林分布

在过去 40 年间厄瓜多尔西部的森林有百分之九十以上遭到摧毁。这必会灭绝当地一半以上的动植物物种。全球许多生物多样性高的其他地区，也面临着相似的厄运。

马孙森林遥遥相对，孕育着全球最多样化、最特殊的生物群之一。但是巴西南部的大西洋沿岸，也是该国生产力最大的农业区与人口最稠密的地带。森林缩减到不及原来面积的百分之五，幸存的森林大多位于陡峭的山区。劫后的森林大部分已设置公园与保护区予以保护，让未来的子孙能一窥最后的伊甸园。

科特迪瓦西南部：科特迪瓦与利比里亚毗邻部分，是西非独特的植物区，高耸的雨林面积曾有 16 万平方公里。在无限制的砍伐与焚耕的农业下，森林已缩减为 1.6 万平方公里了。剩下的森林摧毁速度是每年 2000 平方公里。只有 3300 平方公里的塔伊国家公园（Taï National Park）受到政府的保护，然而这唯一的保护区也受到盗伐林木与盗采金矿的莫大压力。

坦桑尼亚东部弧形森林区：曾经提到过的乌桑巴拉森林，是坦桑尼亚东部连绵的 9 处山林地之一。这地区在未有人类时代就已相当孤立。这些栖息地成为繁富的局部进化地区。例如，20 种非洲堇菜属中就有 18 种产自那里，也是 16 种野生咖啡的原产地。然而，该地的森林面积已缩减到原有的一半，而且还在坦桑尼亚激增人口的蔓延中急速减少。

南非开普植物区：非洲大陆南端有一个名叫"凡波斯"（fynbos）的特化石南（杜鹃科）野地，分布着全球最特异、多样化的植物群之一。现有的 8.9 万平方公里的环境中，有 8600 个植物物种。其中有百分之七十三是世界其他地方找不到的。凡波斯石南野地的三分之一面积，因为农业开垦、土地开发以及外来植物物种的蔓生而沦丧了，剩下的石南野地也正被快速地切割与瓦解着。大多数的原生物种局部性地分布在 1 平方公里或更小的范围内。已知至少灭绝了 26 种物种，另外 1500 种已是罕见或濒危物种，这两类物种加起来比整个英伦三岛所有的植物群还多。若不是采取了迅雷的行动，南非最重要的自然资产一大部分将会沦丧。

马达加斯加岛：这个地球上最孤绝的大岛，媲美于其独自进化的动物与植物群系：30 种灵长目动物（全为狐猴）；爬行类与两栖类有百分之九十是特有种，占全球石龙子物种的三分之二；1 万种植物，其中有百分之八十是特有种，包括 1000 种兰科植物。贫困的马拉加西人相当仰赖焚耕的农业，在硗薄的森林土壤上耕作，维系日益膨胀的人口。他们不得不彻底摧毁大部分天赐的世界级生物环境。1985 年时，完整的森林已缩减到 15 世纪前第一批殖民者来时所见的三分之一了。随着人口增加，破坏加速，大部分的损失始自 1950 年。

喜马拉雅山低坡山麓：喜马拉雅山山脉南缘与东缘，从北印度的锡金、跨过尼泊尔与不丹到了中国的西部省份，是一条茂密的山地林带，复杂混生着自南方来的热带物种与北方来的温带物种。一道一道数不尽的深壑狭谷与利刃山峰，分割着动物群与植物群成许多局部的会聚群落。在大约 9000 种植物物种中，有百分之三十九大体是这个区域的特有种。原约有 34 万平方公里的森林面积，紧邻世界上若干人口最稠密的地区，在无规范地砍伐与变更为农田的情形下，森林已缩减了三分之二。

印度的西高止山脉：西高止山脉（Western Ghats）临海的西部山麓，即整个印度半岛，约有 1.7 万平方公里的热带雨林区，是 4000 种植物的家园，有百分之四十是特有种。当地人口膨胀的压力，木材砍伐与农业开垦迅速，大约已消失了原有面积的三分之一，剩下的面积消失的速度为每年百分之二至百分之三。

斯里兰卡：印度南端外海的这片湿林，在古代曾密布了整个印度半岛，而现今已大体是消失的植物区的孑遗森林。斯里兰卡幸存的森林孕育着 1000 多种植物，有一半是特有种。全岛人口密度为每平方公里 260 人，木材与农田需求殷切，森林面积已缩减到原有面积的百分之十不到。大部分的原始林局限在近岛屿西南角的辛哈拉加（Sinharaja），约 56 平方公里。这个区域也是岛上人口最稠密的地带，当地居民大多依靠游耕与森林产物维持生计，使得情况更加险恶。

马来半岛：马来半岛的大部分面积曾是热带森林，其上有 8500 种植物物种，其中多达三分之一为特有种。到了 1980 年代中期，森林消失了一半，所有生物多样性最繁富的现存低地森林，都受到了某种程度的破坏。目前约有一半的特有种乔木，已是濒危或灭绝的物种了。

婆罗洲西北部：早期民间传说，总把婆罗洲与广袤原始丛林的美景画上等号。然而，这美景多已褪色了。森林面积急速地遭到铲除而缩减，许多栖息其中的 1.1 万种植物与未知其数的动物物种，正面临包抄围剿。该岛北部有着极高的生物多样性，植物的特有度接近百分之四十，如今有三分之一的森林已遭砍伐。马来西亚沙捞越邦的森林面积已缩减近半，而剩下的面积，大部分也都配给伐木公司了。

菲律宾群岛：这个岛国正面临着生物多样性大瓦解的边缘。虽然远离亚洲大陆但与印度尼西亚相近，移入了许多植物与动物。因为菲律宾有散置的 7100 个岛屿，正适于促进物种形成，故群岛曾进化出大规模、高度特化的动物群与植物群。只可惜在过去 50 年砍伐了三分之二的森林，砍除了 8000 平方公里以外的所有原始低地森林。大面积的逐岛伐木作业，等到不合经济效益之际才放弃；接着农民跟着大批移入，该国人口急速膨胀，对新土地的需求日增，剩下的高地森林也岌岌可危。该国规划了 6450 平方公里的保护区，约占国土面积的百分之二。即使在最佳的情况下，最终的损失也会很惨重。当我走笔至此时，该国的庄严象征动物，菲律宾雕或食猴雕，只剩下不到 200 只了。

新喀里多尼亚（New Caledonia）：这是我最钟爱的岛屿，离澳洲东海岸够远，可以孕育出独特的动物与植物群；面积大到足以容纳许多动物与植物；与北面的美拉尼西亚群岛够近，能移入另一个生物地理区域的若干物种。博物学家眼中的新喀里多尼亚，是一个生命大熔炉和一个神奇的地方。我平生最美好的许多日子，是爬穆山（Mt. Mou），走在穆山岭线上云雾缭绕的南洋杉森林中，在那里我发现了一个百分之一百的当地生物区系，没有哪种物种是我曾经在野外其他地方见到过的。新喀里多尼亚森林有 1575 种植物，让人吃惊的是，百分之八十九是特有种。新喀里多尼亚人（包括法国殖民者），以暴殄天物的心态利用环境，砍伐森林，开采矿石，焚烧土地，节节逼退林地。幸存未被破坏的森林还有不到 1500 平方公里，占全岛百分之九的面积。要想见识当年的新喀里多尼亚，你必须攀爬到伐木商认为太偏远或太陡峭的山坡地上，才得以一见。

澳洲西南部：纳拉伯平原（Nullarbor Plain）以西的广大的石南（杜鹃）野地，在地中海型气候及与南非凡波斯类似的孤立情况下，进行生命的进化。该处的物理环境不但与凡波斯类似，其生物多样性也毫不逊色，孕育了 3630 种植物，其中百分之七十八是世界上其他地方所没有的。我在 1955 年前往时，环境还近乎原始状态。你站在许多高及腰部的灌丛处，四处望去，连绵不断。春天时，花团锦簇。从那年起，大多是变更为农业用途的缘故，石南丛面积缩减了一半，加上开采矿石、外来野草的入侵及频繁的野火，情况每况愈下。原地种的四分之一现已属于稀有或濒危物种了。

以上是 18 处危机区，但是名单还没完，还有许多森林地区并未列入，包括墨西哥、中美洲、西印度群岛、利比里亚、昆士兰与夏威夷等地的残存雨林。此外还可列出许多完全不同栖息地的群体，例如，东非的许多大湖及可与之媲美的西伯利亚贝加尔湖；全球几乎每一条接近人口稠密地区的河川水系，从田纳西州到恒河，甚至还有亚马孙河的若干支流都是；波罗的海与咸海（Aral seas）；咸海的垂死，不只是一个生态系统，而且是一整个海域的死亡；此外还有许许多多物种繁富的热带落叶林、禾草地及沙漠区，也都濒临危机。

热带海域的危机

其次是珊瑚礁了。这些热带浅海中生物多样性的堡垒，沦丧于自然与人连手的暴行。珊瑚礁虽有看不见变化的外观，其组成却千变万化。受到气象与气候的异常变化的影响，各地的珊瑚礁时有增减。飓风周期性地破碎加勒比海许多珊瑚礁，但它们会长回来。厄尔尼诺现象（EL Niño，即东太平洋赤道洋流的变暖）也造成珊瑚大量死亡。1982—1983 年间的厄尔尼诺现象，是过去两个世纪以来最强的一次，造成哥斯达黎加、巴拿马、哥伦比亚与厄瓜多尔沿岸的珊瑚大量死亡。

在正常情况下，自然力量破坏的珊瑚礁，可在几十年间复原。但是自然的压力，加上人类活动，珊瑚礁受到持续的破坏，能再生的机会就不多了。全球各地 20 个国家的珊瑚礁都受到影响，包括从佛罗里达礁岛与西印度，到巴拿马湾与加拉帕戈斯群岛，从肯尼亚与马尔代夫群岛向东跨过一大片热带亚洲，南到澳洲的大堡礁。若干地方的珊瑚礁面积已缩减了几近百分之十，佛罗里达的基拉戈岛（Key Largo）外海已达百分之三十，大部分伤害是 1970 年以后造成的。主要的原因有污染（例如海湾战争中大量原油外泄的灾难）、货轮意外搁浅、疏浚作业、采珊瑚礁石，以及捕捉较为吸引人的物种，供装饰与业余收藏等。

珊瑚礁白化引起了珊瑚礁的衰减。珊瑚褪色是因为居住在珊瑚虫组织体内的共生单细胞藻类死亡，或脱离共生关系所致，以至于无法分享进行光合作用的固定能量。由于这些藻类的死亡或离开，使珊瑚细胞的养分来源出了问题，就像绿色植物在黑暗中萌芽会黄化、长不高一样，珊瑚的白化现象就是一种病态。除非及时挽救白化的过程，否则它只有死亡一途。白化是一种处于逆境的一般反应，或是由于过热或太冷、化学污染，或是淡水稀释，这些大都是人类的活动所促成的。

1980 年代，热带水域发生大面积的珊瑚礁白化。在水温显著升高之处，随即快速发生变化。有人估计，如果热带浅海水温，在下世纪只需上升 1 摄氏度或 2 摄氏度，许多珊瑚物种都将灭绝（1982—1983 年东太平洋的厄尔尼诺现象，就折损了 3 种），而有些地方的珊瑚礁则可能整个消失。最近 10 年间的珊瑚礁白化可能是大气中二氧化碳浓度的升高，预告了大灾难来临的前奏——有此可能，但仍未证实。1980 年代世界若干地点发生了珊瑚礁白化现象，其他地点的珊瑚却不受影响，所以推究珊瑚礁白化成因可能不少，而地球暖化只是其中一项。在等待进一步的发展之时，海洋生物学家多倾向于认为珊瑚礁的即刻危机，是来自礁体的伤害与污染，而非全球性的气温暖化趋势所致。

然而未来数十年间，大多数生态系统仍笼罩在气候变化的长期危机之下。如果预期的全球暖化属实，那么地球上的动物群与植物群，全将难逃厄运。这些生物一方面因毁林与其他直接栖息地被破坏而消失，另一方面又受到温室效应的威胁。陆地栖息地的沦丧对热带生物相的毁灭性较大，而气候暖化预期对冷温带与两极区域的生物相冲击较深。

有人认为气候变化，可能以每世纪至少 100 公里（相当于每天一米以上）的速度，向两极地变迁。这种变迁速度很快地会使野生动物保护区离开较暖气候区，而离开了保护区，许多动物与植物物种不可能存活。根据化石记录可预测生物扩散能力有限。9000 年前上次大陆冰川从北美洲退缩，云杉能以每世纪 200 公里的速度扩散，但是大多数其他乔木物种仅能以每世纪 10 至 40 公里的速度扩散。这项历史记录显示，除非着手迁移整个生态系统，否则数千的本土物种很可能错失栖息地。其中未能及时北迁的物种，有多少可适应变化的气候，有多少会因此而灭绝？没有人知道。

依此推论，冻原带与极地海域的生物体，即使在很温和的全球暖化下也无处可退，南北极已是底线。高纬度的所有物种，从石蕊地衣到北极熊都有灭绝的危险。

另外，不论纬度高低，全球各地都有大量的物种栖息于低坦的海岸地区，当极地冰雪融化，海平面上升后即被淹没。各种预测认为海面上升介于 0.5 米到 2 米之间。若真是如此，以美国而论，佛罗里达州将会是生物受害最惨的地区，特化适应于最近海岸边缘地区的稀有动物与植物物种，有一半以上就分布在佛罗里达州。西太平洋许多环礁，甚至还有两个小岛屿国家，基里巴斯（Kiribati）与图瓦卢（Tuvalu），大部分面积会沉入海中。

难以负荷人类族群

人口空前地繁殖，陷全球生物多样性于危机之中。人类是平均50 公斤重的哺乳类动物，也是灵长类动物，但除了人类之外，其他灵长类则属稀有族群。然而在地球生命史中，人类的族群比任何体重相若的其他陆生动物族群多出百倍。不论以任何角度来说，人类是生态上的异常分子。人类占用了陆栖植物将太阳能转换成的有机物的百分之二十四到百分之四十。我们利用地球资源到这种程度，就绝无可能不会大幅耗用大多数其他物种的福利。

有一种类似的恐怖现象，与人口的增殖与生物多样性的减少息息相关：最富有的国家内的生物群最少且最平凡，而最贫穷的国家有着暴增的人口与贫乏的科学知识，却拥有最大宗与最珍奇的生物群。在 1950 年，工业化国家的人口占全世界人口的三分之一。到了 1985年跌到四分之一，预计 2025 年会低到只剩下六分之一，而那时的世界人口将会增加百分之六十，约有 80 亿人。这令人脑中产生一种异象：如果当年 19 世纪的工业科技是发生在热带雨林而非温带的栎与松林气候区，我们现在已无生物多样性可资拯救了。

然而危机到底有多严重？有多少物种正在消失？生物学家无法以绝对的数字说明，因为即使以一位数的误差略估，我们也不知道地球有多少生存的物种。有学名的生物可能连百分之十都不到。全球各地大多数栖息地（包括珊瑚礁、沙漠及高山湿原等）内，每年灭绝的物种百分比，因为缺乏必要的研究工作，我们说不出来。

但是，我们可能就所有环境中最丰富的热带雨林，大约估计出该处物种的灭绝率，由于联合国粮农组织（Food and Agriculture Organization of the United Nations）的贡献及几位先驱研究者，例如迈尔斯等人的努力，大致已知摧毁雨林的速度。根据森林面积的丧失，可以推算出正在灭绝或注定灭绝的物种速度。因为热带雨林孕育了地球植物与动物物种的半数以上，这让我们据此大略计量一下一般生物多样性危机的严重性。

雨林再生力

在做这项计量之前，我应该先谈一谈雨林的再生能力。尽管热带雨林有极高的繁富度与负有繁茂生长的盛名"茂密的丛林极速恢复，似乎从未有村落定居过"，这些雨林却是最脆弱的栖息地。许多热带雨林分布在"湿沙漠"上，那是暴雨冲刷的硗瘠的土壤。全球雨林的表土有三分之二是热带红壤与黄壤，土质呈强酸性，肥力硗瘠，铁与铝的浓度高，与磷融在一起，形成难溶的化合物，使植物无法利用其中的磷素。雨水溶解了土中的钙与钾化合物，随之淋溶流失。只有很小部分的营养能滤入距表土 5 厘米以下的深度。

在其 1.5 亿年的地质史中，雨林还是进化成浓密高大的乔木林。

无论是哪个时期，雨林生态系统的营养中绝大部分的碳与大量的营养，都锁定在植物体与腐木内。地表上堆积的枯枝落叶与腐殖质，比全球其他林地都浅薄，裸露的地表处处可见。白蚁与真菌迅速分解落叶残枝的迹象历历在目。当雨林遭到砍伐与焚烧，灰烬与分解植物体的营养大量快速地进入土中，滋润新长的草本植物与灌丛，不过两三年的光景，营养量就降到无法供应农作物与饲草的健壮生长。农民不得不施化学肥料或是迁徙到另一块雨林，继续采用伐林—焚烧的农耕方式。

雨林的更新也同时受到乔木种子脆弱性的影响。雨林中乔木的种子，大多在数天或数周内萌芽，等不到动物或水流从砍伐地面运到适于生长的地点。大多数种子在伐木空地的炎热硗瘠的土壤里，发了芽又凋萎死去。监测伐木空地的结果，发现一座成熟雨林的重建可能需要数百年。例如吴哥（Angkor）森林的年龄，虽然可追溯到高棉首府在1431年弃城之时，但这座林子的结构还是与同地区更老龄林的结构不同。特别是在农业开发之后，雨林更新过程大多非常地缓慢，慢到几乎难以预估它的进展。若干地区受到极大的伤害，加上土壤肥力的硗瘠，以及缺乏邻近原生林提供种子，若无人为的协助，更新更是遥遥无期。

热带雨林的生态学与北半球温带森林与禾草原的生态学显然不同。在北美洲与欧亚大陆，有机物并非如此全部固锁在活植物体内，有很大的部分是分布于深厚的落叶层与土壤腐殖质中。同时种子能抗环境的逆境，并能维持较久的休眠状态，俟适当的温度与湿度环境才生长。因此温带可以砍掉并焚烧大面积的森林与草原，进行放牧与栽植农作物，在弃耕与荒芜了一个世纪后，会发现植物群更新到接近原先的状况。总而言之，俄亥俄州不同于亚马孙盆地。以全球性而论，北半球比南半球幸运。

1979年的热带雨林，已缩减到史前面积的百分之五十六。经由人造卫星、飞机等测量，加上地面调查，发现现存的雨林与较小面积的热带季风林，每年大约消失7.5万平方公里，相当于总面积的百分之一。所谓消失是指森林完全被摧毁，不留一木，或摧残得相当严重，导致大多数的乔木短期内枯死了。毁林的主要原因是不间断地小规模农耕，尤其是砍伐—焚烧的农耕方式，形成定居的农庄；次要原因是商业性伐木与牛群的放牧活动。

1980年代毁林事件到处如火如荼地加速进行着。巴西亚马孙地区毁林达到悲惨的程度。当地居民将一年分成三个季节：旱季、雨季以及焚烧季。在最后的短短时间，小农与大地主雇用的佃户涌入林地，放火清除倒木与灌丛。

1987年，亚马孙河流域的四个州 [阿克里（Acre）、马托格罗索（Mato Grosso）、帕拉（Pará）、隆多尼亚（Rondonia）]，从7月到10月的4个月内，清除与焚烧了5万平方公里的林地。翌年又摧毁相同面积的森林。毁林是由政府调拨经费修路与安顿居民造成的，是政府认可的政策。它已酿成巨大的灾难，向外蔓延到巴西更大的地区。根据记者西蒙斯（Marlise Simons）的观察："夜晚时分，红光冲天，有若一场森林大战。"

根据空间研究所（Institute of Space Research）的一份报告指出："焚烧季节最盛时期，亚马孙森林焚烧的浓烟扩散到数百万平方公里，危害人体健康，干扰航空，机场被迫关闭，引起各种河道与公路事故，污染了整个地球的大气。"确实制造了全球性的污染。巴西大火制造的二氧化碳，含5亿多吨的碳、4400万吨的一氧化碳、600万吨以上的颗粒物、100万吨的氮氧化物与其他污染物。这些物质许多进入了大气层上层，并随气团向东飘过大西洋。

到了1989年，全球的热带雨林已缩减到大约800万平方公里，已不到史前森林面积的一半，每年摧毁的面积为14.2万平方公里，相当于现存森林的百分之一点八，摧毁率几乎是1979年的两倍。每秒丧失的森林面积相当于一个橄榄球场。换句话说，1979 年估计现存的雨林面积，相当于美国本土的 48 个州，每年缩减的面积，则相当于一个佛罗里达州。

物种数与栖息地面积

如此这般地摧残热带雨林对于生物多样性会产生什么样的影响呢？我用栖息地面积与其内物种数的关系，给出物种灭绝合理的最低速度（在无法直接计量时可采用这些模式）。靠着这些模式，大概可以获得初步灭绝速度，当设计出较佳的模式与利用更多的数据时，灭绝速度的计量便可获得逐步的改进。

第一个模式是根据早期大众熟知的"面积—物种数"关系曲线：$S = CA^z$，S 是物种数，A 是物种栖息地的面积；C 与 z 是数学常数。这两常数依生物群与地点不同而变化。为了计算物种灭绝率，C 可予以省略；而 z 才是重要的。在绝大多数的例子中，z 值介于 0.15 与 0.35 之间。至于确切的 z 值，得视所考虑的生物类别及其分布的栖息地而定。如果该物种能轻易散布他处时，z 值则较低。例如鸟类的 z 值低，陆栖蜗牛与兰花的 z 值就高。

z 值愈高，该栖息地缩减后，物种越容易灭绝。我说的"容易灭绝"，是指当某森林面积遭到缩减或某湖泊排掉若干水，其内的某些物种势必很快地消失，其他物种则会缓慢地减少，然后慢慢地消失。更精确地说，当某栖息地面积缩减时，灭绝率上升，并会高于其原有背景下灭绝率，此现象持续到物种数从某较高的平衡点下降到较低的平衡点。如果要更简化一点，根据过去的经验法则，当某栖息地的面积减为当初的十分之一时，物种数最终只剩下半数，其 z 值相当于 0.30，此值实际上相当接近于自然的 z 值。

1989 年，雨林总面积以每年百分之一点八的速度缩减，这个面积缩减率，适用于 1990 年代早期。以代表性的 z 值为 0.30 计算，每年雨林面积的缩减，预计灭绝百分之零点五四的物种。现在我们设法估量出大多数生物可能的最小与最大物种数，借以拟定生物的灭绝率范围。最小的 z 值以 0.15 计时，年灭绝率是百分之零点二七；z 为最大值 0.35 时，年灭绝率是百分之零点六三。"因此，以目前热带雨林面积缩减的速度进行很粗略的估计，预计每年灭绝或终会灭绝雨林生物的百分之零点五左右。"更精确地说，低 z 值的生物群受到的影响较小，高值者受到的影响较大。如果大多数生物群的 z 值都低，整体的灭绝率会接近于百分之零点二七；但如果大多数为高 z 值的生物群，整体灭绝率就接近于百分之零点六三。当今并无足够的数据可以猜测真正的整体数值是介于此两个极端值的何处。

如果目前雨林的毁损率持续到公元 2022 年，残存雨林之半数将会消失。物种灭绝总数将会在百分之十（根据 z 值为 0.15）与百分之二十二（根据 z 值为 0.35）之间。若以"典型的"中间 z 值 0.30 计算，其间的累积灭绝率达百分之十九。那么，若以目前的速度继续毁林 30 年，大约有十分之一到四分之一的雨林物种会消失。如果雨林真如大多数生物学家认为的有高度生物多样性，那么 30 年内消失的全球物种数约在百分之五至百分之十以上（或可能高得多）。加上缩减其他物种丰富的栖息地（包括石南野地、热带干旱林区、湖泊、河川、珊瑚礁等）面积，丧失率更加跃升。

砍倒最后一棵树

这项"面积—物种数"关系曲线虽然可说明相当多灭绝的因素，但实际上还有其他因素存在。我们还需要第二个模式。每当砍掉某区块森林的最后一棵乔木，此林地变更为禾草原或玉米田之时，"面积—物种数"关系曲线就往下延伸到坐标的原点（零的位置）。只要某处还有一小片森林残存着，譬如在厄瓜多尔西部的某处山脊，就还会有相当多的物种，然而大多数的族群量都很小。除非大量投资去培育及迁移其到新的栖息地，否则其中若干物种可能终究会灭绝。但是它们尚可残延一段时间。当消失了最后一点森林或是其他的自然栖息地，面积从百分之一缩减到零，有许多物种即刻灭绝。这就是世界上类似墨西哥的森地内拉山脉的情况，砍倒了最后一棵树，许多灭绝事件就神不知鬼不觉地发生了。

当砍光了菲律宾宿雾岛（Cebu）上的森林时，岛上特有的 10 种鸟有 9 种灭绝了，而残存的第 10 种也步入灭绝的危机。我们尚不知道如何借着这些小规模的整体灭绝，计量出全球物种的丧失，但是至少可以确定的一点是：因为灭绝事件确实发生了，纯粹根据"面积—物种数"关系曲线，计量全球的灭绝率势必偏低。让我们想一想去除最后几百平方公里的自然保护区产生的影响：大部分的情况是原有物种的半数以上立即消失。如果这些保护区内的物种是其他栖息地所没有的，正如无数雨林内的动物与植物所处的情况，那么生物多样性的丧失会难以计数地大。

我们可以从世界上许多小栖息地的灭绝事件来推演。试举一个极端的假想例子：如果雨林内栖息的物种都是局部性分布的，如同森地内拉山脉特有植物物种一般，只分布于方圆几平方公里的范围内。随着砍除森林，物种丧失的百分率绝不会与森林面积的缩减成比例。以此类推，在未来 30 年间，地球的森林面积不仅沦丧一半，同时也会失去近半的森林物种。所幸这个假设有点过分，许多雨林中栖息的动植物物种，有广阔的地理分布范围，因此物种灭绝的速度会低于面积缩减的速度。

因此，雨林面积减半造成物种丧失百分之十到百分之五十之间。

但是别忘记，此物种丧失的百分率范围，只是考虑栖息地面积的影响而已，所以这个范围是低估的。还有一些其他因素，例如，残存林区中若干物种，例如斯皮氏鹦鹉及新西兰槲寄生等稀有动物与植物，也会遭枪杀与滥捕而灭绝。其他若干物种受到外界引进的疾病、外来杂草与外来动物（例如鼠与放归的猪）的入侵而消失。随着栖息地日益缩减与人类侵占的增加，再次加剧物种的丧失。

现在还没有人知道所有栖息地破坏的因素会造成怎样综合的影响。然而最低限度地对热带雨林面积减半，就会灭绝百分之十物种的关系倒是可信的。然而因为普遍较高的 z 值及其他尚未被计量因素的效应，真正的灭绝率在公元 2022 年达到百分之二十可能毫无困难，之后可能升到百分之五十以上。如果目前未能遏阻环境破坏的步调，全球所有的栖息地算在一起，丧失百分之二十多样性绝非危言耸听。

每小时丧失 3 种物种

生物多样性沦丧的速度有多快？我做出的较确定的物种灭绝的估计，是当雨林遭到砍伐后"最终"将发生的数字。"最终"到底是多久呢？譬如说，当某 100 平方公里的森林缩减到 10 平方公里时，若干实时性的灭绝就可能发生，而 $S = CA^z$ 公式所描述的新平衡点，并不会立刻达到，其中若干物种会苟延残喘地减少其族群，岌岌可危地生存着。简单的数学模式预估，10 平方公里区域内的物种数起初丧失极快，随后当新的较低的平衡点逐渐接近时速度减慢。道理很简单：起初有许多物种注定灭绝，因此全体消失的机会就很高；后来仅有少数物种处于濒危的境地，灭绝率也就减缓了。在理想状况下，若各物种之间的灭绝是独立的，整个事件的过程是以指数关系递减。

戴蒙德与特伯（John Terborgh）采用指数递减模式来解决灭绝

问题。他们利用 1 万年前冰川纪结束时，海平面上升切断了小陆地与南美洲、新几内亚与印度尼西亚大岛屿的连接。当海平面上升、海水阻隔这些小陆地时，它们便成为"陆桥群岛"（land-bridge islands）。例如多巴哥岛（Tobago）、玛格丽塔岛（Margarita）、科伊巴岛（Coiba）与特立尼达岛（Trinidad）等原是南美洲与中美洲大陆的一部分，并共同拥有该大陆丰富的鸟类动物群。另一个类似的情况是，印度尼西亚的亚彭岛（Yapen）、阿鲁群岛（Aru）与米苏尔岛（Misool）在尚未成为外海近岸的岛屿之前，是连着新几内亚并有共同的动物群。戴蒙德与特伯研究鸟类，因为鸟类明显易辨，是适于用在研究灭绝率上。两位研究者的结论相同：陆桥淹没之后，陆桥岛屿的面积愈小，其上的物种丧失愈快。灭绝现象相当规律地采用指数递减模式。特伯把这一分析应用到美洲热带地区的巴洛科罗拉多岛，那是因为开凿巴拿马运河形成加通湖（Gatun Lake）所产生的。这个例子发生的时代不再是 1 万年前，而是进行研究前 50 年开始计时的。已知灭绝的鸟类有 13 种，相当于原初所有 108 个繁殖鸟物种的百分之十二。

从生物多样性衰减这般复杂的过程来说，巴洛科罗拉多岛鸟类的资料，即符合基于面积较大的岛屿与物种灭绝时间较长的公式，虽然仅基于这两个因素之一的公式，看起来却令人难以置信。有好几个其他新生岛屿的研究也有类似的结果，至少符合指数递减模式。这些岛屿上生长着小片小片的森林，四周是开发出来的农田。岛屿面积在 1—25 平方公里时，留鸟的灭绝率在前 100 年为百分之十到百分之五十。此外，如理论所预测的，在更小的栖息地中，灭绝率最高，而当面积低于 1 平方英里时，灭绝率达到顶点。巴西有三块被农田包围的亚热带雨林，约有百年的历史，其面积从 0.2 到 14 平方公里不等；其间留鸟的物种数与面积成反比，灭绝率分别为百分之十四到百分之六十二。在世界的彼端，印度尼西亚的茂物植物园（Bogor Botanical

Garden）是面积为 0.9 平方公里的森林，也是因四周的林木被砍光而成为孤岛的。在前 50 年丧失了 62 种繁殖鸟类中的 20 种。还有不同环境的另一个例子：在澳洲西南部的小麦区，当之前的桉树林有百分之九十遭到清除，改种小麦，而其余的桉树林则零散地分布时，也有相当比例的当地鸟种灭绝了。

全球雨林逐年丧失的生物多样性的绝对值，是无法测定的，即使是鸟类，这类我们所知较多的生物群，也是一样。尽管如此，我还是得依据现今所知的灭绝幅度，做最合理的保守估计。我只谈森林面积缩减而发生的物种丧失，并采用可能的最低 z 值（0.15）。在不包括过度杀戮或外来生物入侵的情况下，我假设在雨林内的物种数为 1000 万（偏低），同时进一步假设其中的物种大多有广大的地理分布。即使采用了这些宽松的参数，选择这种有偏差的方式，得出最乐观的结论，每年注定要灭绝的物种数仍有 2.7 万种，每天是 74 种，每小时 3 种。

如果在无人类干扰下，根据若干群类的化石记录的数目，过去的物种可以存活约 100 万年，那么正常的"背景"灭绝率大约是每 100 万个生物物种，每年约灭绝一种。人类仅缩减雨林面积一项，即提高生物灭绝率 1000 至 1 万倍。显然我们正处于地质历史上最大的灭绝灾变之中。

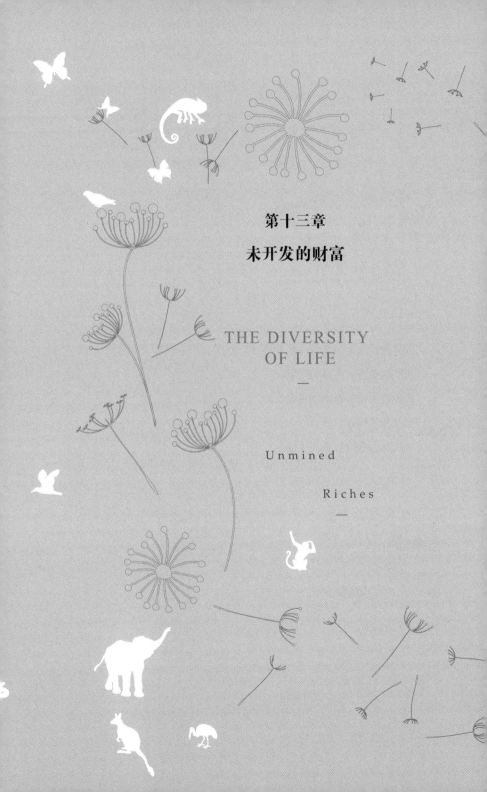

第十三章
未开发的财富

THE DIVERSITY
OF LIFE
—

Unmined

Riches
—

只要有解决生物多样性的危机的努力，

就可享受前所未有的成果。

要拯救物种就得详细研究物种，

在充分了解它们后，

才能有创意地利用其特性。

生物多样性是人类最有价值但最不被珍惜的资源。它的潜力最可以用"Zea diploperennis"这玉蜀黍野生种为例子来说明。"Zea diploperennis"是玉米的野生亲缘，它是1970年代由一位墨西哥的大学生，在墨西哥中西部的哈利斯科州（Jalisco）瓜达拉哈拉（Guadalajara）市南边发现的。这一新种能抗疾病，并且因为是多年生，所以与现存的各种玉蜀黍卓然有别。它的基因若转移到已培育的玉米种（Zea mays）里，能使全球玉米的收成增加数十亿美元。然而，哈利斯科州玉米的发现可谓正逢其时，因为它分布在仅仅10公顷（25英亩）的山区，发现一个星期之后，即毁于大刀与烈火。

我们可以很有把握地臆断，还有极多其他有益但尚未为人所知的物种。例如，在一个遥远的安第斯山谷地，有一种栖息在兰花上的罕见甲虫，会分泌一种能治疗胰脏癌的物质。在索马里，一种仅剩20株的禾草，能为世界含盐的沙漠带来绿色与饲草。我们没有现成的办法来评价这个野地的聚宝盆，而只能说巨大无比，并且其前景未卜。

首先，我们必须以能正确反映实况的方法，重新归类环境问题。环境问题主要有两大类，而且只有两类：一类是变更物理环境为不适合生存的环境问题，即现已为大家所熟悉的有毒物质的污染、臭氧层的缺失、温室效应所引起的气候暖化、可耕地与地下含水层的缩减等。以上这些状况都因为人口的增长而加速恶化。其实只要我们有决心，是可以扭转这些逆势的。我们可以将物理环境导回原状，并将其维持在一种对人类福祉最有益的状况。

另一类是生物多样性的丧失。其根本原因虽然也是物理环境受到掠夺或被利用外，其在本质上与第一类环境问题截然不同。虽然这损失无法弥补，但可以减缓其物种丧失速度到史前时代那种几乎无法察觉的程度，就当作人类所继承的是一个生物多样性较少的世界，至少还能重新维持物种在诞生与灭绝之间的平衡。而且光是解决生物多样性危机的企图，便足以使我们获得空前的重大利益，因为要拯救物种就得仔细研究它们，要透彻了解它们，就得以新方法探索它们的特性。

新环境主义诞生

过去 20 年间的一个保护思想上的革命，即新环境主义的诞生，使我们认识到了野生物种的实用价值。除了出于无知或恶意的零星例子外，环保主义者与开发人士之间已无意识形态上的战争。双方都认识到，在恶化的环境里，健康是会衰退的，繁荣是会枯萎的。他们也了解到，我们无法从已灭绝的物种那里获取有用的产品。假如我们去开采野地中的基因材料，而不会为了多几尺的木材与几英亩的农田就将野地毁灭，则野地的经济利益将会随着时间的推移而巨幅地增加。被拯救的物种将有助于振兴世界各地的伐木业、农业、医药业以及其他工业。野地就像一口神奇的井，你从中汲取的知识与获得的益处愈多，供应量便愈丰富。

旧式的保护生物多样性是设置障碍物，封闭最丰富的野地，设为公园与保护区，并设置守卫。让人在未保留的地方设法解决他们的问题，他们就会珍惜保护区内的重大资产，就像他们珍视他们的大教堂与国家神社一样。毋庸置疑，公园与守卫是不可或缺的。这方面在美国与欧洲都取得了某种程度的成功，但在发展中国家就达不到理想的地步。因为最贫穷且人口增加最快的居民，就生活在生物多样性最丰富的宝库旁边。一个靠开垦雨林养家糊口的秘鲁农夫，会随着土壤养分的流失逐地而耕，从这块地转移到那块地，如此他所砍掉的树木种类，将多于整个欧洲的特有种树木。假如他没有别的谋生方法，那些树木就会倒下。

新环境主义者针对这个事实采取了行动。他们意识到，只有使用新的方式从开垦的土地甚或尚未遭破坏之野地中获得收入，才能免于生物多样性因为人类的贫穷而被摧毁。这场已经开始的竞赛是要发展新方法，以便在不摧毁野地的条件下，从中获取更多的收入，让自由市场经济那只看不见的手，发挥保护的力量。

天然物质创造医药奇迹

伴随着这场革命在有关生物多样性的思想方面产生了另一个密切相关的改变：主要焦点已从物种转移到其所栖息的生态系统。明星物种（例如熊猫与红豆杉等）仍然得到和过去一样的尊重，但它们亦被视为其生态系统的保护伞。所属的生态系统（包含了数千种较不起眼的物种）本身被赋予同等的价值，这价值足以成为我们极力保护它们的理由，不管其内有否明星物种。当印度尼西亚巴厘岛上最后一只虎在 1937 年遭到射杀时，岛上的其他生物多样性丝毫无损。

事实上，不起眼而被忽略的物种，往往才是真正的明星物种。关于这点，一个因其生化成分而从籍籍无名变成名满天下的例子，是马达加斯加岛的常春花（Catharanthus roseus）。这种没有人会多

常春花是马达加斯加岛上的植物，所含的两种生物碱为强效的抗癌药剂的来源。（莱特绘）

看一眼的粉红色五片花瓣的植物，能产生两种生物碱，即长春碱（vinblastine）与长春新碱（vincristine），可用来治疗两种最致命的癌症：霍杰金氏病（Hodgkin's disease），患者大多为年轻的成年人；急性淋巴性白血病（acute lymphocytic leukemia），过去这种病几乎等于儿童的刽子手。制造与销售这两种生物碱的年收入超过1.8亿美元。这使我们想到了由经济贫困的人来监管这个世界生物财富的困境。马达加斯加还有其他五种常春花。其中的一种"C. coriaceus"，随着其最后的自然栖息地——该岛之中央高地贝齐里欧（Betsileo）区域，辟为农田，正步向灭绝的境地。

　　很少人知道我们已经多么仰赖野生生物来提供药物。阿司匹林这种全球使用最广的药，是从欧洲旋果蚊子草（Filipendula ulmaria）内提炼出来的水杨酸（salicylic），与乙酸（acetic）作用产生较高效力的止痛剂乙酰水杨酸（acetylsalicylic acid）。美国的药房配售的所有处方，有四分之一是由植物提炼而得的。另有百分之十三来自微生物、百分之三来自动物，总共有百分之四十以上是从生物体提炼而得。然而这些只是众多可利用物质的一小部分而已。全世界开花植物中仅不到百分之三（约22万种中的5000种），曾为科学家检验过其生物碱，而且是以有限而无系统的方式检验的。发现常春花的抗癌效果是极其侥幸的，因为恰巧这个植物到处都有种，而且以往经验认为它具有抗利尿剂（antidiuretic）的效果，于是才加以研究。

　　科学与民俗记录中还充满了别的例子：许多在民俗医药中受到重视的动植物，至今尚无人做生物医学上的研究。例如印度楝（Azadirachta indica）为桃花心木的亲缘，是一种热带亚洲特有树种。根据美国国家研究委员会（U. S. National Research Council）最近的一份报告指出，印度楝是印度人很珍视的树种。"几个世纪以来，数百万印度人用印度楝的枝条清洁牙齿，用印度楝叶汁涂抹皮肤不适之处，把印度楝茶当补品喝，并将印度楝放在床、书、谷仓、碗、柜、衣橱里，驱赶讨厌的虫子。这种树纾解了这么多不同的疼痛、发烧、感染以及其他不适，因此被称为'村庄药房'。对印度的数百万人而言，印度楝具有神奇的力量，现在世界各处的科学家开始认为那些印度人的看法或许是对的。"

我们不应该将这类报道斥之为迷信或传说。生物是绝佳的化学家，在某种意义上，它们整体而言要比世界上所有的化学家，更善于合成有实际用途的有机分子。历经数百万个世代，每一种植物、动物与微生物都试验过各种化学物质，以满足其特别需求。每一种物种都体验了无数次影响其生化系统的突变与基因重组。如此产生的试验产物，在天择的逐代考验下，存活到今日。该物种所专精的特殊化学物类别，是由其栖居的生态区位所决定。例如水蛭一旦咬破受害者的皮肤，必须使受害者的血液保持流动状态。它的唾液里含一种叫水蛭素的抗凝血剂。医药研究人员就靠着这种分离出来的水蛭素，治疗痔疮、风湿病、血栓形成、挫伤等，在这些症状中凝结的血块有时会造成疼痛或危险的病症；水蛭素也可迅速地溶解皮肤移植时可能发生的血块凝结。从中、南美洲的吸血蝙蝠唾液中取得的另一种物质，开发成防治心脏病的药剂。它打通阻塞动脉的速度，比一般药物快两倍，并且作用局限在血液结块的部位。第三种具有类似功能的物质叫作蝮蛇毒素（kistrin），已从红口蝮的毒液里分离出来。

这些从野生物种身上发现的物质，只不过是有待发掘的无数机会中的一部分而已。一旦鉴定出其具有活性的化学成分，便可在实验室里合成，所需的成本往往低于从生物组织提炼的花费。接下来的步骤是以天然化合物为原型，借之便能合成整套新的化学药剂，并且进行测试。这些半天然的物质，有的用在人体上甚至比原型更有效。例如，可卡因用作局部麻醉剂，但是实验室中，也是用作合成许许多多特殊麻醉剂的模板，这些麻醉剂比天然产品还稳定，毒性与上瘾性较低。表二是从植物与真菌中提炼出的药物。

表二　从植物与真菌中提炼的药物

药物	植物源	用途
阿托品（Atropine）	颠茄（Atropa belladonna）	抗胆碱能
菠萝蛋白醇（Bromelain）	菠萝（Ananas comosus）	控制组织发炎
咖啡因（Caffeine）	茶（Camellia sinensis）	兴奋剂（中枢神经系统）
樟脑（Camphor）	樟树（Cinnamomium camphora）	发红剂
可卡因（Cocaine）	古柯（Erythroxylon coca）	局部麻醉剂
可待因（Codeine）	罂粟（Papaver somniferum）	止痛
秋水仙碱（Colchicine）	番红花（Colchicum autumnale）	抗癌
毛地黄毒（Digitoxin）	毛地黄（Digitalis purpurea）	心脏兴奋剂
薯蓣皂苷配基（Diosgenin）	野生薯蓣属（Dioscorea）	女性避孕药的来源
L-多巴（L-Dopa）	黧豆（Mucuna deeringiana）	帕金森病抑制剂
麦角新碱（Ergonovine）	麦角（Claviceps purpurea）	抑制大出血与偏头痛
格拉齐文 Glaziovine	奥冠梯木（Ocotea glaziovii）	抗抑郁
棉子酚（Gossypol）	棉属（Gossypium）	男性避孕药
Indicine N-oxide	大尾摇（Heliotropium indicum）	抗癌（白血症）
薄荷醇（Menthol）	薄荷属（Menta）	发红剂
野百碱（Monocrotaline）	野百合（Crotalaria sessiliflora）	抗癌（局部的）
吗啡（Morphine）	罂粟（Papaver somniferum）	止痛
木瓜蛋白酶（Papain）	番木瓜（Carica papaya）	分解过多的蛋白质与黏液
青霉素（Penicillin）	青霉菌属（特别是 Penicillium chrysogenum）	一般抗生素
毛果芸香碱（Pilocarpine）	毛果芸香（Pilocarpus）	治疗青光眼与嘴巴干燥
奎宁（Quinine）	金鸡纳树属（Cinchona ledgeriana）	抗疟疾
利血平（Reserpine）	印度萝芙木（Rauvolfia serpentina）	降低高血压
天仙子碱（Scopolamine）	曼陀罗（Datura metel）	镇静剂
士的宁（Strychnine）	马钱子（Strychnos nuxvomica）	兴奋剂（中枢神经系统）
紫杉醇（Taxol）	短叶红豆杉（Taxus brevifolia）	抗癌（特别是卵巢癌）
百里香酚（Thymol）	百里香（Thymus vulgaris）	治疗真菌感染
右旋筒箭毒碱（D-tubocuraine）	粉毒藤属（Chondrodendron）与马钱属（Strychnos）	箭毒起作用的成分；外科手术的肌肉松弛剂
长春碱（vinblastine）和长春新碱（vincristine）	常春花（Catharanthus roseus）	抗癌

353

食品开发潜力无穷

同样的，食用野生植物的前途看好。具有潜在经济价值的物种，极少真正进入世界市场。或许有 3 万个植物物种具有可食用的部位，而有史以来总共栽种或采集过 7000 种植物用作食物。在后者中有 20 种提供了世界粮食的百分之九十，而其中 3 种——小麦、玉米与稻米——供应了世界粮食的一半以上。这少许多样性的资源，偏好较寒凉气候区，而在世界大部分地区，人类以种植单一作物的方式播种，因此容易感染病虫（昆虫与线虫）害。

从水果一项便可以看出植物未被充分利用：有十一二种温带水果（苹果、桃、梨、草莓及其他我们熟悉的物种），独占了北半球的市场，也盛产于热带地区。对照之下，热带至少有 3000 种可利用的其他水果，其中实际食用的只有 200 种。有的，例如南美番荔枝（牛心梨）、木瓜、芒果等，最近都加入香蕉的行列，成为重要的外销产品，而杨桃、罗望子及智利棕果（coquitos）等则刚刚进入市场且前景看好。但北美大部分消费者尚未品尝到新西兰番茄（lulos，"安第斯山的黄金水果"）、野生无花果、红毛丹、近乎传奇性的榴莲与山竹等为嗜食者视为世界果王与果后的产品。表三是其他可加以开发的食用植物。

我们的食物种类不出数种，与其说是选择的结果，不如说是碰巧的缘故。事实上，我们至今仍然沿用新石器时代的祖先在农业发轫区所发现、栽植的植物物种。这些农业文明的摇篮包括地中海与近东、中亚、非洲之角、热带亚洲的稻米带、墨西哥与中美洲的高地，以及安第斯山脉的中、高海拔地带。有少数几种受欢迎的作物如今已遍布世界，深入几乎所有现存的每一种文化。假如北美洲的欧洲殖民者当初没有遵循这项做法，假如他们完全坚持食用新大陆特有种的栽植作物，那么今天的美国人和加拿大人就得靠葵花子、菊芋洋姜、美

表三　未来可加以开发的食用植物

物种	产地	用途
1. 秘鲁胡萝卜 （Arracacia xanthorrhiza）	1. 安第斯山	1. 类似胡萝卜的块茎，清淡可口
2. 苋属 （有 3 种 Amaranthus）	2. 美洲热带地区与南美安第斯山	2. 谷粒与绿叶菜类；牲口饲料；生长迅速、耐旱
3. 臭瓜 （Curcurbita foetidissima）	3. 墨西哥和美国西南部的沙漠	3. 块茎可食用，食用油来源；能迅速生长于干旱与一般农作物无法利用的土地上
4. 扇状棕榈 （Mauritia flexuosa）	4. 亚马孙河流域低地	4. 美洲印第安人的"生命树"；维生素丰富的水果；髓心可做面包；嫩芽的棕榈心可食
5. 刺番荔枝 （Annona muricata）	5. 美洲热带地区	5. 果实具有可口风味；可生食，可制成饮料、酸奶、冰淇淋
6. 新西兰番茄 （Solanum quitoense）	6. 哥伦比亚、厄瓜多尔	6. 受珍视的水果饮料
7. 玛咖 （Lepidium meyenii）	7. 安第斯山高地	7. 耐寒的根部是像萝卜的蔬菜，具特殊风味；濒临绝种
8. 螺旋藻 （Spirulina platensis）	8. 非洲乍得湖	8. 可产生氰细菌的蔬菜补充品；极具营养；能在咸水中迅速生长
9. 树番茄 （Cyphomandra betacea）	9. 南美洲	9. 具甜滋味的长形果实
10. 块根落葵 （Ullucus tuberosus）	10. 安第斯山高地	10. 像马铃薯的块茎，叶部是营养丰富的蔬菜；适应寒冷的气候
11. Pouroma ecropiaefolia	11. 西部亚马孙河流域	11. 果实可生食或酿酒；生长迅速且健壮
12. 冬瓜 （Benincasa hispida）	12. 亚洲热带地区	12. 菜、汤料、甜点；生长迅速，一年可数获

国山核桃、乌饭树（蓝莓）、酸果蔓（红莓）、圆叶葡萄等生活了。这些副食只分布于墨西哥以北的美洲大陆。

然而，即使极力延续有限的新石器时代的作物，现代农业也只占可利用的作物中最精华的一小部分而已。有数万种未被利用的植物随时可能冒出来，其中有许多还可以证明是比那些目前受喜爱者更优秀。有一个从数千个植物物种中脱颖而出的潜在明星物种，是产于新几内亚的四棱豆（Psophocarpus tetragonolobus）。这种食物称之为"一种物种的超级市场"亦不为过。它的整株植物都很可口——从像菠菜的叶子、可当嫩菜豆食用的嫩豆荚，还有像豌豆的嫩种子，乃至它的块茎可煮、炸、烘、烤，所含蛋白质也比马铃薯高。它成熟的种子与黄豆类似，不用处理便可烹煮，也可磨成粉或液化成饮料，味道像咖啡，但不含咖啡因。此外，这种植物的生长速度快得惊人，几个星期之内即可长到4米高。最后一点：四棱豆是豆科植物，它的根部附生着固氮作用的根瘤，因此不太需要施肥。它本身除了是一种有潜力的作物外，还可用来提高其他作物的土壤肥力。若经由选择育种稍微改善它的基因，四棱豆可以提高最贫穷的热带国家数百万人民的生活水平。

世界各地原住民口头相传的经验里，有丰富的野生与半栽培作物的信息。例如印加人创造了一个多样性作物的宝库，就这方面而言，他们大概是空前绝后的优胜者。在没有轮子、货币、铁或文字记载的帮助下，这些安第斯山的居民发展出一套复杂的农业，印加人所种植的植物种类之多，几乎等于欧洲、亚洲所有农民种植的总数。他们种在寒冷的山坡与高原上的大量作物，特别适合温带气候。来自印加人的作物有利马豆、胡椒、马铃薯与西红柿。但还有其他许多品种与种系（包括100种不同种系的马铃薯），仍然只生长于安第斯山。西班牙征服者学会了利用几种马铃薯，但错过了大批各色各样的块茎类蔬菜中具有代表性的植物，其中有一些比受青睐的作物具有更高的产量与更佳的风味。这些作物有很多我们可能很陌生，例如姜芋、ahipa、

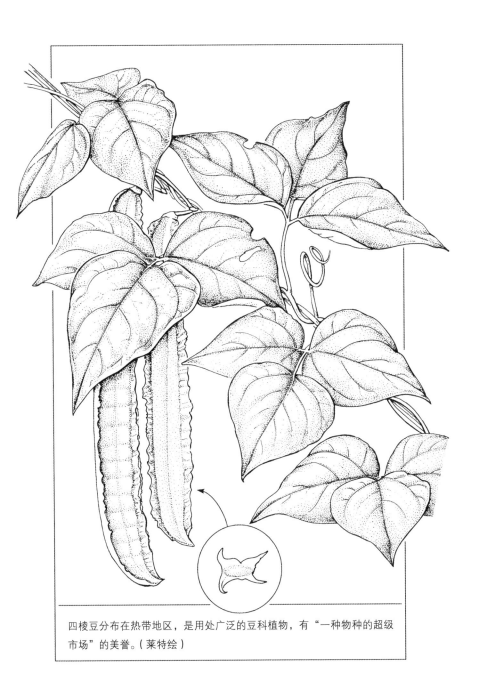

四棱豆分布在热带地区，是用处广泛的豆科植物，有"一种物种的超级市场"的美誉。（莱特绘）

秘鲁胡萝卜、玛咖、mashua、mauka、块茎金莲花、块根落葵、yacon等。其中玛咖仅分布于秘鲁与玻利维亚高原区最高处的 10 公顷面积的地方，如今濒危灭绝。它肥大的根部看起来像褐色的萝卜，含丰富的糖分与淀粉，风味甜美而辛辣，少数有幸尝过的人皆视为珍馐。

另外一种美洲首要的特有种作物是苋，近年来才进入美国市场，大抵用作谷物补充品。从墨西哥到南美洲的印第安人所利用的 60 种野生植物中，只有 3 种是他们于哥伦布抵达美洲之前所普遍栽植的，而苋就是其中之一。苋的种子是一种很有营养的谷物，而苋的嫩叶煮后尝起来像菠菜。这种植物极为耐寒冷与干燥的气候，因此在西班牙征服新大陆时期，墨西哥人将之视为玉米一样受欢迎的食物。若非由于一段怪诞的历史，否则在西班牙征服美洲之后，苋极有可能成为世界上几种首要作物之一。马克斯（Jean Marx）写道：

> 500 年前，苋谷是阿兹特克人（Aztec）的一种主食，也是他们宗教仪式不可或缺的部分。阿兹特克人将磨碎、烤过后的苋籽，与供作牺牲的人的血混合，再捏成偶像。在宗教节庆期间，弄碎偶像成小块，由信徒分食。这种做法被西班牙征服者认为是对天主教圣餐仪式的荒诞模仿。当西班牙人在 1519 年征服阿兹特克人时，他们禁止了阿兹特克人的宗教，也一并禁止了苋的栽植。

偏见与墨守成规向来会推迟农业进步。未开发的野生物种之谜，可以用一个有关天然甜味剂、具有寓意的故事加以阐明。在西非发现的一种植物，Thaumatococcus daniellii（暂译"卡甜姆非"），能产生比蔗糖甜 1600 倍的蛋白质。第二种西非植物，Dioscoreophyllum cumminisii（暂译"卡明斯莓"），能产生一种比蔗糖甜 3000 倍的物质。这故事的寓意是：野生物种中的这种递增现象究竟能发展到何种

这是栽培的苋，是美洲印第安人的一种主食植物，也是深具全球潜力的杰出作物品种。（莱特绘）

程度？人类的聪明才智从未往这个方向或任何其他实用领域去寻求答案。我们不妨来思考第二个同样具有启发性的例子。巴西亚马孙河流域有种高大的羽状叶棕榈叫巴巴苏（Orbignya phalerata），尽管只采收它的野生与半野生的坚果果仁，却能制出全球最高产量的植物油。一块种有 500 株巴巴苏的土地上，可从每串重 100 公斤的巨无霸果实中，年产近 4000 加仑的植物油。当地人将这株树的不同部位，制成牲口的饲料饼、纸浆材料、屋顶材料、编篮子的材料，以及炭等多种用途。巴巴苏尚未成为完全的商品，也未大面积栽植，仍然野生在其原先生长的肥沃高地与冲积土的低洼地区。

另一个有待投资的未开拓领域是盐土农作，即利用耐盐分的植物来耕耘先前无法耕种的土地。在墨西哥的一个实验农场，农民已经开始用海水灌溉海蓬子（salicornia），那是一种原本生长于盐滩上的植物。这种小而多汁的植物能生产类似红花油的油。每公顷的海蓬子能年产 2 吨种子油，剩下的禾秆能用来饲养牲口。巴基斯坦人将卡拉草（kallar grass）种在积盐水的土壤上，收割后作为动物的饲料。智利北部险恶的阿塔卡马沙漠（Atacama Desert），有时可能连续 7 年无雨，那里的塔马鲁戈牧豆树（tamarugo tree）的根，能往下穿过 1 米的盐层，探到沙漠土壤深层的含盐水分。这种非比寻常的植物，能在原本寸草不生的荒地上，开创稀树地带和地表植物群。放养在塔马鲁戈林地的绵羊生长速度，不逊于世界其他高质量牧场的绵羊。

畜牧业的前景

畜牧业的历史就和农业的历史一样充满偶然因素。一如农作物，现今畜栏的与牧场上的牲口，大都承袭自我们新石器时代祖先 1 万年前在欧洲、亚洲的温带地区最早豢养的那些动物。我们一直没有摆脱少数几种有蹄类哺乳类动物，例如马、牛、驴、骆驼、猪、山羊，但它们不适应世界上大部分的栖息地，而且往往会对自然环境造成可观的破坏。在许多地方，这些物种的产量比不上那些被人们忽视的野生物种。

亚马孙河流域的几种南美侧颈龟（Podocnemis）便是其中的几种。该属有 7 种是当地人极为重视的蛋白质来源。它们的肉质绝佳，是一种可口的地道菜肴。随着在河流两岸定居的人愈来愈稠密，有几种龟现已濒临灭绝了。然而它们也很容易养殖，每只母龟一窝可以产下多达 150 枚蛋，而且幼龟长得很快。其中有一种，即巨大的南美巨型侧颈龟（P. expansa），可以长到将近 1 米，重 50 公斤，可以养在水泥槽及大冲积平原边缘的天然池塘里，喂以水生植物与水果，所有的花费都非常低廉。

这种环境下生长的南美侧颈龟，每年每公顷能生产约 2.5 万公斤的肉，是砍伐周围森林而辟成的附近牧场所养的牛肉产量的 400 倍以

亚马孙河的巨型侧颈龟是一种容易养殖的物种。这项在河口冲积平原上的养殖业，从巨型侧颈龟身上所得到的肉品资源远比牛肉来得丰硕。（莱特绘）

上。由于冲积平原占亚马孙河流域土地面积的百分之二，这个养龟业的商业潜力无可限量。它使环境所付出的代价，远低于强行在这片土地上放养，酿成恶果的牛群和其他外来物种动物。

人们称之为"树鸡"的美洲鬣蜥，也是好处数不尽。这种肉味淡而鲜美的大蜥蜴，是中、南美洲温湿地区的农民几百年来深爱的美食。毫无疑问，鬣蜥是一种蜥蜴，有些人可能一想到要吃爬行类动物就退避三舍，但这只是文化角度的问题。从种系发生史来看，鸡与其他禽类不过是有翅膀的温血爬行类动物，而且不管怎么说，我们的菜肴里早已充满视觉上比鬣蜥更吓人的生物——从龙虾到狐形长尾鲨。

我这是离题了，现在言归正传。由于捕杀过度，美洲鬣蜥在它们大部分的分布区里都变得少见了，现在巴拿马的黑市上，每只售价25美元。虽然在几个拉丁美洲的国家有法律保护它们，但这种大型爬行类动物因其森林栖息地的破坏而锐减。假如农民肯让更多的森林长期存在，则将会有更多的美洲鬣蜥可以下锅。"但是，假如你是个要养家糊口的农民，即便你的家人喜欢鬣蜥肉，"维尔（Chris Wille）与茹可夫斯基（Diane Jukofsky）指出，"然而你也很可能会更想砍掉或烧掉你土地上的树木，腾出地方给牛或作物——可以卖钱的东西。毕竟，鬣蜥虽然可以做成美味的晚餐，却无法让小孩当衣服穿。"

虽然森林与农民的情况皆有不断急遽恶化的现象，但此现象是可以扭转的。沃纳（Dagmar Werner）令人印象深刻的田野试验系列显示，若经营得当，同等面积的土地上，鬣蜥肉产量可高达牛肉产量的 10 倍，同时可以保住大部分的森林。其窍门是养殖培育种，人工孵蛋，先保护刚孵出的、最脆弱的、处于生长期的小鬣蜥，再释放到森林。让它们自由地在树冠内觅食，或许加点厨余的残羹剩饭，等长大再宰杀。除了开拓更大的外销市场之外，同时在养殖鬣蜥的地区，也要放宽保护鬣蜥的有关法律。有几种可以商业化养殖与生产肉类的野生动物，请参见表四。

表四　可供商业化养殖与生产肉类的野生动物

物种	产地	用途
1. 鹿豚 （Babyrousa babyrussa）	1. 印度尼西亚：摩鹿加群岛与苏拉威西岛	1. 一种森林深处的猪，靠吃富有纤维素的植物生长，较不仰赖谷类
2. 巴拿马水豚 （Hydrochoeris hydrochoeris）	2. 南美洲	2. 世界最大的啮齿类动物；肉类珍品，很容易放养于开阔的水边栖息地
3. 冠雉属 （Ortalis，有多种）	3. 南美与中美洲	3. 禽类，可能成为热带的食用鸡，密集成群的族群，适应人类的栖息地，生长迅速
4. 白肢野牛 （Bos gaurus）	4. 印度至马来半岛	4. 濒危的畜牛亲缘；畜牧牛的另外选择
5. 美洲鬣蜥 （Iguana iguana）	5. 美洲热带地区	5. "树鸡"：7000 年来是当地的传统食物；生长迅速；养殖成本低廉
6. 原驼 （Lama guanicoe）	6. 安第斯山至巴塔哥尼亚	6. 与美洲驼有亲缘关系的濒危物种；是肉、皮毛、兽皮的绝佳来源；可做营利性的牧场放养
7. 丽龟 （Lepidochelys olivacea）	7. 印度海滩，中美洲与墨西哥太平洋海岸	7. 到海滩下蛋的海龟；海滩若能受到保护，蛋收获很丰
8. 无尾刺豚鼠 （Cuniculus paca）	8. 美洲热带地区	8. 大型啮齿类动物，肉类珍品；通常捕自野外，但可小群地养在森林地区
9. 小野猪 （Sus salvanus）	9. 印度东北部	9. 地球上濒临灭绝程度最严重的哺乳类物种之一；家猪的新基因可能的来源
10. 沙鸡 （Pterocles，有多种）	10. 非洲与亚洲的沙漠	10. 能适应最险恶沙漠、像鸽子的鸟类；可能适合驯养
11. 骆马 （Lama vicugna）	11. 安第斯山脉中部	11. 与美洲驼有亲缘关系的濒危物种；肉、皮毛、兽皮的珍贵来源；可做营利性的牧场放养

　　所有这类新构想的目标都在于增加生产量与财富，同时使自然生态受干扰与生物多样性的丧失维持在最低程度。经过完善的遴选和经营，外来物种可成为我们熟悉与喜爱的生物，并对环境有良好的影响。

　　除了巨型侧颈龟与鬣蜥之外，前程看好的优良动物名单应加上鹿豚。鹿豚是一种像猪的动物，栖息于印度尼西亚东部的苏拉威西岛（Sulawesi）、苏拉群岛（Sula）、托吉安群岛（Togian）、布鲁岛（Buru）的雨林。鹿豚是那种通常只在动物园里才看得到的怪异动物——体形修长，灰色的皮肤几乎无毛；雄性的上门牙上翘成獠牙，并穿过鼻口部的肌肉，然后往额头后弯，露在嘴巴外面。鹿豚的许多亲缘物种曾漫游在欧洲的森林里，如今全已灭绝。长大的鹿豚大多比男人大，可重达100公斤。尽管它的相貌和一位印度教恶魔颇相似，该物种却已为印度尼西亚的森林部族驯服，并且是重要的肉类来源。然而，它最有可为的商业特色是反刍猪的特性。它的胃较大，像羊的胃分成几室，这个特点显然能让它吃极多的叶子和其他含高纤维素的植物。幸运的话，鹿豚可能可以加入世界其他地区家猪的行列，靠着花费不多与普遍可得的饲料而繁衍不息。

　　养殖巨型侧颈龟、鬣蜥与鹿豚的方式，可让各种动物物种驯养在其自然生态系统里，或者将健壮耐劳的物种放到无特有种的贫瘠地区，则可兼顾经济增长与保护目标。最有潜力的扩张方式可能是水产养殖，即在人工池塘（或就软体动物而言，设置于河口之支撑架上）养殖鱼类、牡蛎与其他软体动物（螺、蛤、贻贝等），以及其他海水与淡水生物。全球人类所消费的鱼类，有百分之九十以上，是从完全自然的环境里捕捞野生鱼种而得的，尽管人们已有高度发展的水产养殖技术可资利用。特别是鱼类已为人类养在池塘，以及其他围起来的构造物里，已有4000年了。假如大力地推动，水产养殖业在动物性蛋白质的产量上，10或20年内将毫不费力地轻易增加数倍。迈尔斯写道：

有两个理由可说明水产养殖业庞大的潜力：第一，水栖动物较诸其陆栖亲缘有一个明显的优势，即它们的身体密度几乎和它们所栖息的水相同，因此它们无须耗费能量用在支撑体重上；也就是说，它们可以将较多的食物能源分配到生长上，而陆栖动物无法这样。第二，鱼类是冷血动物，它们不必消费大量的能源来保持它们的体温。例如，鲤鱼将一个单位的食物转变成肉的速度，就比猪或鸡快一倍半，比牛或羊快两倍。若将甲壳动物水蚤，养殖于一个添加营养的环境下，五周内每公顷能生产 20 吨的肉，这是每公顷黄豆蛋白质产量的 10 倍，也就是每单位蛋白质的成本只有黄豆的十分之一。

当今的水产养殖业仅利用了可得的多样性的一小部分，与传统的作物栽培和牲口豢养如出一辙。水产养殖业相当仰赖的物种，还是那些发明养殖业之初，偶然遇到的物种。全球食用的养殖鱼约有 300 种。但有百分之八十五的产量仅属于数种鲤鱼，其余多为罗非鱼（tilapias）。科学记载了 1.8 万多种鱼，而尚未为科学界所知的无疑还有数千种。最终，具有商业价值的也许只有其中一小部分，但即使这部分只是百分之十，亦将大为增加可利用的多样性了。

造纸新希望——东非槿麻

在增加生产力的同时要保护生物多样性，并以相互提携的方式来进行，是企业能力所及之事。例如，全球的森林在纸浆殷切需求下面临压力。婆罗洲有 1000 种树种的森林，以及北美洲的原始林，变成纸浆的速度愈来愈快，预计在 20 世纪结束时，年产量会有 4 亿吨。

要制造报纸与纸盒，我们有比彻底改变野地更好的方法——东非槿麻（Hibiscus cannabinus，洋麻）。东非槿麻是与棉和秋葵（又称羊角豆）有亲缘关系的植物，几乎各方面都优于传统的木本植物。槿麻丛貌似竹林，开白色像木槿花的花；四五个月就能长成 5 米高的成熟植株。美国南部的槿麻产纸浆量约比树木的产量多出 3 至 5 倍，而且只需轻度的化学处理漂白其纤维。幼龄丛可用类似收割甘蔗的机器来采收。

以一种卓越的方式种植木本禾草（wood grass）也能大量生产木浆与纤维。这是尚在实验期的作业程序，将树木种成密生林分，趁木本禾草还年幼、柔韧时，像割草般地收获它们。接着把植体转变为纸浆、燃料或牲口饲料。假如选对了树种，则林分的生长快速，并像禾草般自干基根部萌蘖，无须重新播种。如果选的多是豆科植物，它们会自添氮肥，可减省土壤施肥的需要。

栽植槿麻与木本禾草，是自农业发轫期即有的重要农耕作物。作物栽培在世界各处已有 5000 至 1 万年的历史，是人类栽培野地采收的某些粮食作物，再从中选择最好的种系。数千年前，狩猎—采集的先民必定知道植物会生产种子，种子再长成植物。将种子播种在便利的地方，对他们而言只是前进一小步而已。当他们又学会了在精耕过的土地上收获植物，并选择最优良的种子来繁育下一代后，他们成为了农民，农业便诞生了。一系列事件由此启动，让植物和他们的后代，就像埃里奇·霍依特（Erich Hoyt）那样，踏上了一段的奇异又美妙的旅程，走进了当代历史。

农业生物技术

今天，新石器时代农业发源的古老地点，不仅养育着在农田上栽植的品种，并且也维系着那些仍然存活于附近、处于减缩中的自然栖息地里的野生物种。综合栽植种系与土生种系，使得这些地点成为基因多样性的大本营。它们被称为"瓦维洛夫中心"（Vavilov center），以表彰俄罗斯植物学家瓦维洛夫（Nikolai Vavilov）的拓荒性工作。瓦维洛夫于1920年代与1930年代，曾到阿富汗、埃塞俄比亚、墨西哥、中美洲以及苏联等偏远地区，收集农业用的植物。我们有关多样性中心的地理知识，在最近几十年间又因其他植物学家的努力而得以扩增。每一处的瓦维洛夫中心无任何神秘之处，它们大部分只是农业发轫的所在地，因此其地点的分布，皆在最早的农民所选择的植物物种生长的范围内。例如，变成燕麦与大麦的禾草长在西南亚洲，野生的玉米、南瓜类与菜豆类长在墨西哥，马铃薯的祖先长在秘鲁。

由于人类偏好多汁的叶子、大块茎、柔嫩的果实，因而经由人为择汰，栽培作业发生了进化。这一类的特殊化意味着，不受照料的物种便降低了其在原栖息地里的存留能力。而我所知道的栽植种系，也没有一种能重新回到其祖先的栖息地，成功地在那里竞争。栽植种系也比较容易罹患疾病，易遭食叶昆虫与其他有害动物的危害。人为择汰方式一直处于得失之间：人类既要得到创造遗传的特色，又得接受不想要但无法规避的遗传弱点。

随着农业科技的绿色革命的到来，这种得失变得更为明显。过去40年间，人工培育出高产量的种系，并大面积栽种着，而栽培物种比过去更加特殊化与同质化。在印度，农民原本种植多达3万个品种的稻米，现在这种多样性急速地沦丧，预计到了公元2005年，四分之三的稻田里所种的稻米，将不会超过10个品种。

一个由自然选择造就的世界里，同质意味着脆弱。繁殖母株的纯度高，将降低其抗病力，而大面积连续单一栽培也会招来可怕的病虫害。亚洲密布的稻田，因全年栽培收获变得更加脆弱，对迅速蔓延的多样疾病，早已无招架之力。在1970年代，禾草矮株病毒侵袭从印度到印度尼西亚的农田。幸而尚有足够的野生稻种与种系种，而得以处理这个难题。国际稻作研究所（The international Rice Institute）就稻子对禾草矮株病毒的抵抗力，用生物检定技术，试验了 6273 种稻子。在这林林总总的稻种里，只有一种相当柔弱的印度稻种（Oryza nivara，1996 年才为科学界发现），具有所需要的基因。在与普遍栽植的品种杂交以后，产生了具有抵抗力的杂交物种，现在已遍植于亚洲 11 万平方公里的稻田里。

巴西大部分咖啡园里是一种东非咖啡树的后代。最初这些咖啡树是人工栽植于西印度群岛的，其中若干咖啡树的后代被移植到南美洲。1970 年的咖啡锈病（一种已经摧毁斯里兰卡大部分咖啡作物的疾病）出现于巴西，并且蔓延到中美洲，威胁着几个国家的经济。碰巧，若干野生咖啡品种仍然生长于埃塞俄比亚西南部的卡法（Kaffa）区域，该地被认为是栽植咖啡的原产地。在那里找到了抗咖啡锈病的基因，在与巴西与中美洲的咖啡作物杂交后，及时挽救了咖啡业。

农作物物种产量的提高，约有百分之五十是得力于选择性的繁殖与杂交，也就是得自慎重地重组物种与种系间基因的农业计划。现代的西红柿（Lycopersicon esculentum）内有许多有亲缘关系的物种与种系的基因。至少有 9 个种类（都原产于中美洲与南美洲）曾提供珍贵的遗传特征给这个作物，或者是含有能提供这种基因的物种：

L. cheesmanii　加拉帕戈斯群岛特有种，可以用海水灌溉。

L. chilense　能抗旱。

L. chmielewskii　果色较深，提高糖分。

L. esculentum cerasiforme　耐高温多雨。

L. hirsutum　高海拔种，能抵抗多种病虫害。

L. parviflorum　果色较深，提高可溶性固体物。

L. pennellii　抗旱，提高维生素 C 与糖分。

L. peruvianum　抗害虫，是丰富的维生素 C 的来源。

　　L. pimpinellifolium　能抵抗种类繁多的疾病，酸度低，维生素含量较高。

　　当今栽植西红柿的成功是植物繁殖的一项技术性功绩，但仍需要历经许多世代培养才能完成。将某野生物种或种系繁殖成栽培物种时，也会将不良的基因带来。为了除掉这些不良遗传特征，栽培者必须要一再地利用回交过程（即把杂交物种再栽种交配），使栽培物种兼具栽培型与野生型的基因。最后要提出一点，传统的杂交方法，只有在非常相似、可以杂交的物种与种系间才能交配。

　　然而，现在传统的选择繁殖法可以走快捷方式了。基因工程的新方法使得直接移植基因成为可能——将一种物种的染色体切下，放到另一种物种的染色体上，而不需要整个基因组进行杂交。换句话说，它避开了交配步骤。再者，这种置换方法可用在遗传特征差异甚大的不同物种上，此在一般杂交育种上是办不到的。艾斯纳（Thomas Eisner，康奈尔大学昆虫学家）曾以惊人的意象描述这种可能性：

　　　　现在，我们必须不再把生物物种看成仅仅是基因的独特集合体而已。由于最近基因工程的进步，一个生物物种必须视作有转植可能的基因储藏处。一种物种不仅仅是自然图书馆的一部精装书而已，它也是一部活页的书本，它的每一页（即基因）或许可用来进行选择性转植与改造别的物种。

　　西红柿属的每种物种都可视为一本活页笔记本，它可能与非该属的物种（例如较大的茄科，甚至科以外完全相异的开花植物）分享基因，提供或获得能抗病、果实大、耐寒、能四季生长等所有想要的生物质量。这些可能性提高了每一个野生物种与种系对人类的潜在重要性。

主要的有利用潜力的丰美野生物种（从左到右）分别为：山
竹（圆形水果）、常春花、印度楝、美洲鬣蜥、鹿豚、短叶
紫杉（及其针叶部分）、塔马鲁戈牧豆树（上）、印度楝（下）、
像骆驼的原驼、苋、洋麻或槿麻（带花）、水豚、玛咖（像
萝卜的块根）、无尾刺豚鼠、白肢野牛及四棱豆。左下角为
干燥的四棱豆豆荚。

只要有解决生物多样性的危机的努力，
就可享受前所未有的成果。
要拯救物种就得详细研究物种，
在充分了解它们后，
才能有创意地利用其特性。

平衡生态与经济

我并不是主张要把生态系统看成是一个制造有用产品的工厂。野地有其内在的长处，不需要外在的借口替它辩解。但是每一个生态系统（包括那些野地保护区内的），可以是物种的来源，用来作为栽培于他处的物种，或是基因的来源，可转植到栽培物种上。

关于此一功利原则的最高测验区就是雨林。现在，大部分热带国家，只要砍光这林地上的所有树木，再移师到下一个地方继续砍伐，就会有暴利可图。土地太廉价了，摧毁原始林便有钱可赚，如此便可去买下更多的土地，如此砍与买的循环，直到倒下最后一棵树为止。另一种方式是把雨林当作可提取的储备库，而从中获取"副"产品，如食用的果实、植物油、胶乳、纤维、药物等。

从经济观点出发的一个关键性问题是，副产品的收入，是否高到足以让保存雨林作为提取储备库的做法显得合理？即使以目前有限的知识来判断，答案是对的，至少在某些地区是如此。1989 年，彼得斯（Charles Peters）、詹特瑞、门德尔松（Robert Mendelsohn）证明了秘鲁亚马孙雨林的副产品，就长期而言，不仅比传统的一次砍光更有利可图，而且是有利得多。

彼得斯等人在米夏纳（Mishana）城附近一块 1 公顷的试验区，鉴定了 275 种乔木，其中有 72 种（占百分之二十六）生产水果、菜蔬、野生巧克力及胶乳，可在秘鲁市场出售。在扣除采收与运输费后，每年的净产值估计为 422 美元。米夏纳的该试验区的林木，若是一次砍完，再将木材运到锯木厂，净收益为 1000 美元。因此，就在很短的时间内，持续的采收水果与胶乳的方式比一次砍光树木更有盈余，何况森林文风不动。即使间隔采伐贵重的树木作业方式，虽可生产最大材积量，然而此长期收入不及采收水果与乳胶的十分之一。请参考表五采收米夏纳雨林（1 公顷）副产品产量与年收入。

表五　采收米夏纳雨林（1公顷）副产品产量与年收入

产品	株数	每株的年产量	价值（美元）
棕榈果实			
Aguaje	8	89.0公斤	177.60
Aguajillo	25	30.1公斤	75.00
Sinamillo	1	3000个果实	22.50
Ungurahui	36	36.6公斤	115.92
其他可食果实			
Charichuelo	2	100个果实	1.50
Lachehuaya	2	1060个果实	70.67
Naranjo podrido	3	150个果实	112.50
Masaranduba	1	800个果实	3.75
Tamamuri	3	500个果实	11.25
其他可食用产品			
Sacha cacao（野生巧克力）	3	50个果实	22.50
Shimbillo（豆科）	9	200个果实	27.00
橡树产品			
Shiringa（乳胶）	24	2.0公斤	57.6
总计	117		697.79
采收与运输成本			276.00
净值			421.79

　　表五所示的采收林产品产量，事实上是米夏纳试验区最保守的估计，因为完全是根据商业性测试品的存货清单及未完善开拓的市场估算的。迄今无人花费心力去做整个生态系统的生物经济的检测，识别出能生产粮食与药物、有害虫防制成分以及恢复与肥化土壤的物种名字。为了木材或为农业用地而砍掉全部森林时，几乎毁了所有有用的物种。旧有的土地利用方式，是承自西班牙征服者的传统

市场，以及受国外市场波动难料的牵制，事实上是短视近利而抛弃真正的大财富。对温带林的评价与全盘利用上情况亦同，只是程度轻微一些而已。

经济学家正设法把野地及现存物种纳入他们的估算公式。他们开创了一个新的知识领域，称为生态经济学（ecological economics），致力于环境的永续性及其长期生产力的研究。我相信，对那些他们做过资源调查与本益分析的部分生物多样性，能做得到精确评估，就像评估米夏纳试验区可供消费的植物产品一样。他们也可以算上"生态旅游"（ecotourism）的收入。愈来愈多地从发达国家来的人，愿意花钱来体验——尽管只是匆匆一瞥——人类出现以前的地球。

1990 年，哥斯达黎加的观光业，已跃升为该国第二个最主要的外汇收入财源，超过香蕉，直逼咖啡。将雨林作为生态旅游之用，每公顷所得的利益，远远超过将森林开辟为牧场与农田的收入。生态旅游业是卢旺达第三重要的财源，它跃升迅速，现在仅次于咖啡与茶，大抵因为这个面积小而人口过多的东非国家，是高山大猩猩的家园。当卢旺达人保护大猩猩时，大猩猩也出手拯救卢旺达人。

生态系统服务

对于超乎商品价值之外的评估，经济学家便束手无策了。除了物产与观光收入，他们的评价标准便显得宽松而且不准确。他们没有肯定的方法评估生态系统提供的服务，包括物种一项及其与我们所耕作的土壤、所呼吸的空气、所取用的水一起算的价值。自然生态系统调控大气的许多气体，而各种气体又会改变气温、风的形态以及降水。广袤的亚马孙河流域的雨林，生产其中一半的雨水。当森林被砍伐，水供应量也相对减少。降水与蒸发循环的数学模式显示，绿色覆盖有一个的关键临界面积，低于此临界面积，森林势将不保。变更了大部分的雨林大集水区，会使雨林无可挽回地变成了灌丛生的草地。这个不良的影响可能会往南迁移，将巴西部分富饶的农业心脏区，变成干旱地带。

当夷平了森林，木材与植物组织构成的元素，有一部分便会变成温室气体。然后当森林更新时，便召回等量的气体元素成为固体物质。在 1850—1980 年间，全球热带雨林面积的净缩减，使地球大气层增加了 900 亿至 1200 亿吨的二氧化碳，接近燃烧煤、石油、天然气释放出的 1650 亿吨二氧化碳。这两种过程将地球大气层二氧化碳的浓度，提高了百分之二十五以上，为地球暖化与海平面上升铺妥了路子。

第二种主要的温室气体是甲烷，在此期间约增两倍，其中有百分之十至百分之十五应是热带森林被砍伐造成的。假如我们将 400 万平方公里（有巴西面积的一半）的热带地区恢复为森林，可以消失掉目前大气中因人类行为累积的所有二氧化碳。此外，甲烷与其他温室气体的增加速度也会放慢。

世界上的土壤皆由生物创造的。植物的根系辟裂了岩石，形成了土壤母质大部分的沙砾与岩层。但是土壤不只是碎裂的岩石而已，它们还是复杂的生态系统，内有植物、极小型动物、真菌、微生物等，以微妙的平衡而聚集在一起，循环着营养液和微粒子营养物。健康的土壤确实是会呼吸与移动的，靠着微平衡维系自然生态系统与农田。

谈起"生态系统服务"（ecosystems service）这个举世皆知的名词，就像废物处置或水质控制。但是只要小部分尽职的生物消失了，人类生活质量就会下降，而且日子就难挨了。假如我们忽视甚至蔑视那些用它们的生命维系着我们生命的生物，那将是人类物种的失败。

那么，生物多样性的价值何在？传统计量经济学的方式，只是拈斤播两计算市场价格与旅游收入，一直低估了野生物种的真正价值。从未有人检测过野生物种产生的所有商业利益、科学知识、美感享乐。再者，没有一种物种是独立存在于野地里的。每一种物种都是生态系统的一部分，是其同类中具特长的专家，考虑它将其影响力扩展到整个食物网时，评估计量便受到严酷的考验。因为弭除了某物种就引发其他物种的改变，会增加某些物种的族群，减少甚至消灭其他物种，使较大的生物群落有急遽跌落的危机。

跌落若干？生物多样性与稳定性之间的关系，是科学上尚未厘清的灰色地带。从几个重要的森林研究，我们便知道多样性会增强生态系统储留与保存营养的能力。有多样的植物物种，则叶面积的分布会更均匀而可靠。植物物种数愈多，特化的叶与根也愈多，使整个植物群一年四季随时随地都能吸取较多的养分。呈现生物多样性功能至极限，例如热带雨林内的兰科与附生植物，这些植物会直接收容原本会遭风吹走的水汽与悬浮的土壤粒子。简而言之，多样物种令生态系统更有生产力，这样的生态系统比较不易分崩离析。

假如组成该生态系统的物种开始灭绝，灭绝到什么地步整个生态系统才会崩解？我们无法确定，因为我们需要知道的大部分生物体的博物学以及有关生态系统之崩解的试验多是缺乏的。然而，我们不妨想想这样的一个试验"可能"会展现什么景象。假如我们要逐步拆解一个生态系统，于是逐一拆除各种物种，那么每拆除一种物种之时，谁都不知道会真正发生什么后果，但是必然会有一个结果：拆到某一个节点上，那个生态系统就会崩解。大部分生物群落是靠生态系统内重复存在的物种巩固在一起。许多生态系统里，大多有两个以上生态近似的物种栖息在同一个地区，当一种物种消失时，总有另一种物种可以或勉强地填补消失物种的生态区位。当然其适应弹性会降低，食物网的效能会下降，营养流会减缓，最后我们将发现：有一个丧失的要件会是关键种。此物种的灭绝会连带损及其他物种，情况可能大到足以改变栖息地本身的物理结构。由于生态学仍是新生的科学，没有人能鉴定确知大部分的关键种为何。我们往往把此极其重要的生物想成是大型生物（如海獭、象、花旗松、珊瑚），但是也很可能是那些大量存在于地下与仅拥有自身原生质并带动大量营养流动的任何微小的无脊椎动物、藻类与微生物。

经济学家要谈某物种的"选择价值"时，而该物种的价值却尚未被度量，这对于经济学来说，要评价没有度量的东西，就变得令人狐疑，难以理解。此事最大的困难在于选择价值都是以商品、福祉、道德为标准的评价领域。诺顿（Bryan Norton）指出：

> 随着时光的流逝，我们获得了此三个领域的知识，而新的知识可能开发了某物种新的商品用途，或美感体会的新层次，或我们的道德价值可能会变迁。若干物种在未来会有我们现在无法识别的道德价值。假如为这些选择价值定出金额，似乎是强行逼迫的难事，但事实上这个状况比表面糟得多。只有在我们鉴定了某物种，推测它可能的用途，并为那些用途定出金钱价值，以及估计未来可能的发现之时，我们才能开始计算选择价值。

为了试图评价物种，产生了两种相抗衡的保护准则：第一个准则是成本效益分析，——挑出每一个濒危的物种，并权衡要保持其活体所需付出的成本，比较其可见的与可能的未来效益，而决定是否要投资够大的土地与时间去保护它。第二个准则是安全最低标准，即将每种物种视为对人类而言无可取代的资源，因此，除非成本高得无法承担，否则我们必须为了子孙后代而去保护它。

无疑，为后代子孙而产生的审慎而得体的关注，使得我们必须遵循安全最低标准。成本效益研究一向低估物种可能带来的净盈利，因为要计量保护的成本比计量最终效益简单得多。其实财富就在那里，让野地自处，等着我们的双手、我们的脑力、我们的精神去利用它们。若光用经济报酬的标准（不管这标准多么地能服人），就让该物种灭绝，而只因此物种的名字是用红字登记的，那将是一种无知的蠢行。

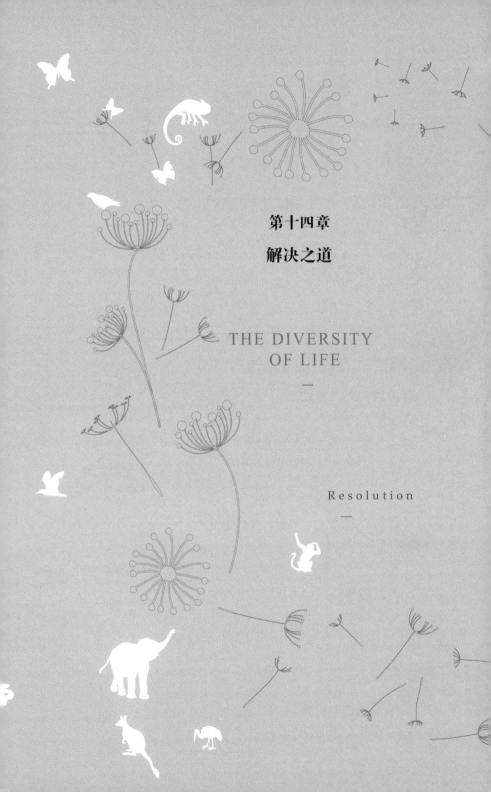

第十四章

解决之道

THE DIVERSITY
OF LIFE
—

Resolution
—

如果生物多样性真的濒临高度危机，

我们应该采取什么措施呢？

解决此事的方法

是要靠各自为政已久的各学科专家的合作。

每个国家都有三种形式的财富：物质的、文化的与生物的。前两种财富我们都很熟悉，因为那是我们每日生活的要素。生物多样性问题的本质就在于，我们对生物财富的重视程度太低了。这是一个重大的策略错误，一个会令我们愈来愈后悔的错误。生物多样性是无尽的未开发物质财富的可能来源，呈现在食物、医药或生活的便利性上。动物群与植物群也是各国传统资产的一部分，是以某个特定时间和地点为中心、历经数百万年进化之产物，因此绝对有理由说和语言、文化一样，是一国关心的大事。

　　全球的生物财富正历经着一个瓶颈，这个瓶颈会再持续50年以上。因为世界总人口数已超过54亿，预计到2025年将达到85亿，到21世纪中叶可能介于100亿至150亿之间。人类生物量以如此惊人的速度增加，而发展中国家对物质与能源需求之增加速度甚至更快，在此情况下，短时间内能留给大部分的动植物物种的空间势必少得很。

　　人类骇人的毁灭力量创造了极大规模的问题：如何才能以丧失最少的生物多样性以及如何付出最低代价来渡过这个瓶颈，迎接21世纪中叶的到来？至少在理论上，将灭绝速度降到最低和经济成本降到最小，两者是兼容的：利用和保护其他生命形式愈多，我们自己的物种就会更有生产力，更有保障。我们所采取的明智的生物多样性决策，将会对未来的世代有所裨益。

我们迫切需要的是，建立长时段的知识与行动伦理。理想的伦理是以一套人为的规定去处理非常复杂或极其前瞻性的问题，解决超出一般情况的高层次论述。环境问题的本质是伦理问题，需要同时做长时段与短时段的观察。此时对个人与社会有益的，可能 10 年后就变得有害了，而在未来数十年内看起来很理想的，可能会毁了未来的世世代代。要选择一个对短期及未来都是最好的做法是项困难的工作，它往往看起来是自相矛盾的，并且所需要的知识和伦理规范，目前大多还尚未成形。

既然生物多样性岌岌可危，那我们应该怎么办呢？即使是现在，问题开始明朗化，我们应该做什么也一清二楚；但要解决就必须合作，聚集各自为政已久的学术理论与应用实践界的专家。生物学、人类学、经济学、农艺学、政治、法律等领域必须要找到共同的意见。它们的结合发展出了一个新的学科，称为"生物多样性研究"，其研究范畴为对整个生物多样性及其起源的系统研究，以及维持并利用此多样性来造福于人类的方法。

因此，生物多样性研究的内涵兼具科学性（理论生物学的一个分支）与应用性（是生物技术学与社会学的一个分支）。它不但专注于生物体和族群的部分，也重视生物医学研究的细胞与分子部分。其间的差别是，生物医学研究专注的是个人的健康，而生物多样性研究专注的是全球生物的健康，以及多样性对人类的适用性。接下来的几项叙述应是大部分关注生物多样性的人，极可能会同意这是该做的事。所有胪列的诸项都针对相同的目标：无止境地拯救并尽可能地利用地球上生物之多样性。

一、调查全球的动物群与植物群

在探讨多样性上，生物学家几乎是在摸索中进行。他们对于地球上物种的数量及其大部分的分布情况只有非常模糊的概念；有百分之九十九以上的物种生物学，科学家仍然一无所知。系统分类学家深知此问题的迫切性，但是对于最佳的解决方案并没有达成共识。有的人建议着手全球性普查，目标放在发现与分类所有的物种；其余的人鉴于人手、资金与时间的短缺，认为唯一的实际做法是迅速确认濒危特有物种最多的栖息地，即所谓确认危机区。

物种灭绝危机迫使系统分类学肩负更大的重任，实践者必须商定时间表与经费预算的明确任务。最可能奏效的策略很可能是综合性的，其目标是全球物种的完整调查清单，但是以跨越半个世纪与分成几个层或几个时空尺度，从鉴定危机区进行全球性调查，每隔 10 年进行稽查和重新调整。每 10 年终了时，评估其进展，并确定新方向。刚开始可将重心放在已知最严重的或最有可能濒临危机的地区。

我们可以设想三个总调查层级：

第一个是"快速评估计划"（Rapid Assessment Program），是以保护国际基金会（Conservation International）的计划为蓝图发展出来的，这个组织的总部设在华盛顿特区，致力于保护全球生物多样性。该计划的目的在于数年内迅速调查可能是局部危机区而真相未明的生态系统，以便为进一步的研究与行动提出急救建议方案。目标区的面积可能不大，例如一个独立的谷地或孤山。由于我们对绝大多数生物的分类了解非常少，以及能做研究的专家也屈指可数，即使对一个小小的濒危栖息地进行整体动物群与植物群的编目分类几乎都办不到。我们的变通办法是成立一个快速评估计划小组，这个小组是由研究所谓的"精华焦点生物群"的专家组成。这些精华焦点生物群是指那些熟悉（如开花植物、爬行类、哺乳类、鸟类、鱼类、蝴蝶等）而可以马上登录并且可作为其周围整个生物区系（biota）代表的生物体。

　　第二个总调查层级是"新热带生物多样性计划"（Neotropical Biological Diversity Program），所依据的蓝图是 1980 年代末期，堪萨斯大学和其他北美大学共同提出的计划。此计划与快速评估计划不同，新热带生物多样性计划局限于特选的小规模灭绝地带，而快速评估计划，是较有系统地探索、认定主要危机区，或至少是集合数个危机区的广大地区。这种区域包括安第斯山脉的东坡和危地马拉与墨西哥南部数处零散的森林。除了确认危机的数个地点外，较大的目标是设置研究站，涵盖不同纬度与不同海拔高度的地区。这项工作先从少数焦点生物着手。当采集到足够的样本与聘妥了各类物种的专家后，这项工作便扩展到较陌生生物群（例如蚁、甲虫、真菌等）。不用太久，有关降水、气温及其他的环境属性都要纳入物种调查项目里。届时，最重要与设备最好的研究站，很可能发展成长期生物研究中心，由东道主的科学家担任领导者。这些研究站也可以用来训练自世界各地到来的科学家。

　　现在要进入生物多样性调查的第三个（也是最高的）层级。借由世界各地的快速评估计划与新热带生物多样性计划两个层级的现存生物调查，以及陆续的生物群专题研究，对生物界的描绘便会慢慢地合并成一个清晰的全球生物多样性的图像。因经济规模的效应（因生产设备与生产规模的扩展，每一单位的生产成本会下降的情形。——译者注），即使维持着原有的努力程度，这方面知识的增长势必愈来愈快。当新的采集与分选样本的方法出笼，以及获得信息之程序的改进，在调查清单里登录每一种物种的成本都会降低。当包含非焦点生物群时，研究费不会呈简单直线式增加，单位物种的成本费反而会下降。例如，植物学家可以在其研究的植物上收集昆虫，同时为昆虫学家鉴别这些昆虫的寄主植物，而昆虫学家也可以将这程序反转过来，在收集昆虫时收集植物样本。诸如爬行类、甲虫、蜘蛛等生物群，其样本都可以在整个栖息地里收集，然后再分送给每位生物群的专家。

当这三层级的生物多样性调查持续进行，所获得的知识便逐渐成为凝聚其他科学的强力磁铁。田野指南与附图的论文集激发了大家的想象力，科技信息网络吸引了地质学家、遗传学家、生化学家，以及其他的学者投入这个研究。各生物多样性中心势必要举行许多的活动，进行资料收集并拟定新的计划。

生物多样性中心的模范，是哥斯达黎加的国家生物多样性研究所（Instituto Nacional de Biodiversidad，简称 INBio），于 1989 年在首都圣何塞（San José）的市郊成立。该研究所的目标就是记录这个中美洲小国家所有的动植物（50 多万种），并用这些信息改善哥斯达黎加的环境与经济。居然会由一个发展中国家带头从事这种需协同努力的科学工作，是有点难以想象，但是其他国家跟进了，大不列颠、瑞典、德国，以及其他的欧洲国家，已在政府与民间的赞助下，完成了详尽的植物和许多种动物的分布图。正当我下笔的此时，史密斯森学会（Smithsonian Institution）提出在美国成立一个全国生物多样性中心的计划，并且广受讨论。设立中心的立法议案已在国会提出，但尚未通过。

美国的全国多样性中心不必从零开始建立，因为已有许多已经仔细研究并绘制了生物分布图。有几州，例如马萨诸塞州与明尼苏达州，已着手进行查明其州内濒危植物与脊椎动物物种的计划。15 年来，大自然保护协会（Nature Conservancy，美国首要的私人基金会之一）已在全美各州从事了类似的工作。这项作业最近已扩展到拉丁美洲与加勒比海的 14 个国家，各国陆续成立了自然资产数据中心。

在所有生物多样性调查层级上，还有一个关键要素，就是微地理学（microgeography），即尽量详细测绘生态系统结构，以估计个别物种的族群数及其生长与繁殖的环境。目前正在使用的地理信息系统科技，收集数个层级的有关地形、植物、土壤、水文以及物种分布等数据，用计算机记录，储存在共同的坐标系统。当用在生物多样性与濒危物种方面时，这种图表称为"缺口分析"（gap analysis）。尽管缺口分析的完整性并不够，却可以显示现存公园与保护区的效果，亦可以用来协助解答保护措施上较大的问题，例如，保护区事实上可包含最多数之特有物种吗？尚存的栖息地碎块区的面积是否足以永久维持这些族群？如何计划以最合乎成本效益来取得更多土地？

同样的，这些信息可以用来划分较大的区域。我们必须划出某些地区作为免于破坏的保护区。其余的地区则被定为采收保护区，用作短期农业与有限狩猎的缓冲地带，以及变更为完全供人类使用。在这项扩大的作业中，地景系统设计将占有举足轻重的功能。受到人类影响的环境变动很大的，仍然可借巧妙地设置小林区、绿篱、集水区、水库及人工池塘与湖泊，来维持高度的生物多样性。总体规划不仅可以结合经济效益与美感，也可达到物种与种系保护的目的。

多层次的数据可以进一步协助界定"生物区"（bioregion）。生物区是指大面积的集水区与森林区，连接了共同的生态系统，但是往往延伸到市镇、州，甚或国界以外。一条河流可划开成两个政治区，此虽然合于经济或军事的目的，但是不合于土地管理的规范。生物区主义在美国国内有段长远但未定论的历史。其历史最早可以追溯到缪尔（John Muir，1838—1914，自然文学作家）成功地提倡国家公园的设置，以及1891年成立的国有林系统。自1930年代开始，生物区的概念日益得到政府的支持，而有各种不同的特定计划，从成立田纳西流域管理局（Tennessee Valley Authority，为总统直辖的独立政府机构。——译者注），借以管理土地并开发东南部一个广大地区的水电资源，到建立阿巴拉契亚国家风景区（Appalachian National Scenic Trail）、联邦及州政府经营南佛罗里达州之供水系统与大林泽，以及在1967到1981年间，新英格兰流域管理委员会（New England

地理信息系统

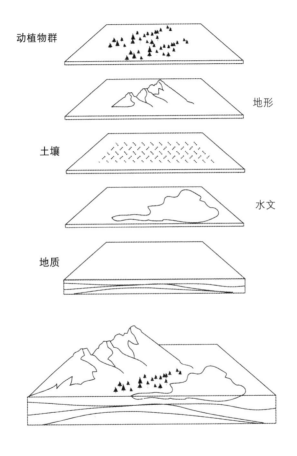

动植物群

地形

土壤

水文

地质

地理信息系统将物理与生物环境资料之数据相结合，所综合而成的资料可用于管理地景系统，借以保护濒危物种、生态系统及指定自然保护区。

River Basins Commission）之多种管制与促进活动等。

其他美国国内之生物区主义的例子虽然很多，但是很难说这一运动已结合形成一个土地管理的哲学，而且保护生物多样性充其量不过是个附带性的目标而已。事实上，田纳西流域管理局所建的几个大水坝，虽然为美国的贫穷地区提供了廉价的电力，却意外地摧毁了相当可观的原有河流水域的动物群。未看重生物的多样性，并非蓄意的，而是未曾完整认识到受影响地区之动植物群的缘故。

"系统分类"虽是长期有效的区域划分作业与贯彻生物区主义的先决条件，却是一项相当耗费人力的工作。研究特定生物（例如蜈蚣、蕨类等）的分类学家，常因无同行而成为研究那些生物之一般生物学的唯一权威。美国和加拿大约有4000位这样的专家，企图对数千种北美洲的动物、植物和微生物勉力进行分类。他们或多或少也要负责分类世界其他地方的数百万种物种，因为在其他国家从事这项工作的分类学家，甚至还要更少。目前最多约有1500位训练有素的专业分类学家，有能力处理热带（占全球地区生物多样性一半以上）的生物。

一个典型的例子是白蚁专家的短缺。白蚁是木材的主要分解者，翻土功夫可与蚯蚓匹敌，占热带动物生物量的百分之十，是所有害虫中破坏力最大的昆虫。可是只有三个人有能力处理全世界的白蚁分类工作。第二个例子则是关于甲螨（oribatid mites），长相像蜘蛛和陆龟之杂交物种的小生物，是土壤中最多的生物，也是主要消耗腐殖质与真菌孢子的生物，因此是陆地生态系统最常见的关键生物。在北美，只有一位专家全职地致力于甲螨的分类。

只有这么少的人有能力展开这项工作，那么要完整调查地球生物多样性之庞大蕴藏量，似乎是没有指望的。但是如果与勇往直前、成就非凡的高等物理学、分子遗传学以及其他尖端科学相比较，这项挑战就不算是那么大了，即使采用最没有效率、最老式的方法，50年内也可完成1000万种物种的分类。假如一位分类学家以每年10种物种的谨慎速度进行分类工作，包括收集资料的田野调查、在实验室的样本分析以及发表论文等，再加上假期和与家人团聚的时间，则若有 100 万人从事这项工作，一年即可完成 1000 万种物种的调查；每位科学家若以 40 年的工作生命计，则这项工作只需要 2.5 万个职业人员。目前只以美国一国的科学家人数而言，这个人数连百分之十还不到，比蒙古常备军人还少很多，更不用说和密西西比州海恩兹郡（Hinds County）的贸易、零售商的数量相比了。所发表的著作，若以一页一种物种计，则只能放满哈佛比较动物学博物馆（Harvard's Museum of Comparative Zoology，致力于分类学的较大研究机构之一）之图书馆里百分之十二的书架空间。

以上只是根据最没有效率的程序估计的，以便证明编制全球生物多样性清单的可行性。分类工作因采用了现已逐渐普遍的新技术，而加快好几倍。"统计分析系统"（Statistical Ananlysis System，SAS）是一组业已在全世界数千个机构里运作的计算机程序，可记录个别样本的分类归属与分布地点，并自动将数据整合到目录与分布图里。其他计算机辅助的技术能借助无偏差的计量相似度，自动比较物种的许多特性，这种程序叫作"表型学"（phenetics）。其他如"进化枝学"能协助追溯物种最可能之谱系（世系）。扫描电子显微术加速了对昆虫与其他小型生物的图解。假以时日，计算机科技会包括影像扫描，能瞬间鉴定物种，以及归属难以定位的新物种样本。生物学家也会采用电子出版物，借助于台式个人计算机，读取出版物中对某生物群的描述与分析。

物种的各种其他形式的生物学数据（如生态学、生理学、经济用途、传染媒介物、寄生物、农业害虫等），可以分层存进数据库。也可以存入 DNA、RNA 序列及基因图谱。"基因库"（GenBank）是基因序列库，业已成立，可提供所有已知 DNA 与 RNA 序列及其相关生物学信息的计算机数据库。到 1990 年，基因库内累积了 1200 种

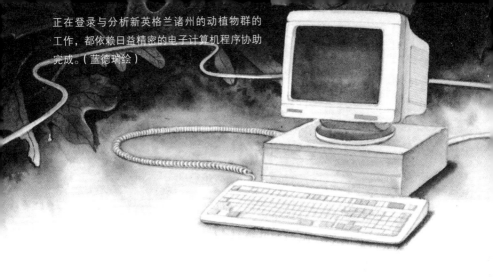

正在登录与分析新英格兰诸州的动植物群的工作，都依赖日益精密的电子计算机程序协助完成。（蓝德瑞绘）

如果生物多样性真的濒临高度危机，
我们应该采取什么措施呢？
解决此事的方法
是要靠各自为政已久的各学科专家的合作。

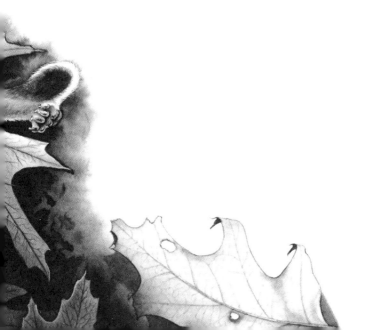

植物、动物与微生物的 3500 万个基因序列。随着确定序列方法的改良，取得数据的速度会愈来愈快。

二、创造生物财富

当物种清单扩充时，便可以进行生物经济分析（整个生态系统之经济潜能的综合评估）。每一个生物群落都有具潜在商品价值的物种。可以根据永续原则，采收木材和野生植物产品；可以移植种子与插条到他处，培育成作物及观赏植物；可以培育真菌与微生物，用作医药资源；从许多种生物身上可以获得科学新知，开发更多的实用途径。野生栖息地具有游乐价值，势将成为更多民众的旅游去处，并用于培养人们的博物学兴趣的园地。

让生物经济分析成为土地管理政策之例行事务的决策，将利用指定生态系统的未来价值来保护生态系统。此决策可推迟摧毁整个生物群落的时间，拯救那些原以为没有这种价值的生物，因此做到以时间换取价值。如果更能认识地方性的动物群与植物群的价值，便可以决定采取最有利的利用方式——采取完全保护，或在永续生产的基础上采收产物，或摧毁栖息地由人类完全占有。环保主义者憎恶破坏，但事实上大部分人因缺乏知识而完全照单全收。因此，以某种方式推广知识和理性是必要的。我敢说，只有深入了解才能拯救生态系统，因为逐一观察其中每种物种后，生物经济价值与美感价值才会一一出现，保护的情感也会由衷而生。明智的程序是让立法过程来推延，科学来评估，深入了解以保护。保护上很重要的一个因素是人类的天性，即"人们对生态系统的了解愈清楚，破坏的可能性愈低"。正如东非的塞内加尔（Senegalese）的环保主义者迪乌姆（Baba Dioum）所说的："到头来，我们只保护我们所爱的，只爱我们所了解的，只了解我们被教导的。"

　　生物经济分析的另一个关键性工作，是艾斯纳所称的"化学勘探"（chemical prospecting），即在野生物种中，寻找新的医药与其他有用的化学物质。勘探的逻辑是由我们对生物进化的所有知识架构而成。每一种物种都进化成一个独特的化学工厂，在严酷的世界里制造出求生的物质。一个新发现的蛔虫物种，可能会制造出一种极强的抗生素，有一种尚未命名的蛾，具有阻遏滤过性病毒的某种物质，此为分子生物学家从未想到的现象。从近乎灭绝的某树种的小根培养的一种共生性真菌，可能会制造新出一种的植物生长促进剂。一种不起眼的禾草，可能作为百求不得、上好的驱墨蚊（blackfly）药的来源。历经数百万年天择的考验，生物成为具有超乎人类之技巧、能解决大部分危害人类健康的生物问题的化学家。

　　因为化学勘探相当仰赖分类学，最好与生物多样性调查齐头并进。为了成功，化学勘探研究者还必须在有先进设备（通常只有工业化国家才有的这些设备）的实验室里工作。在1991年，世界最大的制药公司——默克（Merck）公司，同意给哥斯达黎加国家生物多样性中心100万美元，协助其在这方面的筛选工作。该中心要收集并鉴定生物，将最有希望的物种之化学样本送到默克实验室做医药生物鉴定。假如有天然物质能因而上市销售，该公司有义务付哥斯达黎加政府若干专利权使用费，这笔钱将专门用在环保计划上。默克公司先前曾在市场上销售四种来自其他国家土壤中生物的药物，有一种是从一种真菌中提炼出来的，药名为"洛伐他汀"（Mevacor），是降低胆固醇含量的有效药剂。1990年，默克公司单靠这种药物就有7.35亿美元的销售收入。因此可以说，在哥斯达黎加只要有一项成功，好比从该国的1.2万种植物与30万种昆虫中，只要有任何一种物种，能生产一种有用的商品，除了能回收默克公司的整个投资成本外，还有利润可图。

　　默克公司和其他研究所与商业组织，愈来愈往化学勘探的工作前进，这是有历史原因的。寻找天然药物与其他化学物质，多年来有周期循环现象。在 1960 年代与 1970 年代，制药公司以太复杂也太昂贵为借口，逐步结束筛选植物的工作。从一万种物种中，才可能获得一种能生产有希望的物质（按照当时所使用的开发程序），而且需要数百万美元，才能使一种产品完全推上生产线，其最终的报酬似乎微不足道。各公司遂求助于微生物学与合成化学的新科技，希望能以现成的化学药剂设计出新医药时代的"仙丹"。仰仗人类的巧智，不靠遥远的丛林里进化出来的自然化学物，似乎是比较"科学"而直接的，或许也比较省钱。

　　然而，寻求天然产物一直是一种极具潜力的快捷方式，就像哥伦布发现新大陆那样的西方之旅，从天然物的分子结构中获取新创意与知识，才能言及再应用与开发。现在由于科技的进步，风向开始回吹。因为由大量的仪器控制的生物检测分析，容许大公司每年能筛选出多达 5 万个样品，而且只需从世界任何一个角落空运而来的小量新鲜组织或萃取物即可。

　　从野生生物到商业生产，有时可得自原住民的知识与传统医药，这样可更加缩短过程。世界各地采用的 119 种已知的纯医学药物中，有 88 种是靠传统医药提示而发现的，这是令人瞩目的事实。世界所有本土文化的知识，若加以收集并编目，将可构成一座像亚历山大图书馆那样大的藏书。例如，中国人采用该国 3 万种植物中约 6000 种物质入药。其中发现一种青蒿素（artemisinin），是从一年生的黄花蒿（Artemisia annua）中提炼出的一种萜烯（terpene），可望作为取代奎宁治疗疟疾的替代品。因为这两种物质的分子结构完全不同，要不是因为它在民间的知名度，青蒿素的发现不知还会晚多久。

　　许多传统药典世世代代以来，挽救了很多人的生命，并维系着巫医的名誉，所以相当可靠。药物萃取程序及用量都在"试错法"的无数考验下通过了。但这种在文字发明之前的知识，就像许多和它有关的动植物物种一样，随着部族纷纷迁离家园搬入农庄，进入城市和乡镇，正快速地消失。他们从事新行业，放弃了原有的语言，遗忘了昔日的生活方式。

在 1980 年代，婆罗洲的 1 万个本南族人（Penan），除了 500 人以外，全都放弃了几个世纪以来在森林里的半游牧式生活，而定居在村庄里。今天，他们的传统记忆流失得非常快。林登（Eugene Linden）记录道："村民知道他们的老一辈过去常常关注某种蝴蝶的出现，它的出现总是预示着将出现一群野猪，并保证狩猎成功。如今，大部分的本南族人已记不得是哪一种蝴蝶了。"

在南美洲，自 1900 年以来，巴西的 270 个印第安部落中，消失了 90 个，剩下的部落有三分之二人口不到 1000 人。许多人已经丧失了他们的土地，也遗忘了他们的文化。

世界各处的小面积农耕，正沦为农业科技的单一作物生产作业。印加人堆起的园圃似乎已全然消失；中美洲和西非洲密集多样的菜园岌岌不保。振兴地方性农业是生物多样性研究的另一个目标。其目的是使农业更合乎实质的经济，同时保存基因库，为将来的作物早作准备。具有高经济效益的物种和种系（从多年生玉米到苋属植物，再到鼍蜥），可以经由研究中心供应给最适用的地区。这种作业的一个成功典范，是哥斯达黎加的图里亚尔瓦（Turrialba）的热带农业研究培训中心（Tropical Agricultural Research and Training Center，简称 CATIE）。该中心由美洲国家组织于 1942 年创立，保存有大量植物物种的样本，包括能抗病的可可种系及其他热带作物。该中心的工作人员进行作物与树木繁殖方法的实验、设计野地保护计划、寻找新作物之物种与品种、培训学生新的农业技术与保护方法。未来的许多机构可不只包括这些工作项目，还可包括化学勘探，将基因从野生种转移到驯化种的分子科技，则更有可为。

三、推广永续发展

第三世界的乡村贫民沉溺于不断恶化的贫穷以及生物多样性受到摧毁的双重洪流之中。为了摆脱困境，他们需要工作，这工作必须能提供基本食物、居住地、保健等工业国家理当提供的条件。若无这样的工作，他们就没有通往市场的渠道，那么在人口爆炸的冲击下，他们会愈来愈要求助于最后的野生生物资源。他们猎尽徒步范围之内的动物，砍伐无法再生的森林，到任何无法强制驱离牲口的土地上放牧牲口。他们栽培不适宜其环境的农作物为时太久，因为他们不知道有其他替代的方法。他们的政府由于缺乏充足的税源，同时背负庞大的外债，遂助长了环境的恶化。他们用会计师的障眼法，记录森林与其他无可取代之自然资源当作国民所得，而不计算永久性的环境损失这项支出。

穷人无法得到适当的教育，也无法全数迁移到城镇。在大部分的国家（特别是热带国家），工业化进展缓慢，顶多只能吸收一小部分的人为劳动力。这些国家有数十亿挣扎中的人，至少在下个世纪，还得生活在乡村地区。因此，有关议题便可归结为："发展中国家的人民如何能从土地上谋取一个像样的生活，而不破坏它？"

永续发展的试验地将会是热带雨林。假如拯救雨林的方式能从改善当地的经济状况着眼，则生物多样性危机便可大幅度降低。在这个"假如"条件下，兼容了悬置良久的科技与社会难题。但曾有许多通往这个目标的途径构想，其中不乏经验证是可行的方式。

到目前为止，最鼓舞人心的进展是一个示范表演（这在上一章已引述），秘鲁雨林采收的非木材产物的收入和伐木作业、农耕收入一样多，尽管目前当地市场的销售渠道很有限。巴西的橡胶采收人完全不凭理论或成本效益分析，就已规范化这种作业法了。但巴西的橡胶采收人是巴西东北部的移民后裔。其先民在 19 世纪末迁移到亚马孙河流域的若干地区，便已靠采收乳胶为固定收入了。他们有 50 多万人，主要收入除了橡胶外，也包括巴西坚果（Brazil nuts）、棕榈心（palm hearts）、零陵香豆（tonka beans）及其他野生产物。每家房屋建在苜蓿叶形采收路径的中央。除了采收自然产物外，橡胶采收人也狩猎、捕鱼，并在森林空地上从事小规模的农作。因为他们仰仗的是生物多样性，橡胶采收人致力于保护森林，使之成为稳定而有生产力的生态系统。他们事实上是这个生态系统内的正式一员。1987 年，巴西政府批准在国有土地上成立"橡胶采收人保护区"，签发为期 30 年的租借权，并可延长，但禁止皆伐木材。

　　采收保护区虽然代表了一个重要观念的进步，但是只能拯救雨林的一小部分。1980 年，采橡胶户面积占巴西亚马孙北区 [包括亚马孙州（Amazonas）与阿克里州（Acre）] 百分之二点七的地区，而农牧地则占了百分之二十四。在大批涌入该地区的新移民中，只有一小部分能成为橡胶采收人，其余的移民只赚取其他方式的收入，主要是扩大开垦新农牧地。亚马孙河流域和其他热带雨林区的前程关键在于提供给这些新移民的就业机会是能拯救环境，还是会破坏环境。布劳德（John Browder）写道："真正的挑战并非划出采收保护区的位置，而是设法把永续采收与其他天然林管理作业整合到现存的农村产业（小农田和大牧场）的生产策略。这些产业是亚马孙雨林内最主要的破坏根源。基本问题并非在哪里隔开森林，而在于如何使居民变成较好的森林管理者。"

　　要大面积并有利可图地采收亚马孙河流域的产物及雨林内的木材，而只丧失少许生物多样性是办得到的。最好的方法早由哈茨霍宏（Gary Hartshorn）于 1979 年提出的，后为其他林业人员广泛引用，亦即带状采伐法（strip logging）。由于低地森林流域的地形并不崎岖，大部分面积是缓坡起伏，有界线明显的坡与密布的排水系。带状采伐法乃以人为方式沿等高线，开出有如森林自然倾倒后产生的带

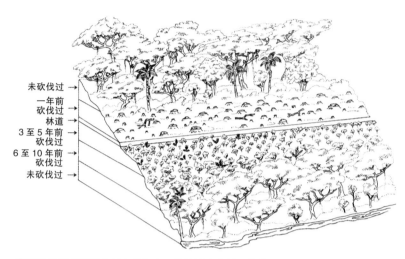

未砍伐过 →
一年前
砍伐过 →
林道 →
3 至 5 年前
砍伐过 →
6 至 10 年前
砍伐过 →
未砍伐过 →

带状采伐法可带来木材永续生产，即使是比较怕干扰的雨林亦然。沿林地的等高线开出一条林带，不要太宽，可让自然林在数年内滋生。在此林带上方嗣后再砍掉一条林带，如此循环，达数十年之久。

状空隙，乔丹（Carl Jordan）对带状采伐法之描述为：

> 这种作业法规划的带状采伐带，是沿坡地的等高线，与溪流平行。沿着采伐带的上缘，作为原木运送出去的道路。采伐之后，这个带状地区便要闲置数年，等待幼树在采伐地长高。然后采伐工人便在林道的上方进行采伐另一个林带。这种作业法的优点是，新采伐的第二个林带的养分，冲刷到下坡时会进入正迅速再生的前一个林带内，供该处的树木迅速利用。上方采伐区之成熟林的种子，会进入最近采伐过的地带。相反，皆伐作业无法营造根系发育健全、能保留系统内养分的幼树，也无法提供森林再生的种子来源。

到这里都没有问题，但是要如何说服政府当局和当地人，接纳采收保护区和带状采伐的新方法呢？要向永续发展迈进，仰仗教育与社会变迁的程度，不亚于对科学的仰赖。在世界各地，谨慎而适度地推进计划方案，假如所采用的程序是专为某特殊案例而设计的，则经济发展与保护可同时兼顾。居民是可以被说服的，他们知道长期利益，他们也能适应。以下是拉丁美洲的三个成功例子。

◆根据巴拿马法律，库纳印第安人（Kuna Indian）拥有圣布拉斯群岛（San Blas Islands）及毗邻大陆的30万公顷林地的主权。库纳族人维护其"神灵圣区"的原生林，只准砍伐某些特定的树木，并禁止农耕作业。当地部落的大部分蛋白质所需取自海洋，依赖森林提供木材、猎物、医药以及小面积皆伐地上栽植的农作物。当泛美高速公路（Pan-American Highway）的一条支线经过他们的土地边缘时，库纳人就设置了一个森林保护区，并动用全族人来保护它。这些部族相当了解外面的世界，也欢迎观光客前来。然而，他们决定阻止外来移民，要在数千年来孕育他们丰富的自然环境里，保护自己的文化。

◆不同于库纳人的土地，大部分的中美洲深受土壤侵蚀与养分流失之害，因为过度栽植玉米和其他作物，而这又迫使他们砍伐更陡峭山坡上的森林。所有这一切，归根结底，是人口过度膨胀的结果。当土地生产力衰退时，农民便侵占剩下的自然地区，寻找更多的可耕之地。这个过程在洪都拉斯的吉诺培（Güinope）地区特别严重。1981年，一个国际性的基金会与另一个洪都拉斯的民间基金会合作，在政府的赞助下，于吉诺培的某些村庄，开始了一个提高生产力并恢复地力的实验计划。他们引进了排水沟渠、等高线栽植沟、草篱，并且栽植可以恢复氮肥的豆科植物。田地劳力和设施上的花费悉由农民负担。不出几年，产量增加三倍，人口外移的现象也几乎停顿了。这些新的农业法开始流传到邻近的地区。

◆当林缘公路（Carretera Marginal de la Selva）切进秘鲁的帕尔卡素山谷（Palcazú Valley）时，有百分之八十五的土地面积都还是雨林。就像安第斯山山脉东侧大部分的热带山坡一样，这个山谷的生物非常丰富，以乔木为例，就有1000多种。这一地区还有约3000个阿梅萨印第安人（Amuesha Indian）生活其间，以及同等人数的外来居民，后者在50年来陆续开垦了一些小块的农田。一旦对外开放，商业来往，西部亚马孙谷地的典型命运，就是由新移民和伐木公司进行皆伐作业，然后变为养牛场与小型农场。浅薄而呈酸性的土壤很快将丧失其大部分游离的磷酸盐与其他养分。下一个阶段接着就是土壤侵蚀、肥力硗瘠、部分弃耕。然而，这个山谷的际遇却不同：美国国际发展署（U. S. Agency for International Development）提出一个不同的计划，并得到秘鲁政府的赞同。采用带状采伐法来收获木材，实施管制以使森林能通过30至40年的轮伐期而恒久更新。这个计划限制可耕地永久变更为农业与牲畜业生产。同时也要求其毗连的圣马蒂亚斯（San Matias）山脉，设置一个集水区保护区，并指定附近的亚纳查嘎（Yanachaga）山脉为亚纳查嘎－金米耶国家公园（Yanachaga-Chemillén National Park）。运气好的话，帕尔卡素将提供一个健康的人口数与一部分秘鲁生物多样性，直到下个世纪。

自然野域与生物多样性，就法律而言是该国的财产，但在伦理上它们是全球公产的一部分。任何一个地方性物种的丧失，都会减少全球的财富。今天，最贫穷的国家正迅速地伤害它们的自然资源，并且在穷于应付其外债与慌忙提高生活水平之际，无心地消灭了大部分的生物多样性。出于自认为的必要性，他们实行能产生最大的短期利益但会破坏环境的政策。富有的债权国鼓吹在贫穷国设立自由市场，而补助其国内农民，如此使得这项破坏作业变本加厉。

我们不妨思考一下臭名昭著的美国与中美洲之间的"汉堡连接"（hamburger connection）。因应美国旺盛的牛肉市场，哥斯达黎加的土地所有者加速开发新的牧场，直到 1983 年哥斯达黎加原有的森林面积只剩下百分之十七为止。有一段时间，该国是世界上外销牛肉到美国最多的国家。当北美洲的口味有点改变使市场衰落之际，哥斯达黎加剩下的是一个裸露的地景系统和普遍的土壤侵蚀，也丧失了其生物多样性的一部分。

在国际自由市场中竞争的发展中国家，都有很强烈的诱因，促使他们将资金投资到诸如香蕉、甘蔗、棉花等经济作物上。为了这个目的，政府往往不断开垦野地，以及过度施用农药与肥料，以期在最短时间得到最大的外销收入，使得更多的土地集中于较少数有政治势力的地主手中。小农于是只得寻找仅具有边际生产力的新土地，包括自然栖息地。面临摧毁的林地，他们又只得侵占肥力低的热带雨林、陡峭地形的集水区、海滨湿地，以及其他的陆地生物多样性之最后庇护地。

这个通往危险境地的旅程，因为最富有国家的农业补助制度而加快了。目前，发达国家的农民所得到的补助，每年共计 3000 亿美元，是第三世界所得到的官方外援的 6 倍。欧洲共同体内的国家最近同意拨款，进行一个"围栏肥育饲牛"的大计划，就这样人为地创造了一个庞大的木薯市场。在泰国地主的因应下，开垦了更大的热带雨林种植木薯。在这个过程中，逼迫大批自耕自给的农民，深入雨林里与侵蚀中的山坡上。当美国为协助本国的蔗农而紧缩蔗糖的进口额度时，美国从加勒比海国家的进口量，在 10 年内下降了百分之七十三，迫使甘蔗种植园里的许多农村贫民失业，而进入贫瘠的栖息地，从事自耕自给的农耕。日本对其国内稻农的过度补助，其目的在于持续一个古老的农业传统（稻米在日语里的意思为"生命之根"），因而减少了从亚洲热带地区进口稻米。同样，也增加了对自然环境的冲击。

最富有的国家设定了国际贸易的规则，它们提供绝大部分的贷款与直接援助，并控制贫穷国家的科技转移。这些富国有责任明智地使用这个权力，做到既可嘉惠这些贸易伙伴，又能保护全球的环境。假如自然野地和生物多样性没有放进贸易协议与国际经援的考虑之列，则富有国家将自食恶果。

肆虐土地的怪兽就是人口膨胀，面对它，"永续性"不过是个脆弱的理论概念。许多人这样说：国家的困难不应归咎于人民，而应归咎于差劲的意识形态，或土地利用管理政策。但这样的说法是一种诡辩。假如孟加拉国的人口不是 1.15 亿人，而是 1000 万人，那么它的赤贫的人民可以居住在远离危险的洪泛区，可以居住在自然而稳定的高地环境之中的富庶农田上。把荷兰和日本说成是高人口密度的富足社会，也是诡辩。这两个国家都是仰赖从其他国家大量进口自然资源的高度特殊化工业国。假如所有国家都拥有每平方公里同样的人口数，所有的人民将过着像孟加拉国而不是像荷兰和日本那样的生活，它们无可取代的自然资源，亦将成为一个远古历史的零散遗迹。

每个国家都有经济与外交政策，但现在是坦率谈论人口政策的时候了。我这不是指当人口膨胀到不堪负荷时，便像中国和印度那样设定增长上限，而是以理性解决下面这个问题为基础的一个政策：在全球人口结构的背景之下，依次考虑每一个国家的人口，根据各个国家的有见识公民的判断，什么是"最适度"的人口数？其答案仰赖各个社会的自我形象、其自然资源、地理及其在国际社会里最有效扮演的特殊的长期角色等评估而定。最适度人口政策可经由鼓励或放宽节育，以及外来移民的管制等来实施，致力于达到某个人口密度和全国人口之年龄合理分布的目标。

最适度人口的目标必须涉及综合经济与环境、国家利益与全球公产、这个世代与未来世代的福祉等全部过程。相关事宜不只应在各智囊团中讨论，也应公开让大众辩论。假如在这样的过程之后，人类选择要过度繁衍并使自己和其他生物生活于赤贫之中，那么至少他们是在知情的状况下做这样的选择的。

四、拯救尚存的生物财富

我们可以综合若干计划来拯救生物多样性，但并不是所有的计划都能奏效。我们不妨考虑一个经常为未来主义者（futurist）所提及的计划：假设我们输掉了拯救环境的这场竞赛，让所有的自然生态系统消失了，那么，遗传工程学家能用简单的有机化合物组合生命、在实验室便可以创造新的物种吗？这是令人怀疑的。没有人敢说人为方式可以制造生物，至少像花或蝴蝶，甚或变形虫那样复杂的生物体，都是无法创造的。即便是有如上帝般的力量，也只能解决一半的问题，而且是简单的那一半。

科技人员无法模制已灭绝却不知其生物史的生物，而且关于无穷尽的突变与天择事件的知识，也一无所知，即使是要演绎一小片段的知识也没有，遑论数十亿的核苷酸构成的基因组。即便能制造出新物种，也只是人类智慧的产物，也就是人造的，既无进化史，也无适应性，若是离开人类便无生存能力。靠人类制造的新物种组成的生态系统，就像动物园或植物园一样，需要多方的照料。但是，现在不是做科学梦的时候。

接着谈到下一个科技补救方法，那些常见于科学会议上及会外辩论场合的言谈。灭绝的物种能由保存在博物馆的标本，以及化石中的DNA，而有复活的机会吗？当然没有。科学家已经列出2400年前的埃及木乃伊和1800万年前保存在化石里的木兰树的叶子的片段基因编码的序列，但是这些只不过是构成极小部分的基因编码，同时还极其凌乱。要用无性的方法复制猛犸、愚鸽，或任何其他已灭绝的生物，将如分子生物学家希格奇（Russell Higuchi）最近所说的："那就像要把一部已撕得粉碎、以我们不认识的文字书写的大百科全书，不用双手重新组合起来一样。"

现在再谈谈下一个大家常说的可能性：何不放下这问题，就让天择更换掉正在消失中的物种呢？假如我们的子孙愿意等上数百万年，是办得到的。过去地质史中的 5 次大灭绝事件之后，需要 1000万年到 1 亿年才能完全恢复生物的多样性。即使智人能活那么长，也需要把一大部分的土地回归到自然的状态才能办得到。人类侵占或干扰百分之九十的陆地，已封闭了大部分天择上演的舞台。即使我们真能恢复旧大地的面貌，也能活得那么久，新的动植物群也跟我们所摧毁的大为有别。

那么，为什么不赶紧收藏现有活物种的组织样本，冻结在液态氮里？日后便可用来复制整个生物。这种方法可以用在某些微生物身上，包括滤过性病毒、细菌、酵母菌及真菌孢子。位于马里兰州罗克维尔（Rockville）的美国模式培养收集中心（American Type Culture Collection，简称 ATCC），有 5 万多种物种处于无生化活性的深度蛰伏状态，待需要时可以解冻，并使之恢复活性的物种。这些培养物是供研究用的，主要用在分子生物学与医药学上。我们可以如法炮制许多较大型的生物体（至少是其受精卵）保存在液氮里，以便来日可培养成为成熟的个体。甚至未分化的组织的碎片，也可能刺激后使其正常的成长与发育。这种方法已用在像胡萝卜和蛙等复杂的生物体上。

所以，我们就不妨在理论上假设：所有的动植物物种都可以用这种方法来拯救。生物学家会发展出完全无活性化与完全复原的完美技术。物种长眠的"超低温室"，堪称新的诺亚方舟，但要能容下数千万物种才行。但是，哪怕只是保存一个濒危的栖息地（例如厄瓜多尔的一座山脊森林）的生物，也是涉及数千物种的庞大作业，而其中大部分物种是尚非科学所知。即使涵盖所有的物种，实际上，只能收藏每一物种的一小部分的多样型。除非样本数高达数百万种，否则仍会丧失极大量的自然产生的基因品种。等到要将物种回归到野生自然时，届时生态系统的物理基石（包括土壤、独有的养分组合、降水形式等）也已改变了，复原的成功性大为可疑。

超低温保存法充其量只是最后的一着棋，只能拯救若干特选、一些即将灭绝的物种与种系。但这个方法绝非最佳的拯救生态系统的办法，而且失败率极高。若需要把整个生物群落放到液态氮里，将是件悲惨之事。而且这样做会是违背自然的败德行为。

到目前为止，我谈的只是维持于自然栖息地之外的物种与基因种系。其实并非所有这些方法都是极好或极坏的。就许多植物而言，种子库的保存就是个有效的做法：将种子干燥并长期保存在贮藏室里。种子库保持在低温状态（一般约零下 20 摄氏度），但不是用液态氮暂停其活性。植物学家证实了这种科技能有效地保存大部分作物物种的种系。

目前有种子库的国家约有 100 个，并且靠种子交换与新采收来增加其库存。绿色委员会（Green Board）一直在资助这方面的工作；该委员会的原名是"国际植物基因资源委员会"（International Board for Plant Genetic Resources，简称 IBPGR），是位于罗马的自发性科学组织，也是国际农业研究中心（International Agricultural Research Center）网络的组成部门。在 1990 年，其种子库已有超过 200 万组的种子，其中百分之九十以上的种子，是已知地方性地理变异种——亦称之为"地方品种"（landrace），其中多为基本粮食作物，尤其完整地收藏了大麦、玉米、燕麦、马铃薯、稻米、小米。现在也已开始收集当今作物物种的野生近缘，例如充满希望的墨西哥多年生玉米。这套保存方法可以延伸到全球的野生、非粮食植物。

但是种子库也有大问题。多达百分之二十左右的植物物种，即约有 5 万种植物的种子"难以处理"，无法以一般方法保存。即使能完善保存所有植物物种的种子（这在短期的未来还无法办到）采集与保存数千濒危物种和种系，将是一项惊人的大任务。目前辛勤维持的现存种子库的规模，还只能保存 100 种物种，并且其中许多记录不全，而且存活与否都无法确定。还有另一项困难：假如完全仰仗种子库，然后野生自然里的这些物种又消失了，那么岂不是剥夺了活在种子库里的物种，与那些无法一同放进冷藏室的生物（例如昆虫授粉者、根部真菌）及其他共生生物的相处机会。大部分的共生生物势必会灭绝，于是被拯救的植物物种也无法重新栽回到其自然野地。

其他迁地（ex situ）保护法，比较实际地仰赖生长、繁殖的豢养之族群。全球约有 1300 处植物园，有不少栽种在野地是濒危或灭绝的植物物种。在 1991 年 6 月时，美国的国立濒危植物收集中心（National Collection of Endangered Plants），保存了 372 种美国特有种的种子、植物与插条。北美与欧洲的某些植物园收集范围则较为全球性。其中之一是哈佛大学的阿诺德植物园（Arnold Arboretum），以收集亚洲的乔木与灌木闻名。英国宏伟的邱园植物园（Kew Garden），则野心勃勃地想保存并繁殖在原产地圣赫勒拿岛（St. Helena）几乎消失殆尽的乔木群的仅存者。

迁地保护动物比保存植物与微生物困难得多。动物园和其他的动物机构，曾以英雄式的作风企图从事这项任务。在 1980 年代末，根据全球的动物园之类的机构记载，共有 54 万只繁殖族群，分属于 3000 多种哺乳类、鸟类、爬行类、两栖类等动物物种，约是已知陆栖脊椎动物物种的百分之十三。经费较充裕的动物园（包括伦敦、法兰克福、芝加哥、纽约、圣地亚哥、华盛顿等城市的动物园），均从事基础的与兽医方面的研究，其研究成果均可应用到园内与野生动物族群。

欧洲与北美有 223 座动物园的动物名单，纳入"国际物种编目系统"（International Species Inventory System，简称 ISIS）；该系统利用这一数据来协调动物的保护与杂交工作。该系统属下的动物园与研究机构的宗旨，不只是在拯救濒危动物，也在能取得土地时，放归物种到其原来的栖息地上。成功的放归物种有三：阿拉伯长角羚、黑足鼬与金狮狨。已着手或正计划要拯救的至少四种物种：加州秃鹫、巴厘椋鸟、关岛秧鸡、普氏野马（所有驯养马的祖先）。该机构正努力为应付一旦发生了大熊猫、苏门答腊犀牛、朝鲜虎等在野地灭绝的事件而做准备。

尽管极其努力于动物园、水族馆及研究设施等工作，推迟灭绝趋势的功效也仅是微小得难以察觉。即使是最受大众喜爱的动物群，也难以照顾周全。保护生物学家估计，多达 2000 种的哺乳类、鸟类、爬行类，只有在被豢养时才能保全。这就手边现有的力量而言，是难以办得到的事。纽约动物学会赞助的一所综合动物园园长康威（William Conway）认为，全球现有的设施所能维系的有繁殖力的族群，不会超过 900 物种。这些动物最多只包含该种之原有基因的一小部分而已。更糟的是，对同样濒临危机的数千种昆虫和其他无脊椎动物，我们根本没有采取任何措施。

科学家的梦想演变成：在迁地保护还是不够，而且永远都是不够的。把迁地保护的方法，用在生物学家最了解且大众支持的少数濒危物种，有如安全网一般，是极具价值的。但即使世界各国都愿意出资大幅扩充超低温生物储藏库、种子库、植物园、动物园等，这些设施对于栖息地遭破坏而濒临灭绝的大部分物种而言，也无法及时完成拯救工作。生物学家因为缺乏对地球上百分之九十以上的真菌、昆虫以及较小的微生物等物种的知识，拯救行动便不顺利。

即使对于拯救的物种，他们也无法保证取得的基因变异的方法是适宜的。他们对所拯救的物种重新组成其栖息的生态系统，假使这样的壮举是可能的话，概念也异常模糊。还有很重要的一点，就是全程工作是非常昂贵的。

全盘考虑上述的结论为：迁地保护法虽然能拯救数个将要灭绝的物种，但是世界生物多样性的保护真谛与方向，是保护自然的生态系统。在此结论之下，我们就必须面对两件事实：第一，栖息地的丧失日益加速，全世界四分之一的生物多样性也正在消失中；第二，拯救栖息地的条件，是要先努力对生活在其栖息地内及周边的穷人有立即见效的经济好处。终有一天，理想主义和崇高目的可能散见于世界各地；终有一天，有经济保障的民众将会为了他们自己而珍惜他们当地的生物多样性。但是此时此刻他们没有经济保障，而他们，还有我们，也都已迫在眉睫了。

要拯救生物多样性，只能靠巧妙地结合科学、资本投资和政府。也就是靠科学开拓研究与发展的路径，靠资本投资以创造永续的市场，靠政府推广结合经济增长与保护。

保护的主要战术应该是定位世界的危机区，并保护这些地区所处的整个环境。整个生态系统是优先的目标，因为即使是最有明星魅力的物种，也不过是代表与其同受威胁的数千种较为人知的物种及其共栖的栖息地。在美国，适用范围最广的联邦法律，是1973年制定的《濒危物种法》，保护受人类活动影响而"濒危与受威胁"的"鱼类、野生动物与植物"物种；1978年的修正案也包括了亚种。

虽然该法律是大胆而有创意的举措，却注定会惹上日益增加的诉讼。因为一旦任何自然环境的面积缩减了，内部栖息的物种数也会无止境地减少。换句话说，即使从今开始保护所有残留的栖息地，某些物种还是注定会灭绝。如我所强调的：生态学的原理之一，物种数终究会减少——大约略等于其丧失面积的六到三次方根。由于科学家不熟知大多数的微生物、真菌、昆虫等物种，结果它们便不知不觉地从《濒危物种法》的漏洞中流失了。

开发者与保护者之间因鸟类、哺乳类、鱼类等引起的冲突已经屡见不鲜。随着人类对生态系统之调查研究的日益详尽，较不瞩目的濒危物种将会曝光，冲突的频率也将增加。

有一个方法可以让我们走出这一困境，而不必完全废弃美国法律对动植物群的保护。随着生物多样性调查工作的改善，危机区将更清晰。这类资料详尽的例子有受害的佛罗里达群岛的珊瑚礁、夏威夷与波多黎各的雨林。当确认了其他局部性栖息地之后，便可列为最优先保护的地区。换言之，该地区往往划为不可破坏的保护区。轻度危机区指威胁较小或其内特有物种数较少的地区，可划为部分开发区，并设置核心保护区，保护特有物种与种系。保护区外围设为缓冲带，保留其半自然状态。农业地景系统与采伐过的林区，可以更妥善地用来庇护稀有的物种与种系。

所有上述的行动一并采用，在睿智的管理方式下，便会产生效果。但我们还是需要《濒危物种法》或类似的法案，作为所有环境中濒临威胁生物的保护网，不管它们是否有保护区的庇护。最后，纳税人认为花费高得离谱的若干罕见案例，我们可以借"族群管理"的手段寻得妥协的办法。这是指将那些物种移到附近适当的栖息地，或移到争议地之外、该物种曾分布但已绝迹的地区，并修复该区的环境；或者，都行不通时，才将之外放到植物园、动物园，或其他迁地保护区。

支配着生物多样性的栖息地面积与物种数之间的关系，显示了维护现有的公园与保护区，并不足以拯救所有其内的物种。目前只有百分之四点三的地球陆地有法律的保护，分属于国家公园、科学研究站及其他各等级的保护区。这些零散分布的地区便是最近面积缩减的栖息地岛屿，其内的动物群与植物群会不断地丧亡，直到有了新的、往往是较低的平衡为止。剩下的百分之九十的陆地表面（包括大部分幸存的高度生物多样性的栖息地）业已遭到各种改变了。假如这样的破坏未能严令禁止，等到消失了大部分保护区外的自然野地，那么全球的陆栖物种将有大部分会绝迹或面临极大的危机。还有，即使是现存的保护区也并不安全。盗猎者与非法采矿者会进入，盗伐者在林缘作歹，开发者设法变更部分土地的用途。近年来的埃塞俄比亚、苏丹、安哥拉、乌干达及其他非洲国家的内战期间，许多国家公园都任其摧毁了。

所以，我们应该努力将保护区的陆地面积，从百分之四点三增加到百分之十，尽可能涵括未受破坏的栖息地，并优先考虑危机区。要达到这个目标，一个较有希望的方式是实施"债务交换自然"（debt-for-nature swap）计划。就目前施行的情况来说，诸如保护国际基金会、大自然保护协会、驻美的世界野生动物基金会（World Wildlife Fund）等募基金，低价购买某国的部分商业债务，或者说服债主银行捐出部分债权。第一个步骤实行起来比想象中还容易，因为许多发展中国家都濒临不能履行债务的地步。然后，债款便以优惠的兑换率，兑换成当地的货币或公债。这增加的资产净值便用来推动保护工作，特别是用于土地购买、环境教育与改善土地经营。到了1992 年初，在9 个国家（玻利维亚、哥斯达黎加、多米尼加共和国、厄瓜多尔、墨西哥、马达加斯加、赞比亚、菲律宾、波兰）达成了20 项总价为1.1 亿美元的这种协定。

例如，1991 年2 月，保护国际基金会授权，向墨西哥的债权国买下400 万美元的债务。经次级市场的折扣后，实际的价钱预计只有180 万美元。该保护组织同意墨西哥不必偿还整笔债务，以交换墨西哥在一大项保护计划的260 万美元的支出。最重要的行动在于保护墨西哥最南端的拉坎丹（Lacandan）大面积的土地，那是北美洲最大的雨林。

经由"债务交换自然"的做法，第三世界国家的债务，到目前为止，只减少了万分之一。这样的安排对债务国而言，并不是没有风险的万全之策，特别明显的是会削减国内的经费，并引起当地的通货膨胀。但是纯就金钱而言，这些暂时的效应会因环境稳定上的巨大收益而抵消。

更强有力的还是那些经由国际经援组织，并慎选目标，给予来自富有国家无条件的捐助。其中最重要的大计划是由世界银行、联合国环境规划署及联合国发展规划署等单位，共同于 1990 年设立了全球环境基金（Global Environment Facility）。到撰写本书时为止，已拨用了 4.5 亿美元，在发展中国家成立国家公园，提倡永续林业，并建立保护信托基金。正在考虑的提案或已批准的提案有来自不丹、印度尼西亚、巴布亚新几内亚、菲律宾、越南与中非共和国。在推行全球环境基金的工作事项时出现了两大困难：第一是受限于接受国的吸收力。由于专业人员与专业知识不足，接受国领导人无法抉择最好的计划与有效率地推行。第二也是更重要的，是这种短期提供的财源，很难指望金钱用完时，保护区还能得到适当的经营与保护。由于害怕失业，最杰出的专业人员很可能会另谋职业，以保障他的未来生活。解决这两项困难的方法可能是要成立国家信托基金，其收入可以逐渐地在若干年时间内纳入保护计划。最近不丹在世界野生动物基金会的协助下，就成立了这样一个基金。

接着我们要谈到保护区本身的设计了。拨出了土地之后，最主要的目标是将保护区设置于生物多样性最高的区域，而且保护区愈大愈好。另一个目标是所设计的保护区的边界形状与各区的间隔，要能增强其护育的效率。有关第二个目标的达成，在保护圈内引发了一个所谓"一大或多小"难题的辩论：拨出来的土地是要设计成"一个大保护区或几个小保护区"。最简单地说，一个大的保护区可有较大的各物种族群数，但它们全都摆在同一个篮子里——可能有全军覆没之虞。一场大火灾或一次洪灾，就可以消灭一个区域内绝大部分的生物多样性。将保护区分散为几块，可以缓和这个问题，但是也减小了组成物种的族群数，因而令它们有灭绝之虞。当面临全面的环境逆压（如干旱或反常的寒冻），它们很可能全都轻易地衰减。

某些生物学家对"一大或多小"问题提出一个妥协的解决办法，即将几个小保护区之间，用自然栖息地通道连起来。例如，几处林地（譬如说每块有 10 平方公里）之间，由 100 米宽的带状森林连接起来。如此一来，假如某物种从其中的某森林区消失了，那么其他森林区的同物种动物，可以经由森林通道迁徙过来，继续繁殖。许多批评人士也很快地指出这种妥协的缺点：疾病、掠食动物与外来竞争者也可以利用这些通道进出该系统设计。由于每块森林里的族群数小而易受伤害，所有的物种都可能像一排多米诺骨牌一样，逐一倒下。

我怀疑现有的族群学的任何通则，能解决"一大或多小"的争议，至少无法像简单的几何图形暗示的那样简洁利落，而是每个生态系统必须要单独研究，以决定最佳的设计，这有赖于对该生态系统的物种及其物理环境逐年波动状况的了解。至少，保护生物学家目前都同意一个基本准则：要拯救最多的生物多样性，保护区设置就要尽可能地大。

五、恢复自然野地

这个时代的可怕特征是自然栖息地的减少，到目前为止，已有大量的动植物物种（毫无疑问地超过百分之十），已消失或注定提早灭绝。基因种族（genetic race）的丧失量虽然从未有人估计过，但是几乎无疑地超出物种的丧失量。但我们仍然还有时间可以拯救许多"活的死物"（living dead）——那些濒临死亡、即使人类不再干扰也很快就会消失的物种。假如不只是去保护那些自然栖息地，甚且加以扩大，让可存活物种的数量能以对数曲线逐步回升，根据生物多样性的数量与栖息地面积的关系，拯救工作便可达成。这是结束大灭绝灾变的方法。我相信，下个世纪将是恢复生态的时代。

看来非人为刻意的安排，过去百年来大抵是由于小农田的弃耕，美国东部的针叶林与阔叶林面积一直在增加。人为地特意扩大野地的面积也在进行着。1935 年，一项开创性的工作，是致力于栽培了一块 24 公顷的高草原，它位于威斯康星大学植物园里。该植物园也是复原生态学中心（Center for Restoration Ecology）的总部；此一中心致力于研究与汇总美国其他各地计划之信息。在美国其他地方，已有数百个小规模的复原计划，全都努力增加自然栖息地的面积，以及要完全恢复已破坏的生态系统的健康。这些计划涵盖了极多的生态系统类型，包括从圣卡塔利娜岛（Santa Catalina Island）的美洲铁木丛、亚利桑那州的托波萨禾草原（Tobosa grassland）、加利福尼亚州圣塔莫妮卡（Santa Monica）山脉之栎林的下层植物、科罗拉多州壮丽开阔的山地林，到伊利诺伊州仅存的稀树残留地等，也包含了从加利福尼亚州到佛罗里达州和马萨诸塞州零星分布的咸水与淡水湿地。

在哥斯达黎加，由于美国生态学家詹森和当地保护领导人不畏艰难的努力，而促成了瓜纳卡斯特国家公园（Guanacaste National Park）的设置。这是位于哥斯达黎加西北角的一处占地 5 万公顷的保护区。这座当真是创造出来的公园，是从牧牛场上栽植而再生的干旱热带森林。能实现瓜纳卡斯特之梦，是出于一项认识：在中美洲，干旱森林甚至比雨林还危机，已少到原有面积的百分之二。这项计划是利用原有森林的残留区，以播种方式，逐渐平稳地增加其面积。该地区的人口密度低，变更便较易进行。这片再生的森林地区，将可提供一个受保护的集水区，而且预计每年会有高达 100 万美元的观光业收入，以及增加该地区居民的就业率。最重要的是长远的功效：拯救哥斯达黎加一项重要的自然遗产。

以上我们谈论了现存生态系统的拯救与再生。日后在科学知识的帮助下，我们会有更多的成就。回到生物学"伊甸园"的，还可能包括人工组合的动物群与植物群——慎选世界各地的生物群，并将之引进生物群贫乏的栖息地。

那是有一天下午，我坐在迈阿密大学校园中心附近的一个人工湖边，周围是拥挤的科勒尔盖布尔斯（Coral Gables）市区，这个理念深深地打动了我。那泓清澈的咸水湖里，离岸2米处有许多鱼，至少有6种是单独的觅食者，其余的为成群活动者，大多为外来种。它们非凡的多样性与美丽，令我想到一个全新的、创造出来的珊瑚礁。当太阳西下与湖水转暗之后，一条硕大的掠食性鱼类，大概是雀鳝，在湖中央的水面游过。一只小小的短吻鳄从对岸的芦苇丛里游出来，进入开阔的湖面。对岸远处的天边，一群聒噪的鹦鹉回到它们夜晚栖息的棕榈树顶。这些鹦鹉是20余种外来鸟种中的一种，是在迈阿密繁殖或分布的鸟，每只都是笼中逸鸟或刻意放归的鹦鹉。鹦鹉科鸟类就这样大大咧咧地回到了佛罗里达州——距离最后的北美特有种卡罗来纳鹦鹉（Carolina parakeet）的灭绝，不过数十年而已。以闪烁的双翼，它们向已消失的本土物种致意。

我必须马上指出，太无约束地引进任何地方的外来种，是一件危险的事。它们可能适应，也可能不适应新的环境——成功引进的有百分之十至百分之五十的鸟种，这要视引进到什么地方以及企图引进的次数而定。外来物种可能变成经济上有害的物种，有可能排挤掉本土物种。有一些种类，例如兔、山羊、猪，以及声名狼藉的尼罗尖吻鲈等，不仅能消灭每种物种，还会恶化整个栖息地。生态学还是一门相当年轻的科学，无法预估预先设计的人造动植物群的后果。有责任感的人，绝对不会冒险，将毁灭性生物丢到业已萎缩的群落之内。我们也不应该误认为，人造的动植物群会增加全球的生物多样性。这样做只是扩大所选物种的分布范围与增加族群数，因而增加了当地的生物多样性而已。

　　然而，寻找生命合成的安全法则，是一项需要高度知识的创意工作。假如这项努力能成功的话，已经消失了其土生动植物族群的区域，可以复原多样性与环境稳定性。荒芜之地可以重新合成像样的自然野地。那些已经从自然野地里灭绝、目前被关在动物园与种在植物园里的物种，应该给予最高的优先性。那些移到贫乏的或人为的生物群里的物种，便成为生活在生态系统里的收养的孤儿物种。尽管它们已失去了原有的家园，却可重获安全与自立。我们得到的报酬是：它们符合了自然野地的一项标准，也就是，我们可以卸下照料它们的担子，给以平等的同伴待遇，有空时去拜访它们。有少数物种具有修复性，关键要素是，譬如像一株生长快速的乔木，可庇护许多其他动植物物种，在聚合新群落上占有极其重要的地位。

　　最后，一个令人关注的问题是，在 50 或 100 年后走出瓶颈时，我们能预期保有多少世界的生物多样性？容我大胆做个猜测，假如生物多样性危机依旧是个相当不受重视的问题，而自然栖息地持续地衰微，我们会丧失起码四分之一的地球物种。假如我们能利用已拥有的知识与科技来因应，我们可能使物种丧失率维持在百分之十。乍看之下，这差异似乎是可以忍受的；然而不是，这差异等于数百万物种。

　　我毫不犹豫地主张，强力执行保护生物财富的保护法与国际协议，而不是实行税征优惠与贩卖污染许可证的办法。在民主社会里，人们可能会认为政府会遵守希波克拉底誓言（Hippocratic oath）之生态版本，不会明知故犯地采取会危害生物多样性的举动。但这样是不够的，必须还要有更强烈的承诺，不能眼睁睁地看着任何物种的灭亡，要采取所有合理的举动，来保护每一种物种与种系的永续。政

府在保护生物多样性上的道德责任，和其在公共卫生与军事防卫上是
不相上下的。跨世代的物种保护是超乎个人，甚至高于民间机构的能
力。但只要生物多样性被认为是不可取代的公共资源，那么对它的保
护就应该成为法典的一部分。

第十五章

环境伦理

THE DIVERSITY
OF LIFE
—

The

Environmental

Ethic

—

一个持久的环境伦理所要保护的，
不仅是我们物种的健康与自由，
还有接近我们精神所诞生的世界。

由于人类的作为，我们即将面临地质时代的第 6 次大灭绝灾变。地球终于获得了一种可以打破盛有生物多样性之坩埚的力量。在迪莫纳庄园的那个暴风雨之夜，当雷电的闪光暴露了实验室研究的像猫眼般切开的雨林时，我便了解了这一点，心中感到特别辛酸。未受干扰的森林极少这么清晰地显露其内部的结构。森林的边缘，滨河生长着浓密的次生林，或有别的植物群庇护着，森林的树冠垂倒下来，碰到地平面。夜间的森林景象是一件奄奄一息的人造物，留下最后一眼的野性美。

几天后，我整理妥当，准备离开迪莫纳庄园。我包好泥泞的衣物，把仿制的瑞士军刀送给厨子作为临别赠礼，再观看一次亚马孙绿鹦鹉飞过上空。我把贴上样品标签的瓶子存放在加以强化保护的箱子里，又将田野笔记和一本已经翻旧了的马克班恩（**Ed McBain**）的警察小说《冰》（*Ice*）包在一起。由于我的疏忽忘了带其他书，经过这些日子的相伴，现在这本小说已烙印在我的脑海里了。

通往天堂之路难行

刺耳的齿轮声预示着卡车的到来，它将载着我和两名林业工人回马瑙斯。在灿烂的阳光下，卡车开过牧场，我们看到一片焦黑的残桩与原木，这是我的森林终于失守的战场。回程时我尽力避免看到那裸露的田野。接着我抛开我游客级的葡萄牙语，开始独自思考，白日神游。脑海中浮现了古罗马诗人维吉尔（Virgil，公元前70—前19）写的四行绝佳诗句——我所记得的就是这四行了，是写古罗马的女预言家西比尔（Sibyl）警告冥府中的埃涅阿斯（Aeneas）的诗：

> 从阿佛那斯（Avernus）火山口下山的路是好走的。
> 幽暗冥府的大门日夜不闭。
> 但是要举步折回天堂，
> 则过道道难关，辛苦至极……

因为没有人类之前的绿色地球是我们要解决的谜，那是指点我们精神源头的引导，但是正悄然地消失。要回到当时景况，似乎是一年难似一年。如果人类未来的动向有什么危机，多不在于人类自身物种的延续，而是生命进化最大讽刺的成就：由于人类的心智才有刹那的自知之明，生命便注定在其美丽的创造下终归消亡。而就这样，人类封闭了通往历史的大门。

缤纷的生命历经择汰而来

生物多样性的诞生历经了悠久的时光与波折：30亿年的进化才有分布在海洋的丰富动物，又过了3.5亿年，才造就了目前栖息着一半多的地球物种的雨林。这中间经过了改朝换代的演替。有些物种分化成两个或数个子物种，这些子物种又分化成了更多的物种，再依次发展出成群的草食性、肉食性、浮游性、滑翔性、善跑性、掘穴性等动物，而这之间有无数种五花八门的组合方式。之后，它们的群体又因部分或悉数灭绝，退位给更新的朝代，如此，就在人类到来之前，生物多样性正达到巅峰。在这个过程中，生命历经平稳的阶段，然后经历了 5 次大灭绝灾变，每一次都耗费了 1000 万年才得以恢复，但是推动它上升的力量并未停止。今日的生物多样性比 1 亿年前要高，比 5 亿年前更要高出许多。

大部分的世代都会有少数物种不成比例地扩展，而产生了较低层阶的新物种。每一种物种和它的后代，都只是全部生物多样性中的一小部分，平均寿命从十万至数百万年之久。寿命长短依分类的群体而异。例如，棘皮动物族系比开花植物长寿，而两者又比哺乳类动物长寿。

过去的所有物种灭绝了百分之九十九。现代的动物群与植物群是由幸存者构成的，它们在东窜西躲与左闪右逃下，迂回渡过了地质历史上所有的适应辐射与灭绝。当今世界上的许多优势族群（如鼠类、蛙类、蛱蝶类及菊科植物等），都在人类出现之前就占有一席之地。不论年龄，现在所有活着的物种，都是 38 亿年前生物体的直接后代。这些现存生物基因库里的核苷酸序列，相当于书籍中的字与句，记录了整个悠久的进化历史。比细菌复杂的生物体（如原生生物、真菌、植物、动物等），含有 10 亿至 100 亿的核苷酸字母，光是储存这些信息，就已远超过一部《大英百科全书》。

每种物种都是基因突变与重组下的产物，那种复杂性是无法靠直觉便能理解的。物种都在无法计数的天择事件下，历经雕琢、磨炼，其中绝大多数生物未能完成其生命周期，不是身亡便是无法繁衍。从进化时间的角度来看，所有其他的物种都是我们的远亲，因为所有物种都有共同的远古祖先。我们仍然使用着相同的字母，即核酸编码，尽管它已被组合到彻底不同的遗传语言里了。

这就是每一种生物（不论大小，每一种甲虫和杂草）的最终、最神秘的真相。长在墙缝里的花——确实是奇迹，假如这奇迹不是像英国维多利亚时代的浪漫诗人丁尼生（Alfred Tennyson）所揭示的渊博知识之威力（因而"我得以知晓上帝和人为何物"），那么至少我们可以从现代生物学所了解的一切，来体认这件事。眼前的每一种生物莫不是借着像穿针般辛苦地运用卓越的计谋，排除万难地生活与繁殖，才有今日的生命。

生物体的各种结合方式真的是惊人的。拔出隐匿在墙缝内的花，抖下根群的泥土，捧在手掌内，在放大镜下仔细地观察。那黑色的土壤是有生命的，充满各种生物：藻类、真菌、线虫、螨、弹尾虫、线蚓，以及数千种细菌。这一撮泥，可能只是一个生态系统的一小部分而已，但生存其中的生物，其基因编码之井然有序，不亚于太阳系中全部行星表面的所有秩序。这只是一个推动地球生命力的样本——这与人类存不存在无关，地球生命仍会活下去。

蕴藏知识的宝藏

或许我们以为已经彻底地探索过这个世界。当然，我们为千山万水取过名字，对海岸和大地测量的调查业已完成，没有忽略海底最深处的海沟，甚至进入大气层并分析其化学成分。现在，地球由太空的人造卫星监测着；还有相当重要的，最后的原始大陆——南极洲，已有一个研究站，并成为昂贵的观光据点。然而，我们仍未揭开生物圈的神秘面纱。尽管已知地球有 140 万种的生物，"已知"也不过是指收藏了标本与赋予其正式学名的物种，然而全球现存生物物种总数约在 1000 万至 1 亿之间，没有人能确定哪个数字才较接近事实。其中有学名的物种，只有不到百分之十进行过比大体解剖学更深入的研究。崭新的分子生物学与医学成就只是沧海之一粟，不过只研究了大肠杆菌、玉米、果蝇、家鼠、恒河猴及人类等，还不到 100 种物种。

眩惑于日新月异的新科技，挥霍着充裕的医学研究经费，生物学家至今仍陷在偏窄的尖端科学里，从事拓荒性的深入探索。现在应该到了横向扩展研究范围的时候了，继承林奈氏的分类伟业，完成生物圈之勘测工作。扩大研究目标的最迫切理由是：生物多样性研究和其他科学研究不同，它有时间上的限制。人类活动造成物种急速加快地消失，主因是栖息地的破坏，但还包括污染及引进外来物种到仅存的自然环境。我曾说过，要是我们再不更努力去拯救，到了 2020 年，会有五分之一以上的动植物物种消失，或注定提前灭绝。这是根据已知的栖息地面积与栖息地所能维持之生物多样性二者之间的定量关系估算出来的。

这种"面积—物种数"关系曲线说明了一个重要现象，灭绝现象确实相当普遍。还有一个推论：出土的动植物遗体，大多是已灭绝的物种与种系。当砍掉森林重镇（例如菲律宾和厄瓜多尔的雨林）里最后的森林，物种消失的速度就更快了。就整个世界而言，目前的灭绝速度是人类出现之前的数百倍乃至数千倍。这种快速的灭绝速度，是无法在对人类有意义的时间内，靠新的进化来平衡的。

我们为什么要在乎呢？要是某些物种灭绝了，甚或全球消失了一半的物种，又会怎样？让我告诉你，我们会没有了新科学信息的来源。未探勘的生物大财富将被摧毁；尚未开发的药物、作物、化学药材、木材、纤维、纸浆、恢复土壤肥力的植物、石油替代品，以及其他产品和使人舒适的功能等，将永远不得问世。

社会上许多人通常看不起微小而不起眼的生物（例如昆虫、杂草等），但这些社会人士忘了：一种拉丁美洲的不起眼的蛾，曾遏止了澳洲牧场上仙人掌的泛滥；常春花治疗了霍杰金氏病与儿童淋巴性白血病；短叶红豆杉的树皮为卵巢癌与乳腺癌患者带来了希望；从水蛭的唾液中提炼出的一种化学物质，化解了手术中所产生的血块。诸如此类的例子已多得不胜枚举，而且成果辉煌，尽管我们对这方面的研究仍十分有限。

大地之母——盖亚

由于我们的健忘与幻想，我们很容易忽略生态系统提供的各项免费服务。它们肥沃了土壤，创造了我们所呼吸的空气。失去了这些好处，人类的余年会是艰辛而短暂的。巩固永续生命的基础是绿色植物、繁富的微生物，以及那些微小而不起眼的动物——换言之，即靠着杂草与虫这些生物体的高工作效能，才能支撑这个世界。因为它们非常多样化，才能各司其职，遍布于全球的每一寸地表。

因为人类是在有生命的群落里进化着，而我们的身体功能已细微地适应这创造出来的独特生态环境。大地之母（近来被称为"盖亚"，Gaia），只不过是所有生物集合的共同体，以及在生命流逝的每一瞬间维系着物理环境，假如其中的生物受到太过分的干扰，这个环境会变得动荡不安而具有杀伤力。我们设想几近无穷的其他类似大地之母的行星，每一个都有自身的动物群与植物群，但全都产生了不适合人类生活的物理环境。漠视生物多样性，就好比冒险将我们送往一个外星球环境。那么我们将会像领航鲸（pilot whales）那样，莫名其妙地搁浅在新英格兰的海滩上。

人类与其他的生物共同在地球这个特定的行星上进化，然而因为科学家尚未命名大部分的生物种类，而且人们又不太了解生态系统的运作，因此，设想生物多样性可以无限地丧失而不会威胁到人类，这根本就是轻妄的念头。田野研究者指出，当生物多样性降低时，生态系统提供的服务质量也随之降低。饱受逆压的生态系统也呈现出意想不到的质量急速直降。随着灭绝的扩大，某些一去不复返的生物竟是关键种，它们的消失狠狠冲击了其他物种，引起幸存物种的族群结构发生连锁反应。关键种的丧失，就像钻头意外地钻断了输电线，所有的灯都熄灭了。

这些服务对人类福祉很重要，但它们无法形成一个永久的环境伦理基础。假如我们可以为某种物种定一个价码，那么我们也可以将其贬值、贩卖或扔弃。也有人可能梦想人类可继续舒适地生活在一个生物贫乏的世界里，他们认为人工环境是科技做得到的事，认为人类生命仍旧可以蓬勃地生活在一个完全人类化的世界，那里的药品全由现成的化学物质来合成；粮食全靠一二十种栽植作物的收成；大气与气候靠计算机驱动的核聚变能源调节；如此变本加厉地改造，直至将地球变成（而非仅象征意义的）一艘实实在在的宇宙飞船，人类在控制室里阅读仪器与操纵各种按钮。这是免除主义哲学（philosophy of exemptionalism）的终点：不为过去哭泣，人是生命的新秩序，凡是阻碍进步的物种，就让它们终结吧，科学和技术的天才自会另辟蹊径。抬起头来望望那些等待着我们移民的星星吧。

回归真性情

我们必须考虑到：人类的进步并不单由理性所决定，而是由我们这种物种特有的情感，再加上理性的辅助与调和所决定。就是因为情感，人才有别于计算机。我们不太了解我们的本质及身为人类到底是怎么回事，因而也不明白我们的子孙将来可能希望我们把"地球宇宙飞船"驶往何方。如维克斯（Vercors）在他的《你将知道他们》（*You Shall Know Them*）一书中所说的，我们的麻烦来自一个事实："我们不知道我们是什么，也无法确定我们想要什么。"这项学识上的失败，其主要原因是我们对自己的起源无知。我们并不是像外星人一样来到这个行星的。人类是自然的一部分，是在与其他物种共处下进化的物种。我们愈能认同其他生物，我们便能愈快地发现人类感觉意识的来源，并能愈快地获得知识，根据这个知识我们可以建立一个持久的伦理，来确定我们想要的方向。

人类遗传的本质并非只能追溯到传统上认为的8000年左右有记录的历史，而至少可以推到200万年前，当第一批"真正的"人类，即构成人属的最早物种出现的那个时代。经历了数千世代，文化的出现一定是深受基因进化的同时发生的事件的影响，特别是那些发生在大脑生理结构上的事件。相反，基因进化必定深受文化衍生的择汰的引导。

只有在人类历史的最后一刻，我们才产生错觉，即人类能独立于其他有生命的世界之外而蓬勃繁衍。没有文字的人类社会，会密切地与深奥难解的各种生命接触。他们的心智不能完全适应环境的挑战，但是他们努力去了解关系最密切的部分。他们知道正确地响应会带来繁衍和满足，错误地回应会招来疾病、饥馑与死亡。那种努力的深刻印记，是无法通过几个世代的城市生活就可以消除的。依我之见，我们可以在人性的细微特质中找到那个印记，这些细微特质包括：

◆人对自然中会威胁人类的物体和环境有恐惧症——一种突然的与不自由的反感。这些物体和环境包括高度、密闭的空间、开阔的空间、流水、狼、蜘蛛、蛇等。他们对晚近发明而危险得多的对象（如枪、刀、车、电插座等）则极少恐惧。

◆人们即使从未在生活中看见过蛇，却对蛇的感觉既厌恶又深受吸引。大部分文化里的蛇，是具有神话与宗教象征意义的重要野生动物。纽约曼哈顿居民和非洲的祖鲁人，梦见蛇的频率是一样的。这个反应的起源似乎可以用达尔文主义来说明。毒蛇几乎是任何地方的人的重要死因，从芬兰到塔斯马尼亚，从加拿大到巴塔哥尼亚，均不例外；碰到蛇的人，唯有机警者始能全身而退。我们注意到许多灵长类动物也有同样的反应，包括旧大陆的猴子与黑猩猩：这些动物会往后退，警告伙伴，双眼紧盯每一条可能具有危险性的蛇，直到它爬开为止。

对人类而言，蛇的隐喻可扩大到神话上转化过的蛇已变成具有建设性与毁灭性的神力：迦南人的阿什脱雷斯（Ashtoreth），中国汉族的伏羲氏与女娲，印度教徒的穆达玛（Mudamma）与摩纳娑（Manasa），古代埃及的三头巨人尼赫伯考（Nehebkau），《创世记》里赋予知识与死亡的蛇，以及阿兹特克人特有的分娩女神及人类之母奇瓦扣特尔（Cihuacoatl），雨神特拉洛克（Tlaloc），以及羽蛇神（Quetzalcoatl）——它是人头覆羽的蛇，为晨星与昏星的统治者。

蛇的力量也延伸到现代生活中：两条蛇缠绕在节杖上，这起先是众神的信使墨丘利（Mercury）的有着双翼的节杖，之后是使者与传令官的安全通行证，而在今天它是全球医学界的标志。

◆大部分的人喜爱住在靠近水的高地上，从那里可以看到稀树草原。这样的高地常是有钱有势的人的住宅、大人物的墓园、庙宇、议会建筑以及部族荣耀的纪念碑所在地。今天，偏好这种地点是出自审美的选择以及居住的自由度，也是身份与地位的象征。在讲究实际的古代，这样的地势是一个可以撤退的腹地，也提供了开阔的视野，可以发现远处袭来的暴风雨与敌人。每一个动物物种都会挑选能使其个体获得安全又有食物的栖息地。在早期历史的大部分时间，人类居住在东非的热带与亚热带稀树大草原里，那是点缀着河流与湖泊、乔木与灌丛的开阔地区。若有相似的地形与有选择的余地，现代人会设计成公园或花园。他们既不会模仿吸引长臂猿的茂密丛林，也不会模仿阿拉伯狒狒所喜爱的干草原。他们会在花园里种植类似非洲稀树原生树木（如合欢类与萍婆类）以及其他植物。他们追求的理想树形是冠幅总是要大于树高、最低的枝条要平伸，接近地面，这样可以摸得到，又方便攀爬，还有复叶或针状的树叶。

◆倘若有足够的金钱与闲暇，许多人会徒步旅行、打猎、钓鱼、观鸟、养花、种菜。在美国和加拿大，到动物园和水族馆的人数，比所有进场看职业运动比赛的人还多。他们拥向国家公园，欣赏自然风景，驻足高地放眼嵯峨的地形，一睹滚滚流水与自由徜徉的动物。他们千里迢迢到海边散步，并无特殊理由。

以上是我称之为"亲生命性"（biophila）的例子，是人类潜意识地在追寻与其他生物的亲密联系。在亲生命性之上，还可以加上亲近自然野地的概念，即所有未被人类占用、无污染的陆地与动植物的群落。人们造访自然野地，寻找新的生命与奇妙事物，又从自然野地回到人类化的地区与安全的环境。自然野地可平抚心灵，然而自然野地是人类无法创造的。自然野地隐喻着无限良机，这个隐喻是从人类遍布世界各处时就烙印在了各部落的记忆中，在各个山谷与各个岛屿，他们敬畏神，坚信原始土地是永远绵延于地平线之外。

珍爱生命

我列举出这些人类心灵共同之所好，并不是要作为人类天性的证明，而是建议我们更要谨慎地思考，把哲学转向人类起源于野地环境的中心问题。我们还不了解自己，假如我们忘却自然界对我们的意义有多么重大，我们会更远离天堂。俯拾可得的信号显示，生物多样性的丧失不只危及肉体，也会伤及精神。假如这是正确的，那么目前所发生的改变将会伤害到未来的所有世代。

因此，伦理规范第一条应该是：审慎。当我们学习利用生物多样性，并了解它对人类的意义时，我们应该判定生物多样性的一点一滴都是无价之宝。我们不应该眼睁睁地让任何物种或种系灭绝。还有，我们不应该只是采取拯救的措施，而应该开始恢复自然环境，以增加野生生物族群，遏止生物财富的巨大流失。最令人振奋的一个目的，便是开启这个修复的时代，重新编织还在我们四周的、奇妙的生物多样性。

　　环境的急遽变化，说明了我们需要一个独立信仰的伦理体系。那些笃信地球上的生物是神造的人，会认识到我们正在摧毁神所创造的天地。而那些认为生物多样性是盲目进化产物的人，也会同意这一点。跨越不同哲学的鸿沟，则物种是否有自主的权利，或者说，道德思辨是否属于独特的人文关怀，就无关紧要了。这两种前提的护卫者，似乎必会被吸引到相同的保护立场上来。

　　环境的监护工作属于接近形而上学的领域，所有思考过这类问题的人都会找到共同的立场。因为，归根结底，什么是道德，莫不是借着对前因后果的理性检视，而推断出来自良心的命令？什么是根本的原则，莫不是有益于所有的后世者？一个持久的环境伦理所要保护的，不仅是我们物种的健康与自由，还有接近我们精神所诞生之世界。

二叠纪（Permian period），古生代的最后阶段，从 2.9 亿年前到 2.45
　　亿年前，以空前的大灭绝灾变结束。

三倍体（triploid），具有三套完整染色体组的细胞或生物体。

大型动物群（megafauna，或译大型动物区系），超过 10 公斤重的最
　　大型动物，如鹿、大型猫科动物、象、鸵鸟等。

大陆漂移（continental drift），各大陆板块从 2 亿年前开始迄今逐渐
　　分裂移动的现象。

中生代（Mesozoic era），指爬行类动物时代或恐龙时代，从 2.45 亿
　　年前延续到 6600 万年前。

互利共生（mutualism），一种双方物种都得利的共生。

内在隔离机制（intrinsic isolationg mechanism），在自然状况下，物
　　种间避免发生彼此自由交配的遗传性。例如，借由靠不同的交
　　配季节、求偶行为，或局部分布栖息地，达到隔离的目的。

同类群（deme），某种群内的繁殖是完全靠随机的生物族群，此为重
　　要的理想化概念，当作估计近亲交配程度与基因漂变的标准。

分类学（taxonomy），生物分类的科学（与方法）。参见"系统分类
　　学"条。

化石（fossil），生物留存下来的任何遗物（例如足迹或矿化的骨骼）、历经地质年代（通常是指1万年以上）保存下来的遗迹或遗物。

化学勘探（chemical prospecting），筛选具有某些实用性天然物质（特别是医药方面者）的植物、动物、微生物的过程。

火山灰（tephra），火山爆发期间喷出的碎石与灰尘。

偏利共生（commensalism），指共生（紧密的共同生存）的一种类型，其中某物种从共生关系中获利而不会伤害或裨益其他物种。

世（epoch），在"纪"之下的地质年代的单元，现在我们是处于全新世，是从1万年前的更新世（即冰川时期）结束时开始算起。

世代交替（alternation of generations），单倍体（每种细胞拥有一个染色体）世代与为双倍体（每种细胞拥有两个染色体）世代交替出现，轮流产生的繁殖。大部分物种的单倍体世代只由卵子与精子组成，两者融合产生双倍体世代，此双倍体世代又繁殖出更多卵子和精子的下一个单倍体世代。

世界大陆动物群（World Continent fauna），于新生代（过去6600万年）期间，在非洲、欧洲、亚洲，北美洲（即世界大陆）进化的主要动物群。这几块大陆一直是紧密相连的，因此物种得以间歇性地于其间交流迁徙，这特别可以从哺乳类物种得到证明。

代（era），在"宙"之下的地质年代的大单元。例如，显生宙之下分为三个代：古生代（最久远者）、中生代（居中者）、新生代（最晚近者）。

脱氧核糖核酸（DNA，deoxyribonucleic acid），所有现存生物的基本遗传物质，组成基因的聚合物。

古生物学（paleontology），研究化石和已灭绝生物之所有方面的科学。

巨进化（macroevolution），大规模的进化，在结构解剖或其他生物特征上有重大的改变，有时随之产生适应辐射的现象。参见"微进化"条。

民族植物学（ethnobotany），研究其他文化（尤其是那些无文字民族之文化）所了解的植物生物学，以及研究这些文化里对植物的利用。

永续发展（sustainable development），无限期地维持生产而不破坏环境，理想的情况是以不丧失当地的生物多样性地利用土地与水。

瓦维洛夫中心（Vavilov center），一个具有作物野生与栽植品种的地区，因此这个地区中心拥有这些物种极高的基因多样性。以俄罗斯植物学家瓦维洛夫（Nikolai Vavilov）来命名。

生物地理学（biogeography），研究生物之地理分布的科学。

生物多样性（biodiversity），包含所有层次（从属于同物种的基因变体，到不同物种、属、科及更高的分类层次）的生物类型，也包括各类型的生态系统（是由某特定栖息地内之生物群落及其栖息的物理环境所组成）。

生物多样性研究（biodiversity studies），凡是有系统地调查所有的生物，并研究维持与利用其生物多样性（为了人类福祉）的科技，皆属于生物多样性研究的范畴。

生物区（bioregion），一个连续性的自然区，如一个河流系统或山脉，由于面积很大，故会超出政治疆界。

生物区系（biota），包括某特定地区的植物群、动物群、微生物群。微生物乃视其隶属的分类群体，属动物群或属植物群，例如细菌植物群（区系）。

生物量（biomass），某特定地区之指定生物群的总重量（通常为干重），例如某林区内栖息的所有鸟类的总重量，或一个池塘内藻类的总重量，或全球生物的总重量。

生物经济分析（bioeconomic analysis），预估某生态系统内所有生物之潜在经济价值，从自然产物到生态旅游用途均属之。

生物群落区（biome），世界某特定地区的栖息地的主要类型，例如加拿大北方之冻原、亚马孙河流域之雨林。

生活周期（life cycle），生物体从诞生（通常是受精时）到繁殖的整个期间。

生态系统（ecosystem），栖息于某特定环境（如一个湖泊或一座森林或扩大规模为一个海洋或整个地球上）的生物群，以及影响该生物群的物理环境。仅是生物群本身则称为群落。

生态系统服务（ecosystem services），生物为人类创造健康环境之功能，包括从生产氧到土壤的形成、水的去毒作用等。

生态旅游（ecoturism），注重环境景色和有趣的特点（包括植物群与动物群）的旅游。

生态区位（niche），一个定义并不严谨但有用的生态学名词，意指一种物种在其生态系统（即其栖息地、食物、觅食路线、活动季节等等）里据有的地区。较抽象意义的生态区位是指某生态系统内会进化出物种潜力的地区或具有潜在的角色。

生态经济学（ecological economics），一个新的跨学科、致力于环境保护并达到永续的经济生产的学科。

生态学（ecology），研究生物体与其环境（包括物理环境与其内栖息的其他生物体）之相互作用的科学。

共生（symbiosis），同栖息地的两个以上的物种，保持长久而密切的生态关系，例如藻类与真菌内的氰细菌结合的地衣植物。

共同进化（coevolution），两个以上的物种在相互影响下的进化方式，例如，许多开花植物物种和其传粉昆虫共同进化下，其间关系变得更为有效率。

危机区（hot spot），凡是拥有丰富的特有种而环境受威胁的地区，例如马达加斯加岛。

同功（analogy），在生物学上，发生于两种生物的某些结构，其外观与功能很相似，但并非是有共同的祖先的缘故。鸟与昆虫的翅膀是同功的，即翅膀对它们都具有相同的功能，但是两者的翅膀并非是由共同祖先的相同器官进化而来。参见"同源"条。

同资源种团（guild），分布在同地区、共同分享食物资源的一群物种。例如，罗得岛田野上以黄花的花粉为食的多种昆虫，玻利维亚雨林掠食燕雀类的各种鹰科飞禽。

同型合子（homozygous），两个染色体上有相同的基因类型（等位基因）的情形。一个人要是两个染色体上都有镰形细胞血红素的等位基因，即为同型合子状况。参见"异型合子"条。

同域的（sympatric），分布于同一地域的，例如两种物种的地理分布范围有部分重叠。

同域种形成（sympatric speciation），在没有先拆散祖先族群为数个孤立族群的地理障碍下，一个祖先物种分化成两个子物种的过程。

同源（homology），生物学上继承共同祖先的两物种，其在结构、生理或行为上相似，但不论其功能是否相同。例如，人类的手臂与蝙蝠的翅膀。同一生物个体内同类型的两个成对的染色体，也称为同源的。参见"同功"条。

地衣（lichen），一种复合生物体，由真菌与氰细菌或单细胞藻类组成，是这两种生物的互惠共生联合体。

地理物种形成（geographic speciation），又称"异域物种形成"（allopatric speciation）。原本属于同一物种，但由于如海峡、河谷或山脉等天然障碍的阻隔，以物种为单元进行演变的现象。

多倍体（polyploid），细胞或生物体的（每个细胞的）完整染色体组大于二的情况。多倍体是物种（特别是植物）繁殖的常见方式。

多样性失调（disharmony），生物多样性研究里，指岛屿或大陆的物种由于扩散的偶然性，造成某些群体的总表现度过高，而其他群体的表现度过低或缺如的现象。例如，在夏威夷，没有土生的啄木鸟与蚁类，但有极多种类的管舌鸟与蜂。

有孔虫类（foraminiferan），类似海洋的原生动物变形虫，可分泌含硅质的精巧结构。

有袋动物（marsupial），大部分具有乳腺及育婴袋囊的动物，如负鼠或袋鼠。

有丝分裂（mitosis），细胞分裂时，染色体完全复制双份，故未减少染色体的细胞分裂过程。参见"减数分裂"条。

自然择汰（natural selection，简称天择），同一族群之后裔，借由其各种基因类型给予下一个世代的差异性贡献，即达尔文提出的进化机制。与人为择汰（即在人类主导下进行的相同过程）有所区别。

更新世（Pleistocene epoch），全新世之前的地质时期。更新世期间大陆冰川前进又后退，在此期间人种进化出来。更新世始于约250万年前，而结束于冰川时期（约1万年前）。

系统分类学（systematics），研究生物多样性的科学。有时与"分类学"同义，指纯粹的分类与种系发生史（即物种间的关系）之重建的程序，在其他场合，广义的系统分类学指涵盖研究所有层面的生物多样性之起源与内涵的科学。

种系发生史（phylogeny），某特别生物群（如羚羊或兰花）的进化史，特别指构成该生物群之物种的进化枝（family tree）。

亚种（subspecies），物种以下的分类单元。通常狭义的指一个地理性种系：一个族群或一系列族群，分布于一个隔离的范围，在基因上异于同物种的其他地理性种系。

两栖类（amphibian），脊椎动物两栖纲的生物，如蛙与蝾螈。

宙（eon），地质年代的主要区分单元。现代是属于显生宙，从5.5亿年前迄今（宙是地质年代的单位，1宙为10亿年）。

物种（species），分类的基本单元，指近亲缘且类似的一个生物族群或一系列的生物族群。就有性生殖的生物而言，物种的定义较狭隘，要符合"生物—物种"的概念，即在自然环境里，彼此可自由交配之同物种，但不与其他物种之成员交配的生物族群或一系列生物族群。

物种平衡（species equilibrium），一个岛屿或一个隔离的栖息地内，达到稳定状态的物种数目（或多样性），即新物种的移入与原栖息物种的灭绝之间达到一种平衡。亦可参见"岛屿生物地理学理论"条。

物种形成（speciation），物种形成的过程是指一个生物族群分裂成两个或更多、在繁殖上彼此孤立之族群的完整连续事件。

物种择汰（species selection），因各物种之生物体具有的某些性状的差异，导致物种在繁殖与灭绝上发生差异，并造成有利性状普及整个植物群或动物群。

表现型（phenotype），一个生物外观的特性，是由该生物体之基因型（即遗传物质）与其发育之环境的交互作用而产生的。

门（phylum），在"界"之下的最高分类层阶，例如软体动物门（蜗牛、蛤、章鱼）与蕨类植物门（蕨）。

附生植物（epiphyte），凡特化成生长在另类植物上，且对该植物不产生危害，或有益的非寄生性植物，例如大部分的兰科与菠萝科的植物物种。

附叶植物（epiphyll），生长在其他植物物种的叶上的植物，因此是一种特化的附生植物。

保护生物学（conservation biology），面对人类引起的环境干扰，进行处理生物多样性、产生生物多样性的自然过程，并维持生物多样性的技术等内涵的一门相当新的学科。

染色体（chromosome），在光学显微镜下看得见的、通常呈杆状且包含着基因的一种结构。染色体由 DNA 构成，内含有基因及蛋白质基质。

界（kingdom），最高的分类层阶。一般生物分为五个界：植物界、
　　动物界、真菌界、原生生物界（即藻类与单细胞"动物"）、无
　　核原生物界（即细菌及其近缘）。

科（family），将生物分级的分类系统中，属以上及纲以下的同世系
　　的物种群，因此是一群属（genera）。例如猫科（Felidae，即各
　　种猫科动物）、壳斗科（Fagaceae，即山毛榉类与栎类）。

突变（mutation），广义是指一个生物的任何遗传改变，包括个体基
　　因的 DNA 之改变，或染色体的结构或数目的变换。突变是进化
　　的新材料。

纪（period），在"代"之下的地质年代单位。例如，中生代（即爬
　　行类动物时代）下有三纪：三叠纪、侏罗纪与白垩纪。

美洲大交流（Great American Interchange），250 万年前巴拿马陆桥形
　　成时，北美洲哺乳类动物往南，而南美洲哺乳类动物往北的迁
　　徙。这迁徙过程迄今未断。由于有保存良好的哺乳类动物化石
　　记录，是故该类动物备受重视，但是这迁徙也包括了植物和其
　　他动物。

胎盘哺乳类动物（placental），用胎盘哺育未出生之幼体的一群哺
　　乳类动物，是指现存绝大部分哺乳类动物物种。参见"有袋动
　　物"条。

面积—物种数关系曲线（area-species curve，或译物种数—面积关系
　　曲线，species-area curve），一个岛屿的面积或其他某隔离的地
　　理区的面积，和栖居其内的物种数之间的关系。此关系大约可
　　用 $S = CA^z$ 方程式表示（A 为面积，S 为物种数，C 与 z 为常数，
　　其值视物种的分类地位与分类群而定）。

食物网（food web），某特定栖息地内整个的各种食物链，可以借图
　　说的箭头表示从生产者到消费者的能源和养分流向。

食物链（food chain），某特定生物群落之食物网的一部分，由掠食动

物与其猎物组成。掠食动物可取食其他掠食动物，如此从进行
光合作用的植物一直升到顶端的掠食动物（例如雕和猫科动物）
和消费遗体的分解性生物。

原生生物（protistan），原生生物界的成员，包含原生动物类、藻类，
以及相关的生命类型。

原生动物（protozoan），属于单细胞生物群的成员，包括变形虫与纤
毛虫，通常属于原生生物界之动物。

原地种（autochthon），起源自某地区（例如新西兰或维多利亚湖），
并仅见于该地区的物种。参见"特有种"条。

原核生物（prokaryote），DNA 外无核膜的生物，因此原核生物的细
胞并无真正的细胞核。大部分的原核生物为细菌。参见"真核
生物"条。

哺乳类动物（mammal），哺乳纲的动物，其特征为雌性乳腺会产生
乳汁，而且全身体表有毛发。

岛屿生物地理学理论（island biogeographic theory），解释岛屿与栖息
地的碎区块内生物体之物种数的概念与数学模式。此理论之中
心理念为新物种抵达和原有物种灭绝的速度，其物种数达到的
平衡。

时间物种（chronospecies），一个种群由于有相当程度的进化，可视
为含有不同的物种，尽管该族群并未分化成多个共存物种，在
进化期间之所以认为是两物种，乃为对其改变程度的主观判定。

浮游生物（plankton），只能悬浮在海洋或大气的生物，包括大部分
的微生物与微小的动植物。

浮游动物（zooplankton），浮游生物的动物部分，相对于浮游植物，
即植物部分。

浮游植物（phytoplankton），浮游生物的植物部分，相对于浮游动物，
即动物部分。

特有种（endemic），为某特定地方原生的、且只存在该地的物种或种系。假如是源自该地进化而来，则又称"原地种"。

特征（charater），有助于分类的不同特性，例如植物物种间有所不同的花，或哺乳类动物物种间有差异的齿形。物种间的差异称为性状形态。

特征置换（character displacement），由于竞争、杂交引起存活力低的威胁与繁殖力低的结果，两种物种朝着不同的方向进化，导致差异性加大的现象。

真核生物（eukaryote），其 DNA 外具有核膜的生物。极大部分种类的生物都是真核生物，只有细菌类与几种其他微小型生物缺乏这种核膜。

脊椎动物（vertebrate），由节骨脊柱（内有中枢神经索）构成的动物。五个主要的现存脊椎动物群为：鱼类、两栖类（蛙、蝾螈、蚓螈）、爬行类、鸟类、哺乳类等。

族群学（demography），是生态学的分支科学，研究族群之出生率、死亡率、龄级分布、性别比例及大小的科学。亦指族群学属性本身，就如某特定族群之族群学上的属性（即族群特性）。（若以人类为对象时，习惯上称为人口学。——译者注）

动物群（fauna，或译动物区系），分布于某特定地区的所有动物。

关键种（keystone species），会影响栖息地内群落里的其他许多物种之存活与个体数的物种（如海獭）。增减群落内的关键种，会引发群落之组成（有时甚至其环境的物理结构）相当大的变动。

菊石类（ammonoid），一种软体动物，有着室腔般的壳，像现代的珍珠鹦鹉螺（pearly nautilus）。

基因（gene），遗传的基本单位。

基因型（genotype），一个生物体的基因组成，会指令某单一特性（如眼球的颜色）或一组特性（如眼球颜色、血型等）。

基因库（gene pool），一个族群内之所有生物个体的基因总数。

基因组（genome），某特定生物体或物种的基因总数。

基因频率（gene frequency），整体族群的某特定基因座上的等位基因中某个类型与同对另一基因的百分比，如镰形细胞血红素之等位基因，是有别于正常细胞血红素的等位基因。

寄主族（host race），许多生物体在一个族群中具有其明确的不同遗传性。此生物体与其同物种栖息同一栖息地，但取食不同的植物。一般认为寄主族是完全物种形成的一个过渡阶段。又称宿主族。

密度因变（density dependence），当某族群的生物个体数增多，因而密度就变大，此时环境里的因素便会减缓该族群的生长，且日趋严苛，这种现象谓之密度因变。密度因变量包括竞争、食物短缺、疾病、掠食、迁移等。

带状采伐法（strip logging），沿等高线做狭窄带状的采伐木材的作业，这样可使林木快速再生，维持生产量，并保护当地的动物群与植物群。

采收保护区（extractive reserve），以永续生产为基础来采收某野生栖息地内的木材、乳胶及其他自然产物，并使该环境的破坏减至最低的利用方式，理想的情况是，不会有特有物种的灭绝发生。

族群（population），生物学上于同时间与地区的相同物种组成的一个生物群。

深海底栖生物（abyssal benthos），栖息在深海底或接近深海底之生物群落。

异型合子（heterozygous），同染色体位置两个不同基因型（等位基因）的情形。要是一个人的一个染色体上有镰形细胞血红素的等位基因，而在另一个染色体上有正常血红素的等位基因，则他具有杂合的特性。参见"同型合子"条。

异域的（allopatric），分布在不同的地理范围的。

异域种形成（allopatric speciation），与"地理物种形成"同义：一个
族群因地理阻隔而分裂为许多个子种群，其后在族群的进化趋
异（evolutionary divergence）下，形成许多完全的物种。

异速生长（allometry），身体的某部分比其他部分长得快，因此生物
体长得愈大，这种不相称的比率差异也就愈大，例如许多种体
型大的雄甲虫和雄鹿长的角的大小，和它们身体的其余部分比
较，显得十分巨大。

第三纪（Tertiary period），新生代的第一个纪，始于6600万年前中
生代（即爬行类动物时代）结束时，终于约250万年前更新世
时期开始时，后接第四纪（包括更新世与全新世）。

第四纪（Quaternary period），新生代的第一个（也是最后一个）纪，
位居第三纪之后。第四纪包括更新世与全新世，从约250万年
前开始一直到现在。

细胞核（nucleus），真核细胞中最重要的部分，其外有一个双层核
膜，其内有染色体与基因。

细菌（bacteria），显微镜下才看得见的、基因外无核膜的原核单细胞
生物。

被子植物（angiosperm），植物门的开花植物，是陆地的优势植物，
其特征为果实内有种子。

软体动物（mollusk），软体动物门的动物，例如蜗牛或蛤。

单倍体（haploid），只拥有全染色体组中的一个染色体组，此单个染
色组多存在于卵子与精子中，其特征为在世代交替中呈现单倍
体世代。

寒武纪（Cambrian），指古生代最早期，介于5亿5000万年前至5
亿年前之一段期间，该期间大型海洋动物的数量与多样性都大
为增加，即动物进化的寒武纪大爆发。

复原生态学（restoration ecology），研究植物与动物群落之结构与再生的科学，其宗旨为扩大或恢复受威胁的生态系统。

棘皮动物（echinoderm），棘皮动物门的一员，如海星、海胆等。

森地内拉式灭绝（centinelan extinctions），指物种灭绝事件。因事先未发觉，故未加记录的事件（为本书作者提出）。

栖息地（habitat），指某特定类型的环境，例如湖滨或高草原，亦指某地区的特殊环境，例如塔希提岛的山地林。

栖息地岛屿（habitat island），同栖息地的许多区块中与其他区块分开的一块，例如森林的空隙地，或被旱地隔开的湖泊。栖息地岛屿遭受的生态与进化过程和"真正的"岛屿是一样。

植物群（flora，或译植物区系），分布于某特定地区的所有植物。

减数分裂（meiosis），细胞分裂时两组染色体数目减为一组的过程，大部分的高等生物物种借此过程直接产生性细胞。

无性物种（asexual species），相当与众不同的生物族群，很容易分别其为一种物种，尽管不进行有性繁殖，因而不适用繁殖隔离的标准。

无脊椎动物（invertebrate），凡无骨节脊柱（内有中枢神经索）的动物。大部分的动物属于无脊椎动物，包括海葵、蚯蚓、蜘蛛、蝴蝶等。

菌根（mycorrhiza），真菌与植物根群之间的共生关系。

超低温保存（cryopreservation），在极低温下贮存生物体与其组织样本的方法，通常是贮存在液态氮里。

超种群（metapopulation），孤立分布的同物种的部分种群。这些种群间能互相交换其个体，并可重新拓殖到该物种最近灭绝的地区。

氰细菌（cyanobacteria），以前称为蓝藻，但非真正的藻类，是外观像细菌的单细胞原核浮游植物，是生命史早期的优势分子，也是当今生态上重要的生物。

债务交换自然（debt-for-nature swap），购买或免除贫穷国家部分债务的钱，用于当地的环保计划，特别是用于购买土地。

微生物垫（microbial mat），细菌与氰细菌在裸露的地表形成的薄层，有时会分泌一种叫作叠层石的碳酸盐，是最早的生态系统之一，仍然分布于某些现代的环境中（例如浅水潮间带）。

微生物学（microbiology），研究微生物（特别是细菌）的科学。

微进化（microevolution），微小程度的进化改变，例如增大身体或其某些部位，微进化多由较少的基因所控制。

新达尔文主义（neo-Darwinism），一种现代研究，将天择概念作为进化过程研究的中心。天择概念最初由达尔文提出，现代在此概念中增添了遗传学、生态学及其他现代生物学科等新知识。

会聚法则（assembly rules），由栖息同一个生物群落的许多物种的会聚，以及这些物种进入与存留于该群落内的顺序。

源汇模式（source-sink model），一种有关物种多样性的假说，即当一个局限性的地区有利于某些物种生存并可让该物种繁殖出过多的外移成员，因而成为散布（即"源"）到附近较不利（即"汇"）的地区去的假说，物种的多样性因而增加，尤以热带雨林为甚。

灭绝（extinction），生物之任何世系群（lineage）的终结，包括从亚种到物种，以及更高分类单元的属到门的终结。灭绝可能是地方性的，即某物种（或其他单元）的一个或多个族群在某局部地域消失，但在别的地域仍然存活着。灭绝也可能是整体的（即全球的），即所有的族群都消失。当生物学家提到某特定物种的灭绝，而未特别做说明时，意即整体的灭绝。

节肢动物（arthropod），节肢动物门的动物，如昆虫、蜘蛛，或甲壳纲动物等，具有体节与外骨骼。

群落（community，又译为"社会"），某特定栖息地内之所有栖息的生物（植物、动物、微生物等），属共同之食物网并相互影响，或其对物理环境产生各种影响再互相产生影响。

达尔文学说（Darwinism），最初是由达尔文所提出的天择下的进化。对此过程的现代诠释称为"新达尔文学说"，是综合遗传学、生态学和其他的学科等新知识的进化论。

电泳（electrophoresis），根据物质的电荷和分子量分离许多物质（特别是蛋白质）的方法。使用于不同物种及同物种之不同生物体的多样性研究。

两似种（sibling species，或译"兄弟种"、"姊妹种"），彼此十分相似因而无法加以区别（至少对人类观察者而言）的物种。

等位基因（allele），某基因的特定形式，借以产生多个此种形式的基因。镰形细胞贫血症是由一个基因的这种变体所造成的；与此相同基因的另一种变体会产生正常的血红素。

进化（evolution），就生物学而言，凡是某生物族群之基因组成发生任何的改变。从次要基因的频率有微小的变动，到新物种的复杂源起等而有进化程度的差别。微小的变动称为"微进化"，而重大的变动则称为"巨进化"。

进化力（evolutionary agent [or force]），凡是外在环境或生物体本身体内的任何因素，能导致族群内之基因频率变动者，意即导致进化的因素。

进化生物学（evolutionary biology），一个综合性的名词，泛指研究以进化过程及生物多样性为其重点的各个学科。进化生物学包括分子进化学、生态学、系统分类学、生物地理学，以及解剖学、生理学、动物行为学的比较层面的研究。

进化枝（clade），来自共同祖先的一群物种。例如猫属（Felis）的所有各种猫（包括现存与已灭绝的）是从生存于地质年代的单一祖先进化而来的一个进化枝。

种子库（seed bank），贮藏代表物种多样性与遗传特征之种子（特别是栽培植物及其野生亲缘）的主要设备。

纲（class），在分类里属于门之下与目之上、具有共同祖先的一群物种，故可能包括一个或多个分类上的目。

热带雨林（tropical rain forest），更专门的名称为"热带封闭湿林"（tropical closed moist forest）。年降水量为200厘米且全年分布均匀的阔叶常绿林，多具有许多参差的茂密树冠层，因而只有百分之十不到的阳光能到达地面。

纬度多样性梯度（latitudinal diversity gradient），生物多样性自极地地区往赤道有渐增的趋势，动植物是有这种普遍渐增的趋势，但非必然。

适应（adaptation），凡是结构上的某特定部分（例如颜色）、一个生理过程（例如呼吸率）或行为模式（例如交配舞蹈）等，能增进一个生物体的存活与繁殖机会者谓之适应。亦指创造这种特性的进化。

适应辐射（adaptive radiation），某物种进化成许多物种，并在同一分布地理范围内过着各种不同的生活。例如袋鼠、树袋熊以及其他现今澳洲的有袋动物等，皆起源于单一物种的远古祖先。

基因漂变（genetic drift），纯因随机过程，某族群产生遗传频率的进化。

营养阶（trophic level），从一个生物群落的相同食物网部分，获取其能源的生物群。例如初级生产者（多为植物）、食草动物（即吃植物的动物）。

环节动物（annelid），环节动物门的蠕虫，例如蚯蚓、水蛭，或沙蚕。

环境（environment），生物体或物种所栖息的生态系统，包括物理环境，以及其所接触的其他生物。

趋同进化（convergence），两种以上、非同分类群的物种，在进化期间增加相似度的现象，例如北半球胎生的狼与和其酷似的澳洲的袋“狼”。

杂交物种（hybrid），由基因不同的亲体（尤其是不同物种的亲体）所生的次代。

双倍体（diploid），每个细胞里有两份整套的染色体。双倍体通常是由于受精作用而产生的，在受精过程中雄体提供一组染色体，第二组染色体由雌体提供，再结合而产生。参见“单倍体”条。

濒危的（endangered），几近灭绝的。指一种物种数锐减或一个生态系统变弱，以至于注定要灭绝或至少会受到致命性伤害的。

竞争排斥（competitive exclusion），栖息地内物种竞争下发生某物种消灭另一物种的现象。

属（genus），同世系的一群类似的物种，例如犬属，包括狼、家犬以及类似的物种，栎属包括各种栎树。

镰形细胞（sickle cell），造成红细胞弯曲的一个单独基因的一种遗传症状；若有两个该基因，就会导致贫血症。

变态（metamorphosis），一个生物体在生长与发育期间，其身体形状、生理以及行为发生剧烈变化的现象。

显生宙（Phanerozoic eon），地质年代的大区段，其间大部分的生物多样性都已进化完成而存在了，自 5.5 亿年前开始到现在。

显性或优势度（dominance），遗传学上，某生物体的不同染色体，同时存在某基因的一个表现型，超过同基因的另一型的现象，例如，人类正常的血凝结基因，相比血友病的基因（血液无法凝结）为显性。在生态学，则是指一种物种或一群物种的个体数与生态影响力超过他物种的现象，例如松是优势植物，而甲虫是优势动物。在动物行为学上，则指一个个体控制（即优于）社会群体中的其他个体。

碱基对（base pair），构成基因编码字母的一对有机碱基；通常腺嘌呤（adenine，A）与胸腺嘧啶（thymine，T）成对，胞嘧啶（cytosine，C）与鸟粪嘌呤（guanine，G）成对。每一个碱基都位于一股 DNA 的双螺旋上，而与第二股双螺旋之相同位置上的另一个配对碱基相对。因此，依双螺旋上四个可能字母的序列（即 AT、TA、CG、GC），便可解读基因编码。相同基因的各个版本会因这四个字母的序列而不同。

第一章　亚马孙河的暴雨

1. Edward O. Wilson, "Storm over the Amazon," in Daniel Halpern, ed., *On Nature: Nature, Landscape, and Natural History* (San Francisco: North Point Press, 1987), pp. 157-159; and "Rain Forest Canopy: The High Frontier," *National Geographic*, 180:78-107 (December 1991); *Success and Dominance in Ecosystems: The Case of the Social Insects* (Oldendorf/Luhe, Germany: Ecological Institute, 1990).

2. Jons Jacob Berzelius, *Manual of Chemistry* (vol. 3, 1818), as quoted by Carl Gustaf Bernhard, "Berzelius, Creator of the Chemical Language," reprinted from the *Saab-Scania Griffin 1989/90* by the Royal Swedish Academy of Sciences.

3. Joseph T. Eastman and Arthur L. DeVries, "Antarctic Fishes," *Scientific American*, 255:106-114 (November 1986).

4. Robert Pool, "Pushing the Envelope of Lift," *Science*, 247 : 158-247 (1990).

第二章　喀拉喀托岛

1. Tom Simkin and Richard S. Fiske, *Krakatau 1883: The Volcanic Eruption and Its Effects* (Washington, D. C.: Smithsonian Institution Press, 1983).

2. Susanna Van Rose and Ian F. Mercer, *Volcanoes* (Cambridge : Harvard University Press, 1991).

3. Robert H. MacArthur and Edward O. Wilson, *The Theory of Island Biogeography* (Princeton: Princeton University Press, 1967).

4. Ian W. B. Thornton et al., "Colonization of the Krakatau Islands by Vertebrates: Equilibrium, Succession, and Possible Delayed Extinction," *Proceedings of the National Academy of Sciences*, 85:515-518 (1988).

5. I. W. B. Thornton and T. R. New, "Krakatau Invertebrates: The 1980s Fauna in the Context of a Century of Recolonization," *Philosophical Transaction of the Royal Socitey of London*, ser. B, 322:493-522 (1988).

6. P. A. Rawlinson, A. H. T. Widjoya. M. N. Hutchinson, and G. W. Brown, "The Terrestrial Vertebrate Fauna of the Krakatau Islands, Sunda Strait, 1883-1986," *Philosophical Transactions of the Royal Society of London*, ser. B, 328:3-28 (1990).

第三章　五起毁灭事件

1. Matthew H. Nitecki, ed., *Extinctions* (Chicago: University of Chicago Press, 1984).

2. Steven M. Stanley, *Extinction* (New York: Scientific American Books, 1987); "Periodic Mass Extinctions of the Earth's Species," *Bulletin of the American Academy of Arts and Sciences*, 40 (8):29-48 (1987).

3. David M. Raup, *Extinction: Bad Genes or Bad Luck?* (New York : Norton, 1991).

4. Carl O. Moses, "A Geochemical Perspective on the Causes and Periodicity of Mass Extinctions," *Ecology*, 70 (4):812-823 (1989).

5. William Glen, "What Killed the Dinosaurs?," *American Scientist*, 78 (4):354-370 (1990).

6. R. A. Spicer, "Plants at the Cretaceous-Tertiary Boundary," *Philosophical Transactions of the Royal Society of London*, Ser. B, 325:291-305 (1989).

7. W. G. Chaloner and A. Hallam, ed., *Evolution and Extinction*, special issue

of the *Philosophical Transactions of the Royal Society of London*, ser. B, 325:239-488 (1989).

8. Richard A. Kerr, "Dinosaurs and Friends Snuffed Out?. " *Science*, 251:160-162 (1991).

9. Robert H. Thouless, "The Tendency to Certainty in Religious Belief," *British Journal of Psychology*, 26 (1):16-31 (1935).

10. J.-M. Florentin. R. Maurrasse, and Gautam Sen, "Impacts, Tsunamis, and the Haitian Cretaceous-Tertiary Boundary Layer," *Science*, 252:1690-1693 (1991).

11. David M. Raup, "Size of the Permo-Triassic Bottleneck and Its Evolutionary Implications," *Science*, 206:217-218 (1979).

12. Edward O. Wilson and Frances M. Peter, eds., "Diversity Crises in the Geological Past, " *Biodiversity* (Washington, D. C.: National Academy Press, 1988), pp. 51-57.

13. Douglas H. Erwin, "The End-Permian Mass Extinction:What Really Happened and Did It Matter?, " *Trends in Ecology and Evolution*, 4 (8):225-229 (1989).

14. Paul R. Renne and Asish R. Basu, "Rapid Eruption of the Siberian Traps Flood Basalts at the Permo-Triassic Boundary," *Science*, 253:176-179 (1991).

15. D. M. Raup, *The Nemesis Affair* (New York: Norton, 1986); *Extinction: Bad Genes or Bad Luck?* (New York:Norton, 1991)

16. S. M. Stanley, *Extinction* (New York: Scientific American Books, 1987).

第四章 大自然的基础单元

1. Douglas J. Futuyma, *Evolutionary Biology*, 2nd ed. (Sunderland, Mass. : Sinauer, 1986).

2. Alan R. Templeton, "The Meaning of Species and Speciation:A Genetic Perspective," Daniel Otte and John A. Endler, eds., *Speciation and Its Consequences* (Sunderland: Sinauer, 1989), pp. 3-27

3. Ernst Mayr and Peter D. Ashlock, *Principles of Systematic Zoology*, 2nd ed. (New York: McGraw-Hill, 1991).

4. Lynn A. Maguire and Robert C. Lacy, "Allocating Scarce Resources for Conservation of Endangered Subspecies:Partitioning Zoo Space for Tigers," *Conservation Biology*, 4 (2):157-166 (1990).

5. Ernst Mayr, *Systematics and the Origin of Species* (New York:Columbia University Press, 1942); *Evolution and the Diversity of Life: Selected Essays* (Cambridge: Harvard University Press, 1976).

6. Michael T. Ghiselin, "Categories, Life, and Thinking," *Behavioral and Brain Sciences*, 4 (2):269-313 (1981).

7. Samuel Devons, "Rutherford and the Science of His Day," *Notes and Records of the Royal Society of London*, 45 (2):221-242 (1991).

8. Alan T. Whittemore and Barbara A. Schaal, "Interspecific Gene Flow in Sympatric Oaks," *Proceedings of the National Academy of Sciences*, 88:2540-44 (1991).

9. Alwyn H. Gentry, "Speciation in Tropical Forests," in L. B. Holm-Nielsen, I. C. Nielsen, and H. Balslev, eds., *Tropical Forests: Botanical Dynamics, Speciation, and Diversity* (New York: Academic Press, 1989), pp. 113-134.

第五章　新物种

1. Douglas J. Futuyma, *Evolutionary Biology*, 2nd ed. (Sunderland, Mass. : Sinauer, 1986).

2. Daniel Otte and John A. Endler. eds., *Speciation and Its Consequences* (Sunderland: Sinauer, 1989).

3. Wu Rukang and Lin Shenglong, "Peking Man," *Scientific American*, 248:86-94 (June1983).

4. Phil and Nellie Rau, "The Sex Attraction and Rhythmic Periodicity in the Giant Saturniid Moths," *Transactions of the Academy of Science of St. Louis*, 26:83-221 (1929).

5. Jocelyn Crane, "Comparative Biology of Salticid Spiders at Rancho Grande,

Venezuela. Part 4: An Analysis of Display," *Zoologica* (New York), 34 (4):159-214 (1949).

6. Stephen J. O'Brien and Ernst Mayr, "Bureaucratic Mischief:Recognizing Endangered Species and Subspecies," *Science*, 251:1187-88 (1991).

7. Wendell L. Roelofs and Richard L. Brown, "Pheromones and Evolutionary Relationships of Tortricidae," *Annual Review of Ecology and Systematics*, 13:395-422 (1982).

8. Guy L. Bush, "Modes of Animal Speciation," *Annual Review of Ecology and Systematics*, 6:339-364 (1975).

9. Scott R. Diehl and G. L. Bush, "The Role of Habitat Preference in Adaptation and Speciation," in Daniel Otte and John A. Endler, eds., *Speciation and Its Consequences* (Sunderland:Sinauer, 1989), pp. 345-365.

10. Catherine A. and Maurice J. Tauber, "Sympatric Speciation in Insects: Perception and Perspective," in Otte and Endler, *Speciation*, pp. 307-344.

11. Douglas J. Futuyma and Gregory C. Mayer, "Non-Allopatric Speciation in Animals," *Systematic Zoology*, 29 (3):254-271 (1980).

12. Paul Whalley, "Insects and Cretaceous Mass Extinction," *Natural*, 327:562 (1987).

第六章 进化驱动力

1. Russell Lande, "The Minimum Number of Genes Contributing to Quantitative Variation Between and Within Populations," *Genetics*, 99 (3, 4):541-553 (1981).

2. Daniel L. Hartl and Andrew G. Clark, *Principles of Population Genetics*, 2nd ed. (Sunderland: Sinauer, 1989).

3. J. T. Clark, "Aspects of Variation in the Stag Beetle Lucanus cervus (L.) (Coleoptera: Lucanidae)," *Systematic Entomology,* 2 (1):9-16 (1977).

4. Bert Holldobler and Edward O. Wilson, *The Ants* (Cambridge:Harvard University Press, 1990).

5. Walter J. Bock, "Microevolutionary Sequences as a Fundamental Concept in

Macroevolutionary Models," *Evolution*, 24 (4):704-722 (1970).

6. Thomas H. Frazzetta, *Complex Adaptations in Evolving Populations* (Sunderland: Sinauer, 1975).

7. Eviatar Nevo, "Speciation in Action and Adaptation in Subterranean Mole Rats: Patterns and Theory," *Bolletino Zoologia*, 52 (1-2):65-95 (1985).

8. Niles Eldredge and Stephen J. Gould, "Punctuated Equilibria:An Alternative to Phyletic Gradualism," in T. J. M. Schopf, ed., *Models in Paleobiology* (San Francisco: Freeman, Cooper, 1972,), pp. 82-115.

9. Stephen J. Gould, "Is a New and General Theory of Evolution Emerging?," *Paleobiology*, 6 (1):119-130 (1980).

10. Niles Eldrege, *Time Frames: The Rethinking of Darwinian Evolution and the Theory of Punctuated Equilibria* (New York:Simon and Schuster, 1985).

11. Richard Dawkins, *The Blind Watchmaker* (New York: Norton, 1986).

12. Max K. Hecht and Antoni Hoffman, "Why Not Neo-Darwinism? A Critique of Paleobiological Challenges," *Oxford Surveys in Evolutionary Biology*, 3:1-47 (1986).

13. Jeffrey Levinton, *Genetics, Paleontology, and Macroevolution* (New York: Cambridge University Press, 1988).

14. William L. Brown Jr., "Punctuated Equilibrium Excused: The Original Examples Fail To Support It," *Biological Journal of the Linnean Society*, 31:383-404 (1987).

15. Steven M. Stanley, "A Theory of Evolution above the Species Level," *Proceeding of the National Academy of Sciences*, 72:646-650 (1975).

16. Elisabeth S. Vrba and Stephen J. Gould, "The Hierarchical Expansion of Sorting and Selection," *Paleobiology*, 12 (2):217-228 (1986).

17. Richard Levins, "Extinction. " in M. Gerstenhaber, ed., *Some Mathematical Questions in Biology* (Providence: American Mathematical Society, 1970), pp. 77-107.

18. Scott A. Boorman and Paul R. Levitt, "Group Selection on the Boundary of a Stable Population," *Proceedings of the National Academy of Sciences*, 69

(9):2711-13 (1972).

19. Charles Mitter. Brian Farrell, and Brian Wiegmann, "The Phylogenetic Study of Adaptive Zones: Has Phytophagy Promoted Insect Diversification?," *American Naturalist*, 132 (1):107-128.

20. David Jablonski, "Heritability at the Species Level : Analysis of Geographic Ranges of Cretaceous Mollusks," *Science*, 288:360-363 (1987), and "Estimates of Species Duration: Response," *Science*, 240:969 (1988).

21. Edward O. Wilson, "The Nature of the Taxon Cycle in the Melanesian Ant Fauna," *American Naturalist*, 95:169-193 (1961).

22. James K. Liebherr and Ann E. Hajek, "A Cladistic Test of the Taxon Cycle and Taxon Pulse Hypotheses," *Cladistics*, 6:39-59 (1990).

23. Elisabeth Vrab, "African Bovidae: Evolutionary Events since the Miocene," *South African Journal of Science*, 81:263-266 (1985); "Mammals as a Key to Evolutionary Theory," *Journal of Mammalogy*, 73 (1):1-28 (1992).

24. Delbert C. Wiens et al., "Developmental Failure and Loss of Reproductive Capacity in the Rare Paleoendemic Shrub *Dedeckera eurekensis*," *Nature*, 338:65-67 (1989).

25. Deborah Charlesworth, "Evolution of Low Female Fertility in Plants: Pollen Limitation, Resource Allocation and Genetic Load," *Trends in Ecology and Evolution*, 4 (10):289-292 (1989).

第七章　适应辐射

1. F. G. Howarth, S. H. Sohmer, and W. D. Duckworth, "Hawaiian Natural History and Conservation Efforts," *BioScience*, 38 (4):232-238 (1988).

2. Walter J Bock, "Microevolutionary Sequences as a Fundamental Concept in Macroevolutionary Models," *Evolution*, 24 (40)704-722 (1970).

3. J. Michael Scott et al., "Conservation of Hawaii' s Vanishing Avifauna," *BioScience*, 38 (4):238-253 (1988).

4. Philip R. A. May et al., "Woodpeckers and Head Injury," *Lancet,* February 28, 1976, pp. 454-455: "Woodpecker Drilling Behavior: An Endorsement

of the Rotational Theory of Impact Brain Injury," *Archives of Neurology*, 25:370-373 (1979).

5. Peter R. Grant, *Ecology and Evolution of Darwin's Finches* (Princeton: Princeton University Press, 1986).

6. Sherwin Carlquist, *Island Life: A Natural History of the Islands of the World* (Garden City: Natural History Press, 1965); *Island Life and in Island Biology* (New York: Columbia University Press, 1974).

7. Mark Williamson, "St. Helena Ebony Tree Saved," *Nature*, 309:581 (1984).

8. P. Basilewski and J. Decelle, "La faune terrestre de l'Ile de Sainte-Hélène," *Annales, Musée Royale de l'Afrique Centrale, Tervuren, Belgium, Sciences Zoologiques*, 192:1-9 (1972).

9. Tracey K. Werner and Thomas W. Sherry and Reported in "Behavioral Feeding Specialization in *Pinaroloxias inornata*, The Darwin's Finch of Cocos Island, Costa Rica," *Proceedings of the National Academy of Sciences*, 84:5506-10 (1987).

10. Anthony A. Echelle and Irv Kornfield, ed., *Evolution of Fish Species Flocks* (Orono: University of Maine Press, 1984).

11. Axel Meyer et al., "Monophyletic Origin of Lake Victoria Cichlid Fishes Suggested by Mitochondrial DNA Sequences," *Nature*, 347:550-553 (1990).

12. F. Witte and M. J. P. van Oijen, "Taxonomy, Ecology and Fishery of Lake Victoria Haplochromine Trophic Groups," *Zoologische Verhandelingen*, 262:1-47 (1991).

13. C. D. N. Barel et al., "The Haplochromine Cichlids in Lake Victoria: An Assessment of Biological and Fisheries Interests." in M. H. A. Keenleyside, ed., *Cichlid Fishes: Behaviour, Ecology and Evolution* (London: Chapman and Hall, 1991), pp. 258-279.

14. Mary Jane West-Eberhard, "Phenotypic Plasticity and the Origins of Diversity," *Annual Review of Ecology and Systematics*, 20:249-278 (1989).

15. Skuli skúlason, David L. G. Noakes, and Sigurdur S. Snorrason, "Ontogeny of Trophic Morphology in Four Sympatric Morphs of Arctic Charr *Salvelinus*

alpinus in Thingvallavatn, Iceland, " *Biological Journal of the Linnean Society*, 38:281-301 (1989).

16. Edward O. Wilson "In Praise of Sharks," *Discover*, 6 (7):40-42, 48, 50-53 (1985).

17. Springer and Joy P. Gold, *Sharks in Question* (Washington, D. C.: Smithsonian Institution Press, 1989).

18. C. Scott Johnson, "Sea Creatures and the Problem of Equipment Damage," *U. S. Naval Institute Proceedings*, August 1978, pp. 106-107.

19. Ellis Troughton, *Furred Animals of Australia* (London: Angus and Robertson, 1941).

20. Tim Flannery, *Australia's Vanishing Mammals* (Surry Hills, New South Wales: RD Press, 1990).

21. George Gaylord Simpson, *Splendid Isolation: The Curious History of South American Mammals* (New Haven: Yale University Press, 1980).

22. Larry G. Marshall et al., "Mammalian Evolution and the Great American Interchange," *Science*, 215:1351-1357 (1982).

23. L. G. Marshall, "Land Mammals and the Great American Interchange," *American Scientist*, 76:380-388 (1988).

24. Elaine Anderson, "Who' s Who in the Pleistocene: A Mammalian Bestiary," in Paul S. Martin and Richard G. Klein, eds., *Quaternary Extinctions* (Tucson: University of Arizona Press, 1984), pp. 40-89.

25. Edward O. Wilson, *Success and Dominance in Ecosystems: The Case of the Social Insects* (Oldendorf/Luhe: Ecology Institute, 1990).

第八章　未探勘的生物圈

1. Lynn Margulis and Karlene V. Schwartz, *Five Kingdoms: An Illustrated Guide to the Phyla of Life on Earth* (San Francisco: Freeman, 1982).

2. R. M. Kristensen, "Loricifera, a New Phylum with Aschelminthes Characters from the Meiobenthos," *Zeitschrift für Zoologische Systematik und Evolutionsforschung*, 21 (3):163-108 (1983).

3. Richard C. and Gary J. Brusca, *Invertebrates* (Sunderland:Sinauer, 1990).

4. Edward O. Wilson and F. M. Peter, eds., "The Current State of Biological Diversity," *Biodiversity* (Washington, D. C.: National Academy Press, 1988), pp. 3-18; "The Little Things That Run the World," *Conservation Biology*, 1 (4):344-346 (1987); "Rain Forest Canopy: The High Frontier," *National Geographic*, 180:78-107 (December 1991).

5. Sybil P. Parker, ed., *Synopsis and Classification of Living Organisms*, vols. 1 and 2 (New York: McGraw-Hill, 1982).

6. Laurence A. Mound and Nadia Waloff, eds., *Diversity of Insect Faunas* (London: Black-well, 1987), pp. 19-40.

7. Nigel E. Stork, "Insect Diversity: Facts, Fiction and Speculation," *Biological Journal of the Linnean Society*, 35:321-337 (1988).

8. Terry Erwin, "Tropical Forests: Their Richness in Coleoptera and Other Arthropod Species," *Coleopterists' Bulletin*, 36 (1):74-75 (1982).

9. S. L. Sutton, T. C. Whitmore, and A. C. Chadwick, eds., "Beetles and Other Insects of Tropical Forest Canopies at Manaus, Brazil, Sampled by Insecticidal Fogging," *Tropical Rain Forest: Ecology and Management* (London: Blackwell, 1983), pp. 59-75.

10. Robert M. May, "How Many Species Are There on Earth?," *Science*, 241: 1441-49 (1988); "How Many Species?," *Philosophical Transactions of the Royal Society of London*, ser. B, 330:293-304 (1990).

11. Kevin J. Gaston, "The Magnitude of Global Insect Species Richness," *Conservation Biology*, 5 (3):283-296 (1991).

12. G. Inness Hartley, and Paul G. Howes, *Tropical Wild Life in British Guiana* (New York:New York Zoological Society, 1917).

13. J. Fredreick Grassle, "Deep-Sea Benthic Biodiversity," *BioScience*, 41 (7):464-469 (1991).

14. Jostein Goksøyr, Vigdis Torsvik, ed. al., *Applied and Enviromental Microbiology*, 56 (3):776-781, 782-787 (1990).

15. Ad Hoc Committee, "Bacterial Systematics," *International Journal of*

Systematic Bacteriology, 37:463-464 (1987).

16. Carl B. Fliermans and David L. Balkwill, "Microbial Life in Deep Terrestrial Subsurfaces," BioScience, 39 (6):370-377 (1989).

17. David L. Hawksworth, "The Fungal Dimension of Biodiversity:Magnitude, Significance, and Conservation," Mycological Research, 95 (6):641-655 (1991).

18. Paul Buchner, Endosymbiosis of Animals with Plant Microorganisms (New York: Interscience Publishers, Wiley, 1965), pp. 271-272.

19. W. F. J. Morzer Bruyns, Field Guide of Whales and Dolphins (Amsterdam: C. A. Mees, 1971).

20. Katherine Ralls and Robert L. Brownell Jr., "A Whale of a New Species," Nature, 350:560 (1991).

21. Anne E. Magurran, Ecological Diversity and Its Measurement (Princeton: Princeton University Press, 1988).

22. Lynn Margulis and Karlene V. Schwartz, Five Kingdoms: An Illustrated Guide to the Phyla of Life on Earth (San Francisco: Freeman, 1982).

23. Roger Tory Peterson, Guy Montfort, and P. A. D. Hollom, A Field Guide to the Birds of Britain and Europe, 2nd ed. (Boston:Houghton Mifflin, 1967).

24. Robert K. Selander, "Genic Variation in Natural Populations," in F. J. Ayala, ed., Molecular Evolution (Sunderland: Sinauer, 1976), pp. 21-45; "Genetic Variation in Natural Populations: Patterns and Theory," Theoretical Population Biology, 13 (1):121-177 (1978).

25. Wen-Hsiung Li and Dan Graur, Fundamentals of Molecular Evolution (Sunderland:Sinauer, 1991).

26. R. K. Selander, Andrew G. Clark, and Thomas S. Whittam, Evolution at the Molecular Level (Sunderland: Sinauer, 1991).

第九章　生态系统的诞生

1. David O. Duggins, "Kelp Beds and Sea Otters: An Experimental Approach," Ecology, 61 (3):447-453 (1980).

2. John Terborgh, "The Big Things That Run the World-A Sequel to E. O. Wilson," *Conservation Biology*, 2 (4):402-403 (1988).

3. Norman Owen-Smith, "Megafaunal Extinctions: The Conservation Message from 11, 000 years B. P.," in *Conservation Biology*, 3 (4):405-412 (1989).

4. Edward O. Wilson, *Success and Dominance in Ecosystems: The Case of the Social Insects* (Oldendorf/Luhe: Ecology Institute, 1990).

5. Daniel Simberloff, "Using Island Biogeographic Distributions To Determine If Colonization Is Stochastic," *American Naturalist*, 112:713-726 (1978); "Competition Theory, Hypothesis Testing, and Other Community-Ecology Buzzwords," *American Naturalist*, 122:626-635 (1983).

6. James A. Drake, "Communities as Assembled Structures: Do Rules Govern Pattern?," *Trends in Ecology and Evolution*, 5 (5):159-164 (1990).

7. Jared Diamond and Ted J. Case, ed., *Community Ecology* (New York: Harper and Row, 1986).

8. Peter R. Grant, *Ecology and Evolution of Darwin's Finches* (Princeton: Princeton University Press, 1986).

9. David Lack in his classic *Darwin's Finches* (Cambridge:Cambridge University Press, 1947).

10. Robert I. Bownam, "Morphological Differentiation and Adaptation in the Galapagos Finches," *University of California Publications in Zoology*, 58:1-302 (1961).

11. Robert T. Paine, "Food Web Complexity and Species Diversity," *American Naturalist*, 100:65-75 (1966).

12. Joel E. Cohen, Frederic Briand, and Charles M. Newman, eds., *Community Food Webs* (New York: Springer, 1990).

13. Stuart L. Pimm, John H. Lawton, and Joel E. Cohen, "Food Web Patterns and their Consequences," *Nature*, 350:669-674 (1991).

14. Jan O. Washburn et al., "Predator-Induced Trophic Shift of a Free-Living Ciliate: Parasitism of Mosquito Larvae by Their Prey," *Science*, 240:1193-95 (1988).

第十章　生物多样性的巅峰

1. David J. Des Marais, "Microbial Mats and the Early Evolution of Life," *Trends in Ecology and Evolution.* 5 (5):140-144 (1990).

2. J. William Schopf in Steven Olson, *Shaping the Future:Biology and Human Values* (Wahsington, D. C: National Academy Press, 1989).

3. Andrew H. Knoll and John Bauld, "The Evolution of Ecological Tolerance in Prokaryotes," *Transactions of the Royal Society of Edinburgh, Earth Sciences*, 80:209-223 (1989).

4. Philip W. Signor, "The Geologic History of Diversity," *Annual Review of Ecology and Systematics*, 21:509-539 (1990).

5. Mark A. S. McMenamin, "The Emergence of Animal," *Scientific American*, 256:94-102 (April 1987).

6. Gregory J. Retallack and Carolyn R. Feakes, "Trace Fossil Evidence for Late Ordovician Animals on Land," *Science*, 235:61-63 (1987).

7. Edward O. Wilson, *Success and Dominance in Ecosystems: The Case of the Social Insects* (Oldendorf/Luhe: Ecology Institute, 1990).

8. Geerat J. Vermeij, *Evolution and Escalation: An Ecological History of Life* (Princeton:Princeton University Press, 1987).

9. John Tyler Bonner, *The Evolution of Complexity, by Means of Natural Selection* (Princeton:Princeton University Press, 1988).

10. D. H. Erwin, "The End-Permian Mass Extinction," *Annual Review of Ecology and Systematics*, 21:69-91 (1990).

11. David M. Raup, Extinction: Bad Genes or Bad Luck? (New York:Norton, 1991); "Taxonomic Diversity Estimation Using Rarefaction," *Paleobiology*, 1 (4):333-342 (1975).

12. S. Conway Morris, "Burgess Shale Faunas and the Cambrian Explosion," *Science*, 246:339-346 (1989).

13. L. Ramskold and Hou Xianguang, "New Early Cambrian Animal and Onychophoran Affinities of Enigmatic Metazoans," *Nature*, 351:225-228 (1991).

14. Nicholas J. Butterfield, "A Reassessment of the Enigmatic Burgess Shale Fossil Wiwaxia corrugata (Matthew) and Its Relationship to the Polychaete Canadia spinosa Walcott," *Paleobiology*, 16 (3):287-303 (1990).

15. J. John Sepkoski Jr. et al., "Phanerozoic Marine Diversity and the Fossil Record," *Nature*, 293:435-437 (1981).

16. Andrew H. Knoll, "Patterns of Change in Plant Communities through Geological Time," in Jared M. Diamond and Ted J. Case, eds., *Community Ecology* (New York: Harper and Row, 1986), pp. 126-141.

17. Adrian Fostyth, *Portraits of the Rainforest* (Ontario: Camden House, Camden East, 1990).

18. George C. Stevens, "The Latitudinal Gradient in Geographical Range: How So Many Species Coexist in the Tropics," *American Naturalist*, 133 (2):240-256 (1989).

19. Peter H. Raven, "The Scope of the Plant Conservation Problem Wolrd-Wide," in David Bramwell, Ole Hamann, V. H. Heywood, and Hugh Synge, eds., *Botanic Gardens and the World Conservation Strategy* (New York: Academic Press, 1987), pp. 19-29.

20. Alwyn H. Gentry, "Tree Species Richness of Upper Amazonian Forest," *Proceedings of the National Academy of Sciences*, 85:156-159 (1988).

21. Gerardo Lamas, Robert K. Robbins, and Donald J. Harvey, "A Preliminary Survey of the Butterfly Fauna of Pakitza, Parque Nacional del Manu, Peru, with an Estimate of Its Species Richness," *Publicaciones del Museo de Historia Natural, Universidad Nacional Mayor de San Marcos, serie A Zoologia*, 40:1-19 (1991).

22. Thomas C. Emmel and George T. Austin, "The Tropical Rain Forest Butterfly Fauna of Rondonia, Brazil: Species Diversity and Conservation," *Tropical Lepidoptera*, 1 (1):1-12 (1990).

23. Edward O. Wilson, "The Arboreal Ant Fauna of Peruvian Amazon Forests: A First Assessment," *Biotropica*, 19 (3):245-251 (1987), "Rain Forest Canopy: The High Frontier," *National Geographic*, 180:78-107 (December 1991).

24. Terry L. Erwin, "Tropical Forests: Their Richness in Coleoptera and Other Arthropod Species," *Coleopterist's Bulletin*, 36 (1):74-75 (1982).

25. Ross H. Arnett Jr., *American Insects: A Handbook of the Insects of America North of Mexico* (New York: Van Nostrand Reinhold, 1985).

26. David J. Currie, "Energy and Large-Scale Patterns of Animal- and Plant-Species Richness," *American Naturalist*, 137 (1):27-49 (1991).

27. Eduardo H. Rapoport, *Aerography: Geographical Strategies of Species* (New York: Pergamon, 1982).

28. Daniel H. Janzen, "Why Mountain Passes Are Higher in the Tropics," *American Naturalist*, 101:233-249.

29. J. Linsley Gressitt, "Epizoic Symbiosis," *Entomological News,* 80 (1):1-5 (1969).

30. Philip J. DeVries, *The Butterflies of Costa Rica and Their Natural History: Papilionidae, Pieridae, Nymphalidae* (Princeton: Princeton University Press, 1987).

31. H. Ronlad Pulliam, "Sources, Sinks, and Population Regulation," *American Naturalist*, 132 (5):652-661 (1988).

32. Stephen Hubbell and Robin Foster, "Commonness and rarity in a Neotropical Forest: Implications for Tropical Tree Conservation," in Michael E. Soulé, ed., *Conservation Biology: The Science of Scarcity and Diversity* (Sunderland:Sinauer, 1986), pp. 205-231.

33. Howard L. Sanders, "Marine Benthic Diversity: A Comparative Study," *American Naturalist,* 102:243-282 (1968).

34. Tila M. Pérez and Warren T. Atyeo, "Site Selection of the Father and Quill Mites of Mexican Parrots," in D. A. Griffiths and C. E. Bowman, eds., *Acarology VI* (Chichester, Eng. : Ellis Horwood, 1984), pp. 563-570.

35. Doreen Buscami, "The Last American Parakeet," *Natural History*, 87 (4):10-12 (1978).

36. Kenneth P. Dial and John M. Marzluff, "Are the Smallest Organisms the Most Diverse?," *Ecology*, 69 (5):1620-24 (1988); "Nonrandom

Diversification within Taxonomic Assemblages," *Systematic Zoology*, 38 (1):26-37 (1989); and "Life History Correlates of Taxonomic Diversity," *Ecology*, 72 (2):428-439 (1990).

37. Edward O. Wilson, "First Word," *Omni*, 12:6 (September 1990).

38. T. R. E. Southwood, "the Components of Diversity," in Laurence A. Mound and Nadia Waloff, eds., *Diversity of Insect Faunas* (London: Blackwell, 1978), pp. 19-40.

39. Charles J. Lumsden and Edward O. Wilson, *Promethean Fire* (Cambridge: Harvard Universit Press, 1983).

第十一章　物种的新生与死亡

1. David A. Norton, "*Trilepidea adamsii*: An Obituary for a Species," *Conservation Biology*, 5 (1):52-57 (1991).

2. David M. Raup, "Extinction: Bad Genes or Bad Luck?," *Acta geològica hispànica*, 16 (1-2):25-33 (1981).

3. H. D. Holland and A. F. Trandall, eds., "Evolutionary Radiations and Extinction," *Patterns of Change in Evolution* (Berlin: Dahlem Konferenzen, Abakon Verlagsgesellschaft, 1984), pp. 5-14.

4. Jeffrey Levinton, *Genetics, Paleontology, and Macroevolution* (New York: Cambridge University Press, 1988).

5. Elisabeth S. Vrba, "African Bovidae: Evolutionary Events since the Miocene," *South African Journal of Science*, 81:263-266 (1985).

6. Alwyn H. Gentry and Calaway H. Dodson, "Diversity and Biogeography of Neotropical Vascular Epiphytes," *Annals of the Missouri Botanical Garden*, 74:205-233 (1987).

7. Sturla Fridriksson, *Surtsey: Evolution of Life on a Volcanic Island* (New York: Halsted Press, Wiley, 1975).

8. Robert H. MacArthur and Edward O. Wilson, "An Equilibrium Theory of Insular Zoogeography," *Evolution*, 17 (4):373-387.

9. Robert H. MacArthur and Edward O. Wilson, *The Theory of Island*

Biogeography (Princeton: Princeton University Press, 1967).

10. Mark Williamson, *Island Populations* (Oxford: Oxford University Press, 1981); "Natural Extinction on Islands," *Philosophical Transactions of the Royal Society of London*, ser. B, 325:457-468 (1989).

11. Philip J. Darlington, *Zoogeography: The Geographical Distribution of Animals* (New York: Wiley, 1957).

12. Daniel S. Simberloff and Edward O. Wilson, "Experimental Zoogeography of Islands: Defaunation and Monitoring Techniques," *Ecology*, 50 (2):267-278 (1969); and "Experimental Zoogeography of Islands: A Two-Year Record of Colonization," *Ecology*, 51 (5):934-937 (1970).

13. Thomas E. Lovejoy et al., "Ecosystem Decay of Amazon Forest Remnants," in Matthew H. Nitecki, et., *Extinction* (Chicago:University of Chicago Press, 1984), pp. 295-325.

14. Lovejoy et al., "Edge and Other Effects of Isolation on Amazon Forest Fragments," in Mciheal E. Soulé, ed., *Conservation Biology: The Science of Scarcity and Diversity* (Sunderland: Sinauer, 1986), pp. 257-285.

15. Bert C. Klein, "Effects of Forest Fragmentation on Dung and Carrion Beetle Communities in Central Amazonia," *Ecology*, 70 (6):1715-25 (1989).

16. Stuart L. Pimm, H. Lee Jones, and Jared Diamond, "On the Risk of Extinction," American *Naturalist*, 132 (6):757-785 (1988).

17. John W. Terborgh, "Preservation of Natural Diversity: The Problem of Extinction Prone Species," *BioScience*, 24 (12):715-722 (1974); *Where Have All the Birds Gone? Essays on the Biology and Conservation of Birds That Migrate to the American Tropics* (Princeton: Princeton University Press, 1989).

18. David S. Wilcove and J. W. Terborgh, "Patterns of Population Decline in Birds," *American Birds*, 38 (1):10-13 (1984).

19. Russell Lande, "Genetics and Demography in Biological Conservation," *Science*, 241:1455-60 (1988).

20. Deborah Rabinowitz, Sara Cairns, and Theresa Dillon, "Seven Forms of

Rarity and Their Frequency in the Flora of the British Isles," in Michael E. Soulé, ed., *Conservation Biology: The Science of Scarcity and Diversity* (Sunderland:Sinauer, 1986), pp. 182-204.

21. Steven M. Stanley, "Periodic Mass Extinctions of the Earth's Species," *Bulletin of the American Academy of Arts and Science*, 40 (8):29-48 (1987).

22. Edward O. Wilson, "Invasion and Extinction in the West Indian Ant Fauna: Evidence from the Dominican Amber," *Science*, 229:265-267 (1985).

23. Ian Robert Franklin, "Evolutionary Changes in Small Population," in Michael E. Soulé and Bruce A. Wilcox, eds., *Conservation Biology: An Evolutionary-Ecological Perspective* (Sunderland: Sinauer, 1980), pp. 135-149.

24. John W. Senner, "Inbreeding Depression and the Survival of Zoo Populations," in Soulé and Wilcox, *Conservation Biology*, pp. 209-224.

25. Katherine Ralls, Jonathan D. Ballou, and Alan Templeton, "Estimates of Lethal Equivalents and the Cost of Inbreeding in Mammals," *Conservation Biology*, 2 (2):185-193 (1988).

26. Otto Frankel and Michael E. Soulé, *Conservation and Evolution* (Combridge: Cambridge University Press, 1981).

27. Russell Lande, "Genetics and Demography in Biological Conservation," *Science*, 241:1455-60 (1988).

28. Isabelle Olivieri et al., "The Genetics of Transient Populations: Research at the Metapopulation Level," *Trends in Ecology and Evolution*, 5 (7):207-210 (1990).

29. Jorgen B. Thomsen and Charles A. Munn, "*Cyanopsitta spixii*:A Non-Recovery Reoprt," *Parrotletter*, 1 (1):6-7 (1987); "Lone Macaw Makes a Vain Bid for Survival," *New Scientist*, August 18, 1990.

第十二章　濒危的生物多样性

1. Alwyn H. Gentry, "Endemism in Tropical versus Temperate Plant Communities," in Michael E. Soulé, ed., *Conservation Biology: The Science*

of Scarcity and Diversity (Sunderland:Sinauer, 1986), pp. 153-181.

2. Calaway Dodson and Alwyn H. Gentry, "Biological Extinction in Western Ecuador," *Annals of the Missouri Botanical Gardens*, 78 (2):273-295 (1991).

3. Storrs L. Olson and Helen F. James, "Descriptions of Thirty-Two New Species of Birds from the Hawaiian Islands. Part 1: Non-Passeriformes," *Ornithological Monographs*, 45:1-88 (1991); "Descriptions of Thirty-Two New Species of Birds from the Hawaiian Islands, Part 2: Passeriformes," *Ornithological Monographs*, 46:1-88 (1991).

4. David W. Steadman, "Extinction of Birds in Eastern Polynesia: A Review of the Record and Comparison with Other Pacific Island Groups," *Journal of Archaeological Science*, 16:177-205 (1989).

5. Tome Dye and D. W. Steadman, "Polynesian Ancestors and Their Animal World," *American Scientist*, 78:207-215 (1990).

6. David W. Steadman and Storrs L. Olson, "Bird Remains from an Archaeological Site on Henderson Island, South Pacific:Man-Caused Extinctions on an 'Uninhabited' Island," *Proceedings of the National Academy of Science*, 82:6191-95 (1985).

7. Michael M. Trotter and Beverley McCulloch, Atholl Anderson, and Richand Cassels, in Martin and Klein, *Quaternary Extinctions*; and more recently again by Anderson in *Prodigious Birds: Moas and Moa-hunting in Prehistoric New Zealand* (New York: Cambridge University Press, 1990).

8. Jared Diamond, "Quaternary Megafaunal Extinctions:Variations on a Theme by Paganini," *Journal of Archaeological Science*, 16:167-175 (1989).

9. George Plimpton, "Un gran pedazo de carne," *Audubon Magazine*, 79 (6):10-25 (1977).

10. Harold A. Mooney and James A. Drake, eds., *Ecology of Biological Invasions of North America and Hawaii* (New York: Springer, 1986).

11. Jack E. Williams et al., "Fishes of North America. Endangered, Threatened, or of Special Concern: 1989," *Fisheries* (American Fisheries Society), 14 (6):2-20 (1989).

12. R. R. Miller et al., "Extinctions of North American Fishes During the Past Century," *Fisheries,* 14 (6):22-38 (1989).

13. Jack E. Williams and Robert R. Miller, "Conservation Status of the North American Fish Fauna in Fresh Water," *Journal of Fish Biology*, 37 (A):79-85 (1990).

14. Jared M. Diamond, "The Present, Past and Future of Human-Caused Extinction," *Philosophical Transactions of the Royal Society of London*, ser. B, 325:469-477 (1989).

15. John Terborgh, *Where Have All the Birds Gone? Essays on the Biology and Conservation of Birds That Migrate to the American Tropics* (Princeton: Princeton University Press, 1989).

16. Jared M. Diamond, and Walter R. Courtenay Jr. and Peter B. Moyle, "Introduced Fishes, Aquaculture, and the Biodiversity Crisis," *Abstracts, 71st Annual Meeting, American Society of Ichthyologists and Herpetologists*, no pp.

17. Irv Kornifield and Kent E. Carpenter, "Cyprinids of Lake Lanao, Philippines: Taxonomic Validity, Evolutionary Rates and Speciation Scenarios," in Anthony A. Echelle and Irv Kornfield, eds., *Evolution of Fish Species Flocks* (Orono:University of Maine Press, 1984).

18. Daniel J. Miller, "Introductions and Extinction of Fish in the African Great Lakes," *Trends in Ecology and Evolution*, 4 (2):56-59 (1989).

19. C. D. N. Barel et al., "The Haplochromine Cichlids in Lake Victoria: An Assessment of Biological and Fisheries Interests," in M. H. A. Keenleyside, ed., *Cichlid Fishes:Behaviour, Ecology and Evolution* (London: Chapman and Hall, 1991), pp. 258-279.

20. *The IUCN Invertebrate Red Data Book* (Gland, Switzerland:International Union for Conservation of Nature and Natural Resources, 1983).

21. Linda R. McMahan, "CPC Survey Reveals 680 Native U. S. Plants May Become Extinct within 10 Years," *Plant Conservation* (Center for Plant Conservation), 3. (4):1-2 (1988).

22. John Jaenike, "Mass Extinction of European Fungi," *Trends in Ecology and Evolution*, 6 (6):174-175 (1991).

23. Russell Lande, "Demographic Models of the Northern Sopttied Owl (*Strix occidentalis caurina*)," *Oecologia*, 75 (4):601-607 (1988); "Genetics and Demography in Biological Conservation," *Science*, 241:1455-60 (1988).

24. Hartwell H. Welsh Jr., "Relictual Amphibians and Old-Growth Forests," *Conservation Biology*, 4 (3):308-319 (1990).

25. Norman Myers, "Threatened Biotas: 'Hot spots' in Tropical Forests," *Environmentalist*, 8 (3):187-208 (1988); "The Biodiversity Challenge: Expanded HotSpots Analysis," *Environmentalist*, 10 (4):243-256 (1990).

26. Mark Collins, ed., *The Last Rain Forests: A World Conservation Atlas* (New York: Oxford University Press, 1990).

27. Manuel Lerdau, Julie Whitbeck, and N. Michele Holbrook, "Tropical Deciduous Forest: Death of a Biome," *Trends in Ecology and Evolution*, 6 (7):201-233 (1991).

28. Peter W. Glynn, "Coral Reef Bleaching in the 1980s and Possible Connections with Global Warming," *Trends in Ecology and Evolution*, 6 (6):175-179 (1991).

29. Leslie Roberts, "Greenhouse Role in Reef Stress Unproven," *Science*, 253:258-259 (1991).

30. Robert L. Peters and Joan D. S. Darling, "The Greenhouse Effect and Nature Reserves," *BioScience*, 35 (11):707-717 (1985).

31. Andy Dobson, Alison Jolly, and Dan Rubenstein, "The Greenhouse Effect and Biological Diversity," *Trends in Ecology and Evolution*, 4 (3):64-68 (1989).

32. Robert L. Peters and Thomas E. Lovejoy, eds., *Global Warming and Biological Diversity* (New Haven: Yale University Press, 1992).

33. Edward O. Wilson, "Threats to Biodiversity," *Scientific American*, 260 (9):108-116 (1989).

34. Walter V. Reid and Mark C. Trexler, *Drowning the National Heritage:*

Climate Change and U. S. Coastal Biodiversity (Washington, D. C.: World Resources Institution, 1991).

35. Peter M. Vitousek, Paul R. Ehrlich, Anne H. Ehrlich, and Pamela A. Matson, "Human Appropriation of the Products of Photosynthesis," *BioScience*, 36 (6):368-373.

36. James H. Brown and Brian A. Maurer, "Macroecology: The Division of Food and Space among Species on Continents," *Science*, 243:1145-50 (1989).

37. Edward O. Wilson, "The Current State of Biological Diversity," in E. O. Wilson and F. M. Peter, eds., *Biodiversity* (Washington, D. C.: National Academy Press, 1988), pp. 3-18.

38. Christopher Uhl, "Restoration of Degraded Lands in the Amazon Basin," ibid; pp. 326-332; T. C. Whitmore, "Tropical Forest Nutrients: Where Do We Stand? A Tour de Horizon," in J. Proctor, ed., *Mineral Nutrients in Tropical Forest and Savanna Ecosystems* (Boston: Blackwell Scientific Publications, 1990), pp. 1-13.

39. Mac Margolis, "Thousands of Amazon Acres Burning," *Washington Post*, September 8, 1988.

40. Marlise Simons, "Vast Amazon Fires, Man-Made, Linked to Global Warming," *New York Times*, August 12, 1988; "Amazon Holocaust: Forest Destruction in Brazil, 1987-88," *Briefing Paper*, Friends of the Earth (London, 1988).

41. Norman Myers, *Deforestation Rates in Tropical Forests and Their Climatic Implications* (London: Friends of the Earth, 1989); "Tropical Deforestation: The Latest Situation," *BioScience*, 41 (5):282 (1991).

42. Peter H. Ravan, "The Scope of the Plant Conservation Problem World-Wide," in David Bramwell, Ole Hamann, V. H. Heywood, and Hugh Synge, eds., *Botanic Gardens and the World Conservation Strategy* (New York: Academic Press, 1987), pp. 20-29.

43. Mark Williamson, *Island Populations* (New York: Oxford University Press,

1981).

44. "Playing Dice with Megadeath," *Discover*, April 1990, pp. 55-59; "Biogeographic Kinetics: Estimation of Relaxation Times for Avifaunas of Southwest Pacific Islands," *Proceedings of the National Academy of Sciences*, 69: 3199-03 (1972); "'Normal' Extinctions of Isolated Populations," in Matthew H. Nitecki, ed., *Extinction* (Chicago: University of Chicago Press, 1984), pp. 191-246.

45. John Terborgh, "Preservation of Natural Diversity: The Problem of Extinction-Prone Species," *BioScience*, 24 (12):715-722 (1974).

46. Stanley H. Faeth and Edward F. Connor, "Supersaturated and Relaxing Island Faunas: A Critique of the Species-Age Relationship," *Journal of Biogeography*, 6 (4):311-316 (1976).

47. Edwin O. Willis, "The Composition of Avian Communities in Remanescent Woodlots in Southern Brazil," *Papéis avulsos de zoologia*, 33:1-25 (1979).

48. Jared M. Diamond, K. David Bishop, and S. Van Balen, "Bird Survival in an Isolated Javan Woodland: Island or Mirror?," *Conservation Biology*, 1 (2):132-142 (1987).

49. D. A. Saunders, "Changes in the Avifauna of a Region, District and Remnant as a Result of Fragmentation of Native Vegetation: The Wheatbelt of Western Australia," *Biological Conservation*, 50 (1-4): 99-135 (1989).

第十三章　未开发的财富

1. Hugh H. Iltis, John F. Doebley, Rafael Guzmán, and Batia Pazy, "*Zea diploperennis* (Gramineae): A New Teosinte from Mexico," *Science*, 203:186-188 (1979).

2. Mark Plotkin et al., *Ethnobotany in Madagascar: Overview, Action Plan, Database* (Gland: International Union for Conservation of Nature and Natural Resources and World Wide Fund for Nature, 1985).

3. Thomas Eisner, "Prospecting for Nature's Chemical Riches," *Issues in Science and Technology*, 6 (2):31-34 (1990).

4. Margery L. Oldfield, *The Value of Conserving Genetic Resources* (Sunderland: Sinauer, 1989).

5. Chris Hails, *The Importance of Biological Diversity* (Gland: World Wide Fund for Nature, 1989).

6. Norman R. Farnsworth, "Screening Plants for New Medicines," *Biodiversity* (Washington. D. C.: National Academy Press, 1988), pp. 83-97.

7. D. D. Soejarto and N. R. Farnsworth, "Tropical Rain Forests: Potential Source of New Drugs?" *Perspectives in Biology and Medicine*, 32 (2):244-256 (1989).

8. Noel D. Vietmeyer, ed., *Neem: A Tree for Solving Global Problems* (Washington, D. C.: National Academy Press, 1992).

9. Paul S. Wachtel, "Return of the Bloodsucker," *International Wildlife*, September 1987, pp. 44-46.

10. Margery L. Oldfield, *The Value of Conserving Genetic Resources* (Sunderland: Sinauer, 1989).

11. Richard E. Schultes and Robert F. Raffauf, *The Healing Forest: Medicinal and Toxic Plants of the Northwest Amazonia* (Portland: Dioscorides Press, 1990).

12. Margery L. Oldfield, *The Value of Conserving Genetic Resources* (Sunderland: Sinauer, 1989).

13. Noel D. Vietmeyer, "Lesser-Known Plants of Potential Use in Agriculture and Forestry," *Science*, 232:1379-84 (1986).

14. Norman Myers, *A Wealth of Wild Species: Storehouse for Human Welfare* (Boulder: Westview Press, 1983); *The Wild Supermarket* (Glang: World Wide Fund for Nature, 1990).

15. Hugh Popenone, Noel D. Vietmeyer, and a panel of coauthors, *Lost Crops of the Incas* (Washington, D. C.: National Academy Press, 1989).

16. Jean L. Mark, "Amaranth: A Comeback for the Food of the Americas?," *Science*, 198:40 (1977).

17. Anthony B. Anderson, Peter H. May, and Michael J. Balick, *The Subsidy*

from Nature: Palm Forests, Peasantry, and Development on an Amazon Frontier (New York: Columbia University Press, 1991).

18. Russell A. Mittermeier, "South American River Turtles: Saving Their Future," *Oryx*, 14 (3):222-230 (1978).

19. Noel D. Vietmeyer, ed., *Little-known Asian Animals with a Promising Economic Future* (Washington, D. C.: National Academy Press, 1983).

20. Oldfield, *The Value of Con Serving Genetic Resources*; *Neotropical Wildlife Use and Conservation*, John G. Robinson and Kent H. Redford, eds. (Chicago: University of Chicago Press, 1991).

21. Noel D. Vietmeyer, ed., *Microlivestock* (Washington, D. C.: National Academy Press, 1991).

22. Dagmer Werner, "The Rational Use of Green Iguanas," in J. G. Robinson and K. H. Redford, eds., *Neotropical Wildlife Use and Conservation* (Chicago: University of Chicago Press, 1991), pp. 181-201.

23. Sinyan Shcn, "Biological Engineering for Sustainable Biomass Production," *Biodiversity*, pp. 377-389.

24. Erich Hoyt, *Conserving the Wild Relatives of Crops* (Rome and Gland: International Board for Plant Genetic Resources, International Union for Conservation of Nature and Natural Resources, and World Wide Fund for Nature, 1988).

25. Cary Fowler and Pat Mooney, *Shattering: Food, Politics, and the Loss of Genetic Diversity* (Tucson: University of Arizona Press, 1990).

26. Ann Misch, *World- Watch*, 4 (4):39-40 (1991).

27. Thomas Eisner, "Chemical Ecology and Genetic Engineering: The Prospects for Plant Protection and the Need for Plant Habitat Conservation," *Symposium on Tropical Biology and Agriculture* (St. Louis: Monsanto Company, July 15, 1985).

28. Charles M. Peters, Alwyn H. Gentry, and Robert O. Mendelsohn, "Valuation of an Amazonian Rainforest," *Nature*, 339:655-656 (1989).

29. Herman E. Daly, *Steady-State Economics* (San Francisco: Freeman, 1977).

30. Robert Constanza, ed., *Ecological Economics: The Science and Management of Sustainability* (New York: Columbia University Press, 1991).

31. David W. Orr, "The Economics of Conservation," *Conservation Biology*, 5 (4):439-441 (1991).

32. Elizabeth Boo, *Ecotourism: The Potentials and Pitfalls* (Washington, D. C.: World Wildlife Fund, 1990).

33. Shukla, C. Nobre and P. Sellers, "Amazon Deforestation and Climate Change," *Science*, 247:1322-25 (1990).

34. Richard A. Houghton and George M. Woodwell, "Global Climatic Change," *Scientific American*, 260 (4):36-44 (April 1989); "Emission of Greenhouse Gases," in Myers, *Deforestation Rates in Tropical Forests*, pp. 53-62.

35. Paul R. and Anne H. Ehrlich, *Healing the Planet: Strategies for Resolving the Environmental Crisis* (Reading: Addison-Wesley, 1991).

36. Ariel E. Lugo, "Diversity of Tropical Species: Questions That Elude Answers," *Biology International* (International Union of Biological Sciences, Paris), special issue no. 19, 37 pp. (1988).

37. Bryan G. Norton "Commodity, Amenity, and Morality: the Limits of Quantification in Valuing Biodiversity," in Wilson and Peter, eds., *Biodiversity*, pp. 200-205.

38. Nyle C. Brady, J. William Burley, Robert J. A. Goodland, and John Spears. They are also treated by Harold J. Morowitz, "Balancing Species Preservation and Economic Considerations," *Science*, 253:752-754 (1991).

39. David Ehrenfeld, *The Arrogance of Humanism* (New York: Oxford University Press, 1978).

40. Peter Singer, *The Expanding Circle: Ethics and Sociobiology* (New York: Farrar, Straus, and Giroux, 1981).

41. Holmes Rolston III , *Philosophy Gone Wild: Essays in Environmental Ethics* (Buffalo: Prometheus Books, 1986), and *Environmental Ethics: Duties to and Values in the Natural World* (Philadelphia: Temple University Press, 1988).

42. Bryan G. Norton, ed., *The Preservation of Species: The Value of Biological Diversity* (Princeton: Princeton University Press, 1986).

第十四章　解决之道

1. Edward O. Wilson, *Biophilia* (Cambridge: Harvard University Press, 1984); "The Biological Diversity Crisis: A Challenge to Science," *Issues in Science and Technology*, 2 (1):20-29 (1985); "Time to Revive Systematics," *Science*, 230:1227 (1985).

2. Aldo Leopold, *A Sand County Almanac and Sketches Here and There* (New York: Oxford University Press, 1949).

3. Paul R. Ehrlich and Edward O. Wilson, "Biodiversity Studies: Science and Policy," *Science*, 253:758-762 (1991).

4. Sarah Pollock, "Biological SWAT Team Ranks for Diversity, Endemism," *Pacific Discovery*, 44 (3):6-7 (1991).

5. Laura Tangley, "Cataloging Costa Rica's Diversity," *BioScience*, 40 (9): 633-636 (1990).

6. Daniel H. Janzen, "How To Save Tropical Biodiversity," *American Entomologist*, 37 (3):159-171 (1991).

7. J. Michael Scott et al., "Species Richness: A Geographic Approach to Protection Future Biological Diversity," *BioScience*, 37 (11):782-788 (1987).

8. Eric Dinerstein and Eric D. Wikramanayake "Beyond 'Hotspots':How to Prioritize Investments in Biodiversity in the Indo Pacific Region," *Conservation Biology*, 7(1):53-65(1993). Larry E. Morse and Mary Sue Henifin, eds., *Rare Plant Conservation: Geographical Data Organization* (New York: New York Botanical Garden, 1981).

9. Bryn H. Green, Larry D. Harris (with John F. Eisenberg), and David Western, in Western and Mary C. Pearl, eds., *Conservation for the Twenty-First Century* (New York: Oxford University Press, 1989).

10. Raymond F. Dasmann, Peter Berg, Charles H. W. Foster, and others, is reviewed in C. H. W. Foster, *Experiments in Bioregionalism: The New*

England River Basins Story (Hanover: University Press of New England, 1984), and "Bioregionalism," *Renewable Resources Journal*, 4 (3):12-14 (1986).

11. Christian Burks et al., in Russell F. Doolittle, ed., *Molecular Evolution: Commputer Analysis of Protein and Nucleic Acid Sequences* (New York: Academic Press, 1990), pp. 3-22.

12. John Hopkins, "Preserving Native Biodiversity," Sierra Club Special publication (San Francisco, 1991).

13. Thomas Eisner, "Prospecting for Nature's Chemical Riches," *Issues in Science and Technology*, 6 (2):31-34 (1990); "Chemical Prospecting: A Proposal for Action," in F. Herbert Bormann and Stephen R. Kellert, eds., *Ecology, Economics, Ethics: The Broken Circle* (New Haven: Yale University Press, 1991), pp. 196-202.

14. William Booth, "U. S. Drug Firm Signs Up To Farm Tropical Forests," *Washington Post*, September 21, 1991.

15. Deborah Hay, "Pharmaceutical Industry's Renewed Interest in Plants Could Sow Seeds of Rainforest Protection," *The Canopy* (Rainforest Alliance), Spring 1991, pp. 1, 7.

16. Norman R. Farnsworth, "Screening Plants for New Medicines," *Biodiversity* (Washington, D. C.:National Academy Press, 1988), pp. 83-97.

17. Eugene Linde, "Lost Tribes, Lost Knowledge," *Time*, September 23, 1991, pp. 46-56.

18. Daniel L. Klayman, "Qinghaosu (Artemisinin): An Antimalarial Drug from China," *Science*, 228:1049-55 (1985).

19. Xuan-De Luo and Chia-Chiang Shen, "The Chemistry, Pharmacology, and Clinical Applications of Qinghaosu (Artemisinin)and Its Derivatives," *Medicinal Research Reviews*, 7 (1):29-52 (1987).

20. Laura Tangley, "Fighting Central America's Other War," *BioScience*, 37 (11):772-777 (1987).

21. Malcolm Gillis, "Economics, Ecology, and Ethics: Mending the Broken

Circle for Tropical Forests," in Bormann and Kellert, *Ecology, Economics, Ethics*, pp. 155-179.

22. Walter V. Reid, James N. Barnes, and Brent Blackwelder, *Bankrolling Successes: A Portfolio of Sustainable Development Projects* (Washington, D. C.:Environmental Policy Institute and National Wildlife Federation, 1989).

23. Philip M. Fearnside, "Extractive Reserves in Brazilian Amazonia," *BioScience*, 39 (6):387-393 (1989).

24. John O. Browder, "Extractive Reserves Will Not Save Tropics," *BioScience*, 40 (9):626 (1990).

25. Andrew Revkin, *The Burning Season* (Boston:Houghton Mifflin, 1990).

26. Gary S. Hartshorn, "Natural Forest Management by the Yanesha Forestry Cooperative in Peruvian Amazonia," in A. B. Anderson, ed., *Alternatives to Deforestation: Steps Toward Sustainable Use of the Amazon Rain Forest* (New York: Columbia University Press, 1990), pp. 128-137.

27. Leonard Berry et al., *Technologies To Sustain Tropical Forest Resources* (Washington, D. C.: Office of Technology Assessment, U. S. Congress, 1984).

28. Roger D. Stone and Eve Hamilton, *Global Economics and the Environment: Toward Sustainable Rural Development in the Third World* (New York: Council on Foreign Relations, 1991).

29. Jeremy Cherfas, "Ancient DNA: Still Busy after Death," *Science*, 253:1354-56 (1991).

30. Erich Hoyt, *Conserving the Wild Relatives of Crops* (Rome and Gland: International Board for Plant Genetic Resources, etc., 1988).

31. Jeffrey A. McNeely et al., *Conserving the World's Biological Diversity* (Gland and Washington, D. C.: International Union for Conservation of Nature and Natural Resources, World Resources Institute, etc., 1990).

32. Joel I. Cohen et al., "Ex Situ Conservation of Plant Genetic Resources: Global Development and Environmental Concerns," *Science*, 253:866-872 (1991).

33. William Conway, "Can Technology Aid Species Preservation?," in Wilson and Peter, *Biodiversity*, pp. 263-268.

34. Colin Tudge, *Last Animals at the Zoo* (London: Hutchinson Radius, 1991).

35. Edward C. Wolf, *On the Brink of Extinction: Conserving the Diversity of Life* (Washington, D. C.:Worldwatch Institute, 1987).

36. Kathleen Courrier, ed., *Global Biodiversity Strategy* (Washington, D. C.: World Resources Institute; Gland: World Conservation Union; New York: United Nations Environment Program, 1992).

37. Robert Boardman, *International Organization and the Conservation of Nature* (Bloomington: Indiana University Press, 1981).

38. Michael J. Bean, *The Evolution of National Wildlife Law* (New York:Praeger, 1983).

39. Simon Lyster, *International Wildlife Law* (Cambridge, Eng.:Grotius, 1985).

40. Walter V. Reid and Kenton R. Miller, *Keeping Options Alive:The Scientific Basis for Conserving Biodiversity* (Washington, D. C.: World Resources Institute, 1989).

41. Michael E. Soulé, "Conservation: Tactics for a Constant Crisis," *Science*, 253:744-750 (1991).

42. Jose Marcio Ayres, "Debt-for-Equity Swaps and the Conservation of Tropical Rain Forests," *Trend in Ecology and Evolution*, 4 (11):331-332 (1989).

43. Roger D. Stone and Eve Hamilton, *Global Economics and the Environment* (New York: Council on Foreign Relations, 1991).

44. Mark A. Uhlig, "Mexican Debt Deal May Save Jungle," *New York Times*, February 26, 1991.

45. James F. Quinn and Alan Hastings, "Extinction in Subdivided Habitats," *Conservation Biology*, 1 (3)198-208 (1987).

46. Michael E. Gilpin, "A Comment on Quinn and Hastings: Extinction in Subdivided Habitats," *Conservation Biology*, 2 (3):290-292 (1988).

47. William Stolzenburg, "The Fragment Connection," *Nature Conservancy*, July-August 1991, pp. 18-25.

48. William K. Stevens, "Green-Thumbed Ecologists Resurrect Vanished Habitats," *New York Times*, March 19, 1991.

49. Paul R. Ehrlich, "Which Animal Will Invade?," in Harold A. Mooney and James A. Drake, eds., *Ecology of Biological Invasions of North America and Hawaii* (New York: Springer, 1986), pp. 79-95.

50. Ariel E. Lugo, "Removal of Exotic Organisms," *Conservation Biology*, 4 (4):345 (1990).

第十五章　环境伦理

1. Robert Fitzgerald, *The Aeneid: Virgil* (New York: Random House, 1983), book 6, p. 164.

2. Edward O. Wilson, *Biophilia* (Cambridge: Harvard University Press, 1984). *The Cult of the Serpent: An Interdisciplinary Survey of Its Manifestations and Origins* (Albany: State University of NewYork Press, 1983).

3. Gordon H. Orians, "Habitat Selection: General Theory and Applications to Human Behavior," in Joan S. Lockard, ed., *The Evolution of Human Social Behavior* (New York: Elsevier North Holland, 1980), pp. 46-66; "An Ecological and Evolutionary Approach to Landscape Aesthetics," in Edmund C. Penning-Rowsell and David Lowenthal, eds., *Landscape Meanings and Values* (London: Allen and Unwin, 1986), pp. 3-22.

4. Roderick Nash, *Wilderness and the American Mind* (New Haven: Yale University Press, 1967).

5. Max Oelschlaeger, *The Idea of Wilderness: From Prehistory to the Age of Ecology* (New Haven: Yale University Press, 1991).